"十三五" 普通高等教育本科系列教材

电子技术基础实验教程

主　编　张志恒

副主编　夏　琰

编　写　谢茂林

主　审　渠云田

U0300246

中国电力出版社

CHINA ELECTRIC POWER PRESS

内 容 提 要

本书共六章，主要内容包括测量误差与数据处理，常用电子仪器的使用，EWB5.12软件，常用电子元器件的简介、选用及测试，模拟电子技术基础实验，数字电子实验等。本书在内容上紧扣实践教学的要求，以强化工程训练及培养创新能力为目的；既有基础实验，也有设计型、综合型实验；既注重功能单元及模块的设计与调试，也注重电子系统的设计与实验。

本书可作为通信类、电子信息类、自动化、电气信息类本科专业的实验教学用书，也可作为相关技术类培训教材，还可供从事电子技术工作人员参考使用。

图书在版编目（CIP）数据

电子技术基础实验教程/张志恒主编. —北京：中国电力出版社，2017.8（2022.1 重印）

"十三五"普通高等教育本科规划教材

ISBN 978 - 7 - 5198 - 1012 - 2

Ⅰ.①电… Ⅱ.①张… Ⅲ.①电子技术-实验-高等学校-教材 Ⅳ.①TN - 33

中国版本图书馆 CIP 数据核字（2017）第 179889 号

出版发行：中国电力出版社
地　　址：北京市东城区北京站西街 19 号（邮政编码 100005）
网　　址：http：//www.cepp.sgcc.com.cn
责任编辑：陈　硕（010—63412532）　罗晓莉
责任校对：马　宁
装帧设计：赵姗姗
责任印制：吴　迪

印　　刷：北京雁林吉兆印刷有限公司
版　　次：2017 年 8 月第一版
印　　次：2022 年 1 月北京第六次印刷
开　　本：787 毫米×1092 毫米　16 开本
印　　张：15.25
字　　数：375 千字
定　　价：33.00 元

前　　言

在电子技术飞速发展、广泛应用的今天，在高等教育改革和培养人才的整个过程中，实践教学占据了极为重要的地位。本书旨在强化学生工程实践训练、提高创新能力、增强适应能力。在编写此书过程中，编者力求做到使实验成为学生的一种理解知识、获取知识的必要手段，成为一种手脑互动的学习新知识的重要方法。通过实验教学环节，使学生能熟练地掌握各种电子仪器的使用方法，培养学生设计、调试及维修电子电路的能力，加强学生对理论课教学内容的深入理解，通过实验使其掌握学习新知识的方法。

根据国家教委颁发的电子技术基础教学基本要求，全书的内容编写紧紧围绕以下几点实验教学基本要求：

（1）正确并熟练使用各种常用的电子仪器；

（2）学会查阅各种技术手册和相关技术资料；

（3）具有设计电子电路的能力并能根据设计目的选择元器件；

（4）掌握电子电路各项指标的基本测试技术；

（5）具有初步的分析、寻找和排除常见故障的能力；

（6）学会正确记录实验数据；

（7）能够采用电子电路仿真软件对电子电路进行仿真研究；

（8）能够独立撰写实验报告，实验报告要做到理论分析深入、数据翔实、文字通顺、图表规范。

本书适用于电类各专业实验教学，其指导思想是培养学生掌握基本的电子测试技术和实验技能。在实际工作中，电子技术人员需要分析元器件、电路的工作原理，验证器件、电路的功能，对电路进行调试、分析、故障排除，测试器件、电路的性能指标，设计、制作各种实用电路的样机等，所有这些都离不开实验；同时，通过实验还能培养学生勤奋、进取的学习精神和严肃认真、严谨科学的工作作风。

全书共分六章，系统地介绍了电子电路实验的基本原理和实验方法、典型电路的测试、电子电路设计型实验的基本技术，以及现代电子电路仿真实验技术等。

第一章　测量误差与数据处理：包括测量误差产生的原因及分类、误差的表示方法、减小和消除系统误差的主要措施、参数测量、电量的测量、信号参数测量等。通过本章的学习，使学生掌握基本实验知识，为后续实验打下良好的基础。

第二章　常用电子仪器的使用：包括万用表、信号发生器、交流毫伏表、示波器、晶体管特性图示仪等常用电子仪器。通过本章学习，使学生熟练掌握各种常用电子仪器的使用，了解各种常用电子仪器的基本原理。

第三章　EWB5.12 软件：包括 EWB 软件简介、EWB5.12 的操作界面及菜单、EWB的元器件库、虚拟仪器、EWB5.12 的基本操作方法、EWB5.12 的分析功能及一些示范实验等，使学生通过该部分的学习，掌握较为先进的实验手段，从而更好地掌握电子技术基础实验的内容。

第四章 常用电子元器件的简介、选用及测试：包括电阻器、电容器、电感器等基本元器件。通过本章的学习，使学生掌握基本器件识别与测量、器件选用注意事项等实验技能。

第五章 模拟电子技术基础实验：包括常用电子仪器的使用练习、共射极单管交流放大电路、两级交流放大电路、负反馈放大电路、射极跟随器、差分放大电路、集成运算放大器的指标测试、集成运放的基本运算电路、集成运放组成的文氏电桥振荡电路、集成运放组成的电压比较器和波形发生器、OTL功率放大器、集成直流稳压电源等12个实验内容。

第六章 数字电子实验：包括集成TTL门电路主要参数的测试，CMOS门电路参数测试，TTL集电极开路门（OC门）与三态门（TSL门）的应用，常用组合逻辑电路的测试，常见触发器的逻辑功能，计数器的连接和测试，移位寄存器，定时器，D/A、A/D转换等九个实验。

另外，附录部分列出了ETL－VC型电子技术实验台说明，常用的模拟、数字集成电路的引脚排列图，便于使用时查阅。

电子技术基础是一门具有工程技术特点、实践性很强的课程。加强工程训练，特别是技能的培养，对于提高工程人员的素质和能力具有十分重要的作用。本书融合了电路分析基础、模拟电子技术、数字电子技术等相关课程的理论，实验过程中引入内容先进、综合性强的教学模式，紧扣开放式实验教学的要求，充分调动学生的学习主动性，为后续专业课程的学习打下良好的基础。

本书第一、四章由山西大学张志恒编写，第二、五章由山西大学夏琰编写，第三、六章和附录由山西大学谢茂林编写。全书由张志恒统稿，太原理工大学渠云田教授审阅了全稿。在本书的编写过程中，编者得到了许多实验设备厂家和许多有实际经验的同志的帮助，并参考了一些科教人员著出的大量书刊和有关资料。在此一并表示衷心的感谢。

由于水平有限，疏漏和不足之处在所难免，敬请各位读者批评斧正。

编 者

2017 年 6 月

目　　录

第一章　测量误差与数据处理

　　被测量的量有一个真实的值，它是由理论给定或由计量标准规定，简称为"真值"。在实际测量时，由于测量仪器的准确度有限，测量方法的不完善及测量环境的不相同等因素的影响，测量值和真值之间不可避免地存在差异，这种差异称为"测量误差"。学习测量误差和数据处理内容的目的，就是为了在实验中合理选择仪器和测量方法，并对实验数据进行正确分析和处理，从而得到符合误差要求的测量结果。

第一节　测量误差产生的原因及分类

　　根据产生误差的性质及产生的原因，测量误差可分为三大类，即系统误差、随机误差和过失误差。

一、系统误差

　　利用正确的测量方法对同一个量进行多次测量时，如果误差的数值保持恒定或按照某种确定规律变化，则称这种误差为系统误差。系统误差分为定值误差和变值误差两大类。

　　定值误差是指对同一个量进行多次测量时，其误差数值保持恒定的误差，如 10Ω 标准电阻用电桥反复进行测量其阻值时，其结果都是 10.02Ω，0.02 就属于定值误差。

　　变值误差根据误差变化规律可分为以下几种误差：

　　（1）累积性误差，是指在反复测量时其误差逐渐增加或逐渐减小的系统误差。例如测量蓄电池端电压时，由于电池放电引起的误差。

　　（2）周期性误差，是指在测量过程中误差周期性变化的系统误差。

　　（3）按复杂规律变化的误差，是指在反复测量时其误差有确定的规律，但其变化规律的数学模型是非常复杂的系统误差。

　　消除系统误差的方法是在测量前对所有使用仪器进行检定和校准，确定它们的修正值，以便对测量结果进行修正，同时要正确选用测量方法和计算理论，以便减小系统误差。

二、随机误差

　　如果误差的数值发生不规则变化，则称这种误差为随机误差。它是由测量过程中各种偶然因素引起的误差（如温度、湿度、磁场、振动等原因），从而造成多次测量结果不同。随机误差任何时候都会存在，但只要测量次数足够多，随机误差平均值的极限值就会趋近于零，从而可以通过多次测量求算术平均值的方法消除随机误差。

三、过失误差

　　过失误差是指利用正确的测量方法对一个量进行测量时，测量值显著偏离其真值的误差。产生过失误差的原因可能是测量方法不当、随机因素的影响或测量人员的粗心大意。确认是过失误差的测量值，应予以剔除。

第二节　误差的表示方法

下面介绍几种常用的误差定义。

一、绝对误差

仪器示值 X 与真值 A_0 之差称为绝对误差，用 ΔX 表示，即

$$\Delta X = X - A_0 \tag{1-1}$$

由于真值 A_0 一般无法得知，所以式（1-1）只有理论意义，实际测量时一般用高一级的标准仪器测量值 A 来代替其真值 A_0。由于高一级标准仪器也有误差，因此 A 并不等于 A_0，但一般 A 比 X 更接近 A_0，因而有

$$\Delta X = X - A \tag{1-2}$$

式（1-2）的 ΔX 称为实际绝对误差。测量中还将与 ΔX 大小相等、符号相反的值定义为修正值，用 C 表示。利用修正值可修正测量值，使其更接近真值。

例如，某电压表的量程为 10V，用准确度高一级的仪器对其检定而得出其修正值为 $-0.02V$。若用这只电压表测量电路中的电压，其示值为 $X=5.6V$，则得被测量电压的实际值为 $A=5.58V$。

二、相对误差

绝对误差可以说明测量值偏离实际值的程度，但不能说明测量的准确程度。实际测量过程中，常用相对误差来表示仪器测量准确度的高低。

1. 实际相对误差

用实际绝对误差与被测量的实际值 A 的百分比值来表示的相对误差称为实际相对误差，用 ξ_A 表示，即

$$\xi_A = \frac{\Delta X}{A} \times 100\% \tag{1-3}$$

如上式，已知 $\Delta X = -C = 0.02V$，$A = 5.58V$，则

$$\xi_A = \frac{\Delta X}{A} \times 100\% = \frac{0.02}{5.58} \times 100\% = 0.36\%$$

2. 示值相对误差

用实际绝对误差与仪器的示值 X 的百分比值来表示的相对误差称为示值相对误差，用 ξ_X 表示，即

$$\xi_X = \frac{\Delta X}{X} \times 100\% \tag{1-4}$$

当 $\Delta X \ll A$ 时，$\xi_A \approx \xi_X$；当绝对误差较大时，要注意二者的区别。

三、容许误差

一般测量仪器的准确度常用容许误差来表示，它是根据技术条件的要求，规定某一类仪器误差不应超过的最大范围，所以容许误差又称最大误差或极限误差。在电子测量仪器中，容许误差又分基本误差和附加误差。基本误差是指在仪器规定的测量条件下出现的最大误差；附加误差是指标定条件中的一项或几项发生变化时附加产生的误差。

对指针式仪表，容许误差就是对应于满刻度的相对误差，称为满度相对误差。

用绝对误差 ΔX 与仪器的满刻度值 X_m 的百分比值来表示的相对误差称为满度相对误差，

用 ξ_m 表示，即

$$\xi_m = \frac{\Delta X}{X_m} \times 100\% \tag{1-5}$$

电子仪表是按 ξ_m 进行分级的，如 0.5 级的电子仪器，表明 $\xi_m \leqslant \pm 0.5\%$，其面板上标注有 0.5 的准确度符号。如果该仪器同时有几个量程，则所有量程都满足 $\xi_m \leqslant \pm 0.5\%$。我国生产的仪器准确度一般分为 0.1、0.2、0.5、1.0、1.5、2.5、5.0 七级。

第三节　减小和消除系统误差的主要措施

对于随机误差和过失误差的消除方法前面已经简要介绍，本节只介绍减小和消除系统误差的主要措施。

一、产生系统误差的原因及减小误差的措施

1. 仪器误差

仪器误差是指由于仪器本身电气或机械性能不完善所引起的误差，可分为如下几种。

（1）读数误差。它又分为以下几种：

1）校准误差。它通常是指出厂前用标准仪器对其指定的某些标准点进行校准时产生的误差。

2）刻度误差。它是为批量生产，同类仪器一般使用统一的刻度盘，因每台仪器的特性都不完全相同，从而会造成一定的误差。

3）读数分辨率不高所引起的误差。仪器的读数分辨率误差是指仪器能读出被测量的最小变化量所产生的误差。

4）读数调节机构不完善所引起的误差。

5）量化误差。这是数字式仪器由 A/D（模/数）转换引起的固有误差。

（2）内部噪声引起的误差。内部噪声包括仪器内部各种电子器件的闪变噪声、热噪声等。

（3）稳定误差。它是指仪器工作不稳定引起的误差。主要由电子元器件的老化、机械结构的磨损、电气性能对环境的敏感性等引起的。

（4）动态误差。它主要由于仪器的过渡过程、阻尼时间及调节机构的速度限制等原因，使仪器在测量快速变化的信号时产生时间延迟，从而造成动态误差。

仪器误差主要来自仪器本身，减小仪器误差的措施是要对仪器定期进行维护和校准，正确保养、使用仪器仪表是减小仪器误差的重要环节。

2. 装置误差

装置误差是指在仪器使用过程中，由于安装、调节、布置、使用不当或环境条件不符合技术规程要求等引起的误差。

减小装置误差就是要减小仪器在使用过程中的操作误差，其措施就是要严格按照技术规程操作。提高实验技巧和对各种仪器的操作能力。

3. 人身误差

人身误差是测量者自身特点引起的误差。例如，以听觉和视觉判断测量结果引起的误差、测量者观察测量结果的习惯引起的误差等。

除耳、眼等感觉器官所产生的不可克服的误差外，减小人身误差的措施是尽量提高操作技巧和改进测量方法，改变不正确的测量习惯。

4. 方法误差

方法误差是由于测量时使用方法不完善，或所依据的理论不够严密而引起的误差。

减小方法误差的措施是根据被测量对象特性和测量要求，反复讨论理论依据的严密性，认真确定测量方法，采用正确的测量方法，选用合理准确度的仪器，建立合理的测试环境，严格按照技术规程进行测量。

二、一次测量时的误差估计

如果对被测量只进行一次测量，这时最大测量误差与测量方法有关。测量方法一般有直接测量和间接测量两种方法。直接测量是指直接用仪表对被测量取得数据；间接测量是指通过测量与被测量有一定函数关系的其他量，然后利用其函数关系经过计算得到被测量。

当采用直接测量方法时，其最大可能的测量误差，就是仪表的容许误差。例如，用满刻度为 100V 的 1.5 级电压表测量电压时，其绝对误差为

$$\Delta X = \xi_m \times X_m = 1.5\% \times 100V = 1.5V$$

若被测电压为 50V，则其示值相对误差为

$$\xi_X = \frac{\Delta X}{X} \times 100\% = \frac{1.5}{50} \times 100\% = 3\%$$

若被测电压为 10V，则其示值相对误差为

$$\xi_X = \frac{\Delta X}{X} \times 100\% = \frac{1.5}{10} \times 100\% = 15\%$$

可见，示值越接近满度值，其相对示值误差就越小。因此，为减小误差，应合理选择仪表量程，尽量使示值接近满度值。

当采用间接测量方法时，应先用上述直接测量方法，估算出直接测量的每个量可能有的最大误差；再根据各个量与被测量之间的函数关系，计算出被测量可能有的最大误差。

由于间接测量量与被测量之间的函数关系不同，因此被测量的间接误差计算也不尽相同。下面介绍几种常用函数的误差计算方法。

1. 和差函数的误差计算

设被测量 y 与两个直接测量的量 x_1 和 x_2 的函数关系为

$$y = ax_1 + bx_2$$

直接测量 x_1、x_2 时，测量值与实际值 x_{10}、x_{20} 之间的实际绝对误差为 Δx_1、Δx_2，则有

$$y = y_0 + \Delta y = a(x_{10} + \Delta x_1) + b(x_{20} + \Delta x_2) = ax_{10} + bx_{20} + a\Delta x_1 + b\Delta x_2$$

所以间接测量的实际绝对误差为

$$\Delta y = a\Delta x_1 + b\Delta x_2 \tag{1-6}$$

同理，若 $y = ax_1 - bx_2$，则

$$\Delta y = a\Delta x_1 - b\Delta x_2 \tag{1-7}$$

直接测量的绝对误差 Δx_1 和 Δx_2，有可能为正，也可能为负，这样，和与差的间接绝对误差就有四种可能的组合，但应取最坏情况估计间接测量误差。所以在最坏情况下，无论和或差函数的间接绝对误差均为

$$\Delta y = \pm(|a\Delta x_1| + |b\Delta x_2|) \tag{1-8}$$

和与差函数的相对误差为

$$\xi_{Ay} = \frac{\Delta y}{y_0} \times 100\% = \pm \left(\frac{x_{10}}{y_0} \left| \frac{a\Delta x_1}{x_{10}} \right| + \frac{x_{20}}{y_0} \left| \frac{b\Delta x_2}{x_{20}} \right| \right) \times 100\%$$

$$= \pm \left(\frac{x_{10}}{y_0} |\xi_{Ar1}| + \frac{x_{20}}{y_0} |\xi_{Ar2}| \right) \times 100\% \tag{1-9}$$

式中：ξ_{Ay} 为间接测量量 y 的实际相对误差；ξ_{Ar1}、ξ_{Ar2} 分别为直接测量量 x_1、x_2 的实际相对误差。

2. 积、商函数的误差计算

设被测量 y 与两个直接测量量 x_1 和 x_2 的函数关系为

$$y = x_1 x_2$$

直接测量 x_1 和 x_2 时，测量值与实际值 x_{10}、x_{20} 之间的实际绝对误差为 Δx_1、Δx_2，则有

$$y = y_0 + \Delta y = (x_{10} + \Delta x_1)(x_{20} + \Delta x_2) = x_{10}x_{20} + x_{10}\Delta x_2 + x_{20}\Delta x_1 + \Delta x_1 \Delta x_2$$

其中，$\Delta x_1 \Delta x_2$ 为二阶微小量，可忽略，则间接测量量 y 的实际绝对误差为

$$\Delta y = x_{10}\Delta x_2 + x_{20}\Delta x_1$$

实际相对误差为

$$\xi_{Ay} = \frac{\Delta y}{y_0} \times 100\% = \frac{x_{20}\Delta x_1 + x_{10}\Delta x_2}{x_{10}x_{20}} \times 100\% = \left(\frac{\Delta x_1}{x_{10}} + \frac{\Delta x_2}{x_{20}} \right) \times 100\%$$

$$\xi_{Ay} = \xi_{Ar1} + \xi_{Ar2} \tag{1-10}$$

商函数误差计算为

$$y = y_0 + \Delta y = \frac{x_1}{x_2} = \frac{x_{10} + \Delta x_1}{x_{20} + \Delta x_2}, \quad 分子分母同乘 \, x_{20} - \Delta x_2 \, 得$$

$$y = y_0 + \Delta y = \frac{(x_{10} + \Delta x_1)(x_{20} - \Delta x_2)}{x_{20}^2 - \Delta x_2^2} = \frac{x_{10}x_{20} + x_{20}\Delta x_1 - x_{10}\Delta x_2 - \Delta x_1 \Delta x_2}{x_{20}^2 - \Delta x_2^2}$$

其中，Δx_2^2、$\Delta x_1 \Delta x_2$ 两项为二阶微小量，可忽略，则有

$$y = y_0 + \Delta y = \frac{x_{10}x_{20} + x_{20}\Delta x_1 - x_{10}\Delta x_2}{x_{20}^2} = \frac{x_{10}}{x_{20}} + \frac{x_{20}\Delta x_1 - x_{10}\Delta x_2}{x_{20}^2}$$

则间接测量量 y 的实际绝对误差为

$$\Delta y = \frac{x_{20}\Delta x_1 - x_{10}\Delta x_2}{x_{20}^2} \tag{1-11}$$

实际相对误差为

$$\xi_{Ay} = \frac{\Delta y}{y_0} \times 100\% = \frac{x_{20}\Delta x_1 - x_{10}\Delta x_2}{x_{20}^2} \frac{x_{20}}{x_{10}} \times 100\% = \xi_{Ar1} - \xi_{Ar2} \tag{1-12}$$

取最坏情况考虑，则积、商最大相对误差为

$$\xi_{Ay} = \pm(|\xi_{Ar1}| + |\xi_{Ar2}|) \tag{1-13}$$

由以上计算可看出，在计算和、差函数误差时，先计算间接测量的绝对误差较方便；在计算积、商函数误差时，先计算间接测量量的相对误差较方便。

三、数据处理

测量结果可以是数字，也可以是图形。以数字方式表示的测量结果就是数据。测量数据的处理，就是从测量得到的原始数据中，求出被测量的最佳估计值，并计算出其准确程度。

1. 有效数字

有效数字为组成数据的每个必要数字，即从左边第一个非零数字开始，直至右边最后一

个数字为止的所有数字。例如，0.0468 中 4、6、8 是有效数字，0.0468 是三位有效数字；又如 0.0074050，7 前面的三个 0 不是有效数字，7 及后面的所有数字都是有效数字，0.0074050 是五位有效数字；4500 是四位有效数字，45×10^2 是两位有效数字。可见，在数字中间和末尾的 0 都是有效数字，而在左边第一个非零数字前面的 0 都不是有效数字。

有效数字末尾的 0 表示准确程度，如 5.80 表示测量结果准确到百分位，最大绝对误差不大于 0.005；5.8 表示测量结果准确到十分位，最大绝对误差不大于 0.05。

有效数字的最后一位一般是在测量读数时估计出来的，例如一电压测量值为 4.32V，其 4 和 3 两位有效数字是准确读数，最后一位 2 是估计读数，称为"欠准"数字。

2. 有效数字的处理

在测量时，往往要对测量结果的几个有效数据进行处理与运算，这样就存在有效数字位数的取舍问题。

取舍原则是：运算过程中有效数字的位数根据其中准确度最差的数据的有效数字进行取舍。

对有效数字舍入时，应尽量减小舍入造成的误差。有效数字的舍入规则如下：

(1) 删略部分的最高位数字大于 5 时，向前进 1。

(2) 删略部分的最高位数字小于 5 时，舍去。

(3) 删略部分的最高位数字等于 5 时，5 后面只要有非零数字，去 5 进 1。如果 5 后面全是 0，或无数字，当 5 前面一位数是奇数时，去 5 进 1；当 5 前面一位数是偶数时，去 5 不进 1。

例如，将下列数据保留到小数点后一位：12.54，13.56，7.654，7.650，7.35。保留后的数据为 12.54≈12.5，13.56≈13.6，7.654≈7.7，7.650≈7.6，7.35≈7.4。

3. 有效数字的运算

对于加、减运算，有效数字的取舍以小数点后有效数字位数最少的项为准；对于乘、除运算，有效数字的取舍决定于有效数字最少的一项数据，而与小数点无关。

对下列数据式进行有效数字的计算：6.235＋2.57＋1.009；0.021×23.465×2.065743。

计算过程为

$$6.235＋2.57＋1.009＝6.24＋2.57＋1.01＝9.82$$
$$0.021×23.465×2.065743＝0.021×23.5×2.07＝1.02$$

第四节　参　数　测　量

测量是为确定被测对象的量值而进行的实验过程，电子测量是测量学的一个重要分支。从广义上讲，凡是使用电子仪器进行的测量都称为电子测量；从狭义讲，电子测量是指利用电子仪器来测量电的量值。电的量值包括：电能量（电压、电流、功率）、电路参数（电阻、电感、电容、阻抗、品质因素）、电信号特性（波形、频率、相位）等。电子技术实验离不开电子测量技术，在此介绍一些常用量测量方法。

一、电子测量的基础知识

（一）测量术语

1. 灵敏度和分辨率

灵敏度是指测量仪器对被测量变化的敏感程度，定义为测量仪器指示值增量与被测量增量的之比。

灵敏度的另外一种表示方式为分辨率，定义为测量仪器所能区分的被测量的最小变化量，实际上就是灵敏度的倒数。

2. 真值与约定真值

被测量真实的、没有误差的值称为真值，它是一个理想的概念。由于在测量过程中，测量结果受测量仪器、测量方法、环境及人为因素影响，会出现不同程度的误差，通过测量无法得到真值。因此，测量中通常用约定真值来代替真值。约定真值是根据测量误差的等级要求，用高一级或数级的标准仪器或计量仪器测量所得的值。

3. 等准确度测量与非等准确度测量

在相同测量条件下，即所用仪器、测量方法、环境因素、测量者的细心程度都不变，对同一被测量量进行多次测量时，每次测量的结果的准确度都是相等的，称为等准确度测量。

如果每次测量时，测量条件发生变化，则每次测量的结果的准确度就各不相同，称这样一系列测量为非等准确度测量。

（二）电子测量的内容

电子测量大致可分为以下四个类别。

（1）电路元件参数测量：包括电阻、电抗、阻抗、电感、电容、品质因素、介电常数等参数的测量。

（2）电能量测量：包括电压、电流、功率、电场强度、电磁干扰等的测量。

（3）信号特征量测量：包括频率、相位、幅度、上升沿、下降沿、变化率、频谱、信噪比等的测量。

（4）电路性能参数测量：包括增益、带宽、分辨率、衰减、驻波比、反射系数、噪声系数、灵敏度、选择性等的测量。

二、元器件参数的测量

在第二章里将主要介绍常用电子元器件及其参数的测量方法，这里就如何用万用表测量一些基本元器件的方法作一简单的介绍。

（一）电阻的测量

1. 万用表测量电阻

模拟式和数字式万用表都有欧姆挡，可以用来测量电阻。测量时，先选择好万用表欧姆挡的倍率或量程范围，先将两个输入端（称表笔）短路调零，再将万用表并接在被测电阻的两端，读出电阻值即可。

2. 万用表测量电位器电阻值

用万用表测量电位器电阻值的方法与测量固定电阻的方法相同。先测量电位器两固定端之间的总体固定电阻，然后测量滑动端对任意一端之间的电阻值，并不断改变滑动端的位置，观察电阻值的变化情况，直到滑动端调到另一端为止。在缓慢调节滑动端时，应滑动灵活、松紧适度，听不到咝咝的噪声，阻值指示平稳变化，没有跳变现象，否则，说明滑动端接触不良，或滑动端的引出机构存在故障。

3. 测量注意事项

（1）要防止用双手把电阻的两个端子和万用表的两个表笔并联捏在一起，因为这样测得的阻值是人体电阻与待测电阻并联后的等效电阻的阻值，而不是待测电阻的阻值。

（2）当电阻连接在电路中时，首先应将电路的电源断开，决不允许带电测量。

（3）用万用表测量电阻时应注意被测电阻所能承受的电压值和电流值，以免损坏被测电阻。例如，不能用万用表直接测量微安表的表头内阻，因为这样做可能使流过表头的电流超过其承受能力（微安级）而烧坏表头。

（4）用模拟式万用表测量电阻时不同倍率挡的零点不同，每换一挡都应重新进行一次调零，当某一挡调节调零电位器不能使指针回到 0Ω 处时，表明表内电池电压不足了，需要更换新电池。为使测试结果求得准确，应尽可能使用欧姆刻度中间一段。

（5）由于模拟式万用表欧姆挡表盘刻度的非线性，使测量误差也较大，因而一般用作粗略测量。数字式万用表测量电阻的误差比模拟式万用表的误差小。但当数字式万用表用以测量阻值较小的电阻时，相对误差仍然是比较大的；用高阻值量程测量时，读数需几秒后才能稳定。

（二）用模拟式万用表估测电容

用模拟式万用表的欧姆挡对电容进行测量时，不能测出其容量和漏电阻的确切数值，更不能测得电容器所能承受的耐压，但对电容器的好坏程度能粗略判别，在实际工作中经常使用。

1. 估测电容量

将万用表设置在欧姆挡，表笔并接在被测电容器的两端，在器件与表笔相接的瞬间，表针摆动幅度越大，表示电容量越大。这种方法一般用来估测 $0.01\mu F$ 以上的电容器。

2. 电容器漏电阻的估测

除铝电解电容外，普通电容的绝缘电阻应大于 $10M\Omega$。用万用表测量电容器漏电阻时，万用表置 $R\times1k$ 或 $R\times10k$ 倍率挡，当表笔与被测电容并接的瞬间，表针会偏转很大的角度，然后逐渐回转，经过一定时间，表针退回到 $\infty\Omega$ 处，说明被测电容的漏电阻极大；若表针回不到 $\infty\Omega$ 处，则示值即为被测电容的漏电阻值；若表针偏转一定角度后，无逐渐回转现象，说明被测电容已被击穿，不能使用了。

3. 电解电容器的测量

将万用表置于欧姆挡，量程视被测电解电容的容量及耐压大小而定。测量容量小、耐压高的电解电容，量程应位于 $R\times10k$ 挡。测量容量大、耐压低的电解电容，量程应位于 $R\times1k$ 挡。测量方法是将黑表笔接电容的正极，红表笔接电容的负极，观察充电电流的大小、放电时间长短（表针退回的速度）及表针最后指示的阻值。

电解电容器质量好坏的鉴别：

（1）充电电流大，表针上升速度快；放电时间长，表针的退回速度慢。说明容量足。

（2）充电电流小，表针上升速度慢；放电时间短，表针的退回速度快。说明容量小质量差。

（3）充电电流为零，表针不动，说明电解电容已经失效。

（4）放电到最后，表针退回到终了时指示的阻值大，说明绝缘性能好，漏电小。

（5）放电到最后，表针退回到终了时指示的阻值小，说明绝缘性能差，漏电严重。

4. 其他电容器的检测方法

（1）容量为 $0.01\sim1\mu F$ 的电容器，可用万用表欧姆挡（$R\times10k$）同极性多次测量法来检查漏电程度及是否击穿。将万用表两根表笔与被测电容器的两根引线碰一下，观察表针是否有轻微的摆动。对容量大的电容器，表针摆动明显，对容量小的电容器，表针摆动不明显。紧接着用表笔再次、三次、四次碰电容器的引线（表笔不对调），每碰一次都要观察表针是否有轻微摆动。如从第二次起每碰一次表针都摆动一下，则说明此电容器有漏电。如第二、三、四次碰时表针均不动，则说明此电容器是好的。如果第一次相碰时表针就摆到终点，则说明电容器已被击穿。

（2）对于容量为 $0.01\mu F$ 以下的电容器，使用万用表的欧姆挡只能检查它是否击穿短路。用好的相同容量的电容器与被怀疑的电容器并联，可检查它是否开路。

（3）对于容量在 $1000pF\sim0.01\mu F$ 的电容器，可用电阻电容测定仪测量其准确容量。

（4）对于容量为几皮法至几百皮法的电容器，可用品质因数表准确测定其容量。

注意：测量时应切断被测电路所有电源，并将其中一条引线从电路板上烫下来，以避免周围元件的影响。

（三）二极管的测量

1. 用模拟式万用表测量

（1）用模拟式万用表测量普通二极管。用模拟式万用表欧姆挡测量二极管时，其测量电路如图 1-1 所示。万用表面板上标有"＋号"的端子接红表笔，对应于万用表内部电池的负极；而面板上标有"－"号的端子接黑表笔，对应于万用表内部电池的正极。图 1-1 中，R_0 是万用表欧姆挡的等效内阻，其大小与量程倍率有关。实际 R_0 值为表盘中心标度值乘以所选欧姆挡的倍率，不同倍率挡 R_0 不同，所以，用不同倍率挡测量同一个二极管的正向电阻值是不同的。

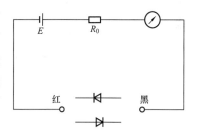

图 1-1　模拟式万用表测量普通二极管的测量电路

测量小功率二极管时，万用表置 $R\times100$ 挡或 $R\times1k$ 挡，以防万用表的 $R\times1$ 挡输出电流过大，或 $R\times10k$ 挡输出电压过大而损坏被测二极管。对于面接触型大电流整流二极管可用 $R\times1$ 或 $R\times10k$ 挡进行测量。

测量时，将二极管分别以两个方向与万用表的表笔相接，万用表指示的电阻必然是不相等的，其中万用表指示的较小电阻值为二极管的正向电阻，一般为几百欧到几千欧，此时，黑表笔所接端为二极管的正极，红表笔所接端为二极管的负极；万用表指示的较大电阻值为二极管的反向电阻。对于锗管，反向电阻在 $100k\Omega$ 以上；硅管的反向电阻很大，几乎看不出表针的偏转，采用这种方法可以判断二极管的好坏和极性。

（2）用模拟式万用表判别发光二极管。模拟式万用表判断发光二极管的极性的方法与判断普通二极管的方法是一样的，只不过一般发光二极管的正向导通电压可超过 1V，实际使用电流可达 100mA 以上，测量时可用量程较大的 $R\times1k$ 和 $R\times10k$ 挡测其正向和反向电阻。一般正向电阻小于 $50k\Omega$，反向电阻大于 $200k\Omega$ 为正常。

2. 用数字式万用表测量二极管

一般数字式万用表上都有二极管测试挡，其测试原理与模拟式万用表测量电阻完全不同，其测量电路如图 1-2 所示。可见，实际测量的是二极管的直流电压降。当二极管的

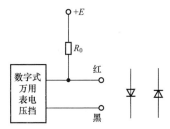

图 1-2　数字式万用表测量普通二极管的测量电路

正负极分别与数字式万用表的红黑表笔相接时，二极管正向导通，万用表上显示出二极管的正向导通电压 U_D。若二极管的正负极分别与数字式万用表的黑红表笔相接时，二极管反向偏置，表上显示一固定电压，约为 2.8V。

注意：测量时应切断被测电路所有电源。

（四）三极管的测量

用模拟式万用表判别晶体管引脚。

1. 基极的判定

以 NPN 型三极管为例说明测试方法。用模拟式万用表的欧姆挡，选择 $R \times 1k$ 或 $R \times 100$ 挡，将红表笔插入万用表的"＋"端，黑表笔插入"－"端。具体步骤如下：选定被测三极管的一个引脚，假定其为基极，将万用表的黑表笔固定接在其上，红表笔分别接另两个引脚，得到的两个电阻值都较小。再将红表笔与该假设基极相接，用黑表笔分别接另两个引脚，得到的两个电阻值较大，则假设正确，假设的基极确为基极；否则假设错误，重新另选一脚假设为基极后重复上述步骤，直到出现上述情况。

当基极判断出来后，由测试得到的电阻值的大小还可知道该三极管的导电类型。当黑表笔接基极时测得的两个电阻值较小，红表笔接基极时测得的两个电阻值较大，则此三极管只能是 NPN 型三极管；反之，则为 PNP 型三极管。

注意：对于一些大功率三极管，其允许的工作电流很大，可达安培数量级，发射结面积大，杂质浓度较高，造成基极—发射极的反向电阻不是很大，但还是能与正向电阻区分开来，可选用万用表的 $R \times 1$ 或 $R \times 10$ 挡进行测试。

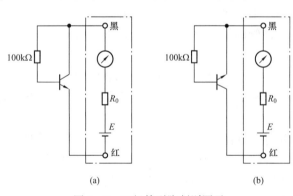

图 1-3　三极管引脚判别图示

2. 发射极和集电极的判别

判别发射极和集电极的依据是发射区的杂质浓度比集电区的杂质浓度高，因而三极管正常运用时的 β（放大系数）值比倒置运用时要大得多。仍以 NPN 管为例说明测试方法：①用模拟式万用表，将黑表笔接假设的集电极，红表笔接假设的发射极，在假设集电极（黑表笔）与基极之间接一个 $100k\Omega$ 左右的电阻看万用表指示的电阻值（见图 1-3），然后将红黑表笔对调，仍在黑表笔与基极之间接一个 $100k\Omega$ 左右的电阻观察万用表指示的电阻值，其中万用表指示电阻值小表示流过三极管的电流大，即三极管处于正常运用的放大状态，则此时黑表笔所接为集电极，红表笔所接为发射极；②一般数字式万用表都有测量三极管的电路，在已知 NPN 型和 PNP 型后，依据三极管正常运用处于放大状态时 β 值较大，可以判断出发射极和集电极。

3. 用晶体管图示仪判断三极管的性能

用万用表只能估测三极管的好坏，而用晶体管特性图示仪可以测得三极管的多种特性曲线和相应的参数，所以在实际中广泛使用图示仪，以直观地判断三极管的性能。有关内容请参阅第二章的仪器使用内容。

第五节　电量的测量

一、电压测量的特点

电压是表征电信号的三个基本参数（电压、电流、功率）之一。在电子电路中，电路的各种工作状态往往是以电压形式表现出来的，例如电路静态工作点及其动态范围、信号输出等。电路中的其他参数也可以通过测量电压间接获得，例如电流、功率、灵敏度等。在实际测量中，许多非电量参数都是通过传感器转换为电压参数进行测量的。

电子电路中电压信号的频率范围非常宽，除直流电压外，交流信号频率范围为 $10\sim10^9\,\text{Hz}$。频率范围不同，其测量方法也不尽相同。

电子电路中各种待测电压的幅度不同，低至 $10^{-9}\,\text{V}$，高至几千伏。测量不同幅度的信号，对测量仪器的分辨率要求也不尽相同，信号电压幅度越低，对仪器分辨率的要求就越高，各种干扰对测量的影响就越大，因此需要采取措施克服各种干扰和内部噪声的影响。信号幅度高时，需要考虑在测量装置前加入分压装置或衰减电路。

在实际电路中，电压信号的波形也是各种各样，如正弦波、三角波、方波、锯齿波等，在测量中应根据不同信号波形选择合适的测量仪器。

二、交流电压的参数

（一）交流电压的量值表示

一个交流电压的大小，可用峰值、平均值及有效值等多种方式来表示。采用不同的量值表示法，其数值也不相同。

1. 峰值

交流电压的峰值是指交流电压 $u(t)$ 在一个周期内（或在一段观测时间内）电压所达到的最大值，用 U_P 表示。峰值是从参考零电平开始计算的，因而 U_P 有正有负，正峰值和负峰值包括在一起时称为峰—峰值，用 $U_{P\text{-}P}$ 表示。

2. 平均值

交流电压的平均值一般用 $\overline{U}$ 表示，其数学定义为

$$\overline{U} = \frac{1}{T}\int_0^T u(t)\,\mathrm{d}t \tag{1-14}$$

式中：T 为被测信号周期；$u(t)$ 为被测交流信号电压。

3. 有效值

交流电压的有效值是指均方根值（rms），用 U 或 U_{rms} 表示。有效值比峰值和平均值用得更普遍，其数学定义为

$$U = \sqrt{\frac{1}{T}\int_0^T u^2(t)\,\mathrm{d}t} \tag{1-15}$$

（二）交流电压量值的相互转换

交流电压的量值可采用平均值、峰值、有效值等多种形式表示，这些数值之间可以相互转换。

1. 波形因素 K_F

波形因素 K_F 定义为电压的有效值与平均值之比，即

$$K_F = \frac{U}{\overline{U}} \qquad (1-16)$$

2. 波峰因素 K_P

波峰因素 K_P 定义为交流电压的峰值与有效值之比，即

$$K_P = \frac{U_P}{U} \qquad (1-17)$$

不同波形交流电压的参数如表 1-1 所示。

表 1-1　　　　　　　　　　　　不同波形交流电压的参数

名　称	波形因素 K_F	波峰因素 K_P	峰　值	有效值	平均值
正 弦 波	$\frac{\pi}{2\sqrt{2}}$	$\sqrt{2}$	A	$\frac{A}{\sqrt{2}}$	$\frac{2A}{\pi}$
半波整流	1.57	2	A	$\frac{A}{2}$	$\frac{A}{\pi}$
全波整流	$\frac{\pi}{2\sqrt{2}}$	$\sqrt{2}$	A	$\frac{A}{\sqrt{2}}$	$\frac{2A}{\pi}$
三 角 波	$\frac{2}{\sqrt{3}}$	$\sqrt{3}$	A	$\frac{A}{\sqrt{3}}$	$\frac{A}{2}$
方　波	1	1	A	A	A
锯 齿 波	$\frac{2}{\sqrt{3}}$	$\sqrt{3}$	A	$\frac{A}{\sqrt{3}}$	$\frac{A}{2}$

【例 1-1】　用正弦波有效值刻度峰值电压表去测量一个方波电压，表头读数 10V，问该方波电压有效值是多少？

　　解　对峰值电压表，不管测量的是正弦波还是非正弦波，其峰值只要相等，则其峰值读数就相等。这里表的读数是测量出方波峰值后，按正弦波时的有效值显示的示值，则正弦波峰值为

$$U_P = K_P U = \sqrt{2} \times 10 = 10\sqrt{2} = 14.1 \text{（V）}$$

因此方波的峰值电压也是 14.1V，利用方波电压的波峰因素可求出其有效值为

$$U_{方波} = \frac{U_{P方波}}{K_{P方波}} = \frac{14.1}{1} = 14.1 \text{（V）}$$

可见，用峰值电压表测量非正弦波时，其示值与被测信号的实际值并不相同。

【例 1-2】　用正弦波有效值刻度的平均值电压表测量一个三角波电压，其读数为 1V，求其有效值。

　　解　对平均值电压表，不管是什么波形，只要其平均值相等，则其读数就相等。读数 1V 为测量出三角波均值后，按正弦波显示出的有效值示值，因此正弦波的平均值为

$$\overline{U}_{正弦波} = \frac{U}{K_{正弦波}} = \frac{1}{1.11} = 0.9 \text{（V）}$$

因此，三角波的平均值也是 0.9V，从而可根据三角波的波形因素 K_F 计算出三角波的有效值为

$$U_{三角波} = K_{三角波}\overline{U} = 1.15 \times 0.9 = 1.04 \text{（V）}$$

由此可见，有效值刻度的平均值电压表是按正弦波均值电压的 K_F 进行刻度的，测量其

他非正弦波时显示的有效值并不是该非正弦波形的有效值，需经过换算才能计算出非正弦波的有效值。

三、常用电压测量仪器

常用电压测量仪器有模拟式电压表、电子式电压表和数字式电压表三种。

1. 模拟式电压表

模拟式电压表把被测电压加到磁电式电流表上，将电压大小转换为指针偏转角度的大小来进行测量。其结构简单，价格低廉。这种表特别适合测量低频电压信号或长期监测电压信号变化等场合。

2. 电子式电压表

电子式电压表是通过放大—检波式或检波—放大式电路，将被测量电压转换为直流电压，然后加到磁电式电流表上进行测量。低频毫伏表采用放大—检波式电路结构，高频毫伏表采用检波—放大式电路结构。根据检波特性不同，检波法分为平均值检波、峰值检波和有效值检波等。

3. 数字式电压表

数字式电压表是指把被测电压的数值通过数字技术，转换成数字量，然后用数码管以十进制数字显示被测量的电压值。数字式电压表具有精度高、量程宽、便于读数、易于实现测量自动化等优点。

4. 示波器

采用示波器可以将被测量电压转换成图形高度来进行测量。其精度要低一些，但比较直观。

四、交流电压的测量

1. 低频交流电压的测量

通常把测量低频（1MHz 以下）信号电压的电压表称为交流电压表或交流毫伏表。这类电压表一般采用放大—检波式电路结构。检波器多为平均值检波器或有效值检波器，分别构成平均值电压表或有效值电压表。

平均值电压表中检波器采用平均值检波器，电压表读数与被测电压的平均值成正比，但是，平均值电压表的表头却不是按平均值刻度的，而是按正弦波的有效值刻度的。这就是说，一个有效值为 U 的正弦波电压加到平均值电压表上时，平均值电压表的读数也是有效值 U，而不是平均值 $\overline{U}$，这里刻度是根据正弦波的波形因素 K_F 进行刻度的。当用平均值电压表测量非正弦波时，显示的示值不是非三角波的有效值 U，而是平均值与非正弦波相等的正弦波的有效值 U，需通过换算才能计算出非正弦波的有效值。其换算公式为

$$U_{非正弦波} = \frac{U_{示值}}{K_{F正弦波}} K_{F非正弦波} \tag{1-18}$$

2. 高频交流电压的测量

为克服测量放大器通频带的限制，高频交流电压表通常采用检波—放大式的电路结构，或采用外差式电路结构。最常用的检波—放大式电路结构的高频电压表都把由高频二极管构成的峰值检波器放置在屏蔽良好的探头内，用探头的探针直接接触被测点，从而把被测高频信号电压首先转换成直流电压，这样做可大大减少电路带宽对测量结果的影响和信号传输的

损失。

采用峰值检波器的电压表，其表头不是按峰值刻度的，而是按照正弦波有效值刻度的。这就是说，一个有效值为 U 的正弦波电压加到峰值电压表上时，峰值电压表的读数也是有效值 U，而不是峰值 U_P，这里刻度是根据正弦波的波峰因素 K_P 进行刻度的。当用峰值电压表测量非正弦波时，显示的示值不是非三角波的有效值 U，而是峰值与非正弦波相等的正弦波的有效值 U，需通过换算才能计算出非正弦波的有效值。其换算公式为

$$U_{非正弦波} = \frac{U_{示值} K_{P正弦波}}{K_{P非正弦波}} \tag{1-19}$$

第六节　信　号　参　数　测　量

一、信号波形的观测

信号的特性可以从时域和频域两个角度描述，信号时域波形是信号幅度相对于时间的变化特性，而信号的频域波形是信号幅度相对于频率的变化特性。

1. 信号时域波形的观测

在电子实验中，经常要求观测实验电路中各点的时域波形，以判断电路是否工作正常、信号是否产生失真等。观测时域波形最好的工具是示波器。将信号输入示波器垂直通道，调节垂直灵敏度，使显示屏显示出高度合适的波形，调节扫描时间，使波形宽度合适，根据波形占据显示屏上的格线位置，可粗略计算出信号的幅度、周期、频率、上升时间、下降时间等一系列信号时间特性参数。

2. 信号频域波形的观测

在电子电路实验过程中，经常需要观测某个信号所包含的频率分量，测试电路的频率特性等，观测信号频率特性的最好工具是扫频仪。利用扫频仪对信号进行观测，可直观地看到一个信号的频带宽度包含哪些频率成分、每个频率成分的幅度为多少等一系列信号的频率特性参数。

二、交流信号幅度的测量

信号幅度测量可分为交流信号幅度测量和包含直流分量的交流信号幅度测量。

1. 交流信号的幅度测量

测量交流信号幅度时，将示波器耦合开关置于交流（AC）位置，信号输入示波器垂直通道，调节示波器垂直灵敏度旋钮及扫描时间旋钮，使显示波形大小适当。

调整垂直位置旋钮使波形下部与最下面第一个格线齐平，调整水平位置旋钮使波形最高点位于中央的垂直刻度线上，如图 1-4 所示。然后观测波形上

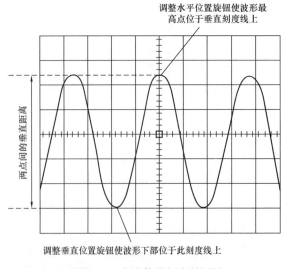

图 1-4　交流信号幅度的测量

下的垂直距离（DIV：表示在示波器显示屏上以厘米为单位划分的格），计算方法为 $u_{AC}=$ 垂直距离×垂直灵敏度×探头衰减比。其中，垂直灵敏度的单位为 V/DIV。计算结果为信号的峰—峰值。

2. 包含直流分量的交流信号幅度的测量

首先将输入耦合开关置于地（GND）位置，在显示屏上出现一条水平扫描线，调节垂直位置旋钮，使水平扫描线位于最下面一格的基准线（地电位，0电平线）位置。上述步骤调节完成后，再将输入耦合开关置于直流（DC）位置，将信号输入示波器垂直通道，调节示波器垂直灵敏度旋钮及扫描时间旋钮，使显示波形大小适当，如图1-5所示。

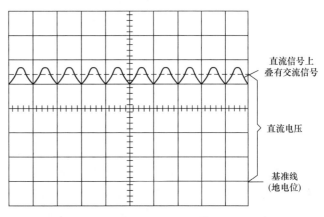

直流信号上叠有交流信号

直流电压

基准线（地电位）

图1-5 含有直流分量的交流信号幅度的测量

观测波形中交流信号中心线到基准线的垂直距离，为直流分量的幅度线，则直流分量的幅度计算为

$$U_{DC}=垂直距离×垂直灵敏度×探头衰减比$$

观测交流波形占据的垂直距离，则交流信号幅度计算为

$$U_{AC}=垂直距离×垂直灵敏度×探头衰减比$$

计算的结果为交流信号的峰—峰值。

测量不包含交流信号的直流信号幅度与上述方法完全相同。

三、信号周期或时间的测量

1. 周期信号周期或时间测量

使用示波器可以测量信号的周期或时间参数。采用示波器进行测量时，首先要将示波器时间轴微调旋钮置于校准位置（CAL）。将被测信号输入示波器垂直通道，示波管会显示信号波形，调节示波器垂直灵敏度旋钮及扫描时间旋钮，使显示波形大小适当。调节垂直位置旋钮，使波形中心线与屏幕刻度水平线重合。调节水平位置旋钮使波形一个周期的开始点位于屏幕左边第一格，观测波形一个周期在水平方向所占距离，如图1-6所示，则信号周期计算为 $T=$ 水平距离×时间轴挡（单位为 ms/DIV），信号频率为 $f=\dfrac{1}{T}$。这里时间轴根据扫描时间旋钮确定。

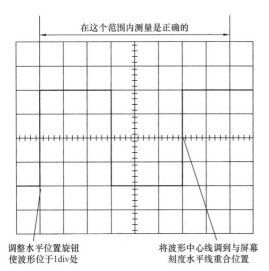

在这个范围内测量是正确的

调整水平位置旋钮使波形位于1div处

将波形中心线调到与屏幕刻度水平线重合位置

图1-6 周期信号周期的测量

2. 脉冲信号宽度的测量

将信号输入示波器垂直通道，调节示波

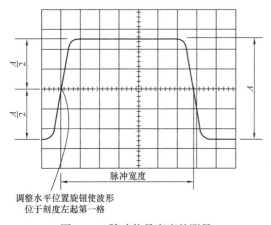

调整水平位置旋钮使波形
位于刻度左起第一格

图 1-7 脉冲信号宽度的测量

器垂直灵敏度旋钮及扫描时间旋钮，使显示波形大小适当。首先调节垂直位置旋钮使波形幅度的 1/2 处与显示屏刻度的中心线重合，然后调节水平位置旋钮，使脉冲上升沿中间位于左侧第一格处，如图 1-7 所示。

观测脉冲信号在水平轴上的距离，即可计算出脉冲宽度 W 为

$$W = 水平距离 \times 时间轴挡$$

这里时间轴根据扫描时间旋钮确定。

3. 利用李沙育图形进行频率测量

这是一种将未知信号和标准信号相比较的测试方法。当在示波器的垂直通道和水平通道的输入端分别输入不同的两个信号时，在示波器上会出现图 1-8 所示的图形。从图可以看到，当两个信号的频率和相位不同时，显示的波形也会不同。利用这个功能，在测量一个未知信号的频率时，可取一个已知频率的信号作为一个输入信号，与被测信号同时输入示波器，改变已知信号频率，观察示波器显示的图形，就可测量出未知信号的频率。

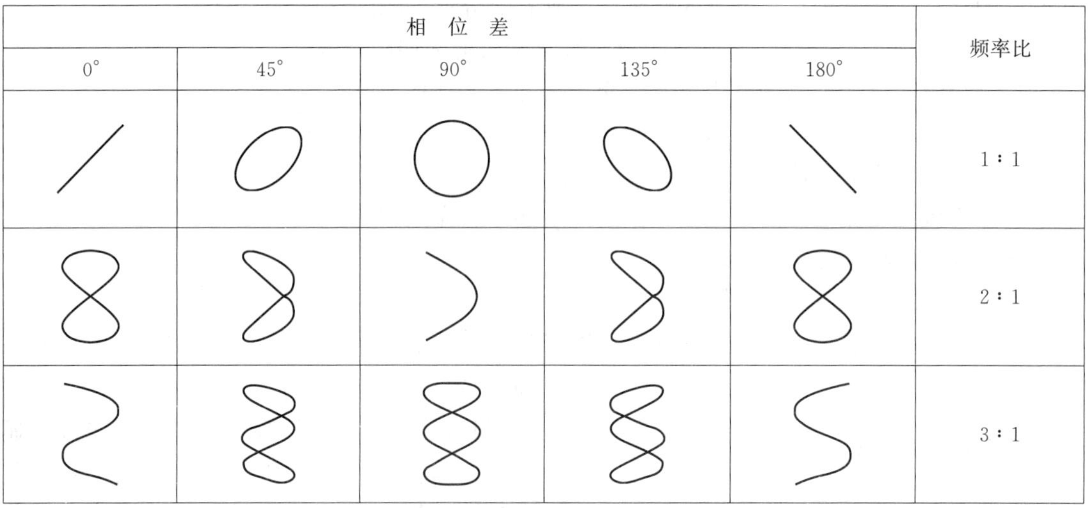

相 位 差					频率比
0°	45°	90°	135°	180°	
					1∶1
					2∶1
					3∶1

图 1-8 利用李沙育图形测量信号频率的波形

测试时，用信号发生器产生频率和相位可变的标准正弦波信号，接到示波器 X 输入；被测信号接入示波器 Y 输入。调节衰减 X、Y 的增益使其幅度大小一致。连续改变标准信号发生器的频率，直至荧光屏上显示的图形稳定。当图形为一个圆或椭圆时，表明被测信号与标准信号频率相同；当图形为若干个稳定的闭环时，表明被测信号频率与标准信号频率成倍数或约数关系，可以根据图形水平方向切点数和垂直方向切点数之比，并读出此时标准信号的频率，从而确定被测信号的频率。

从图 1-8 可见，利用李沙育图形不但可以测量信号频率，还可以确定两个信号的相位差。

如果在测量过程中，信号之间相位差不是 0°、45°、90°、135°、180°这些较容易观察的

值，可按照图 1－9 所示倾斜角的求解方法进行测量，然后按照式（1－20）进行计算可求出相位差，即

$$\varphi = \arcsin\frac{B}{A} \tag{1－20}$$

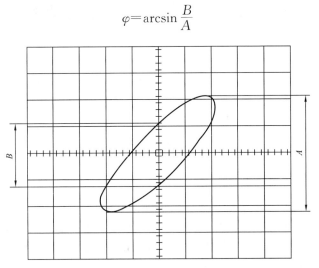

图 1－9 两个信号相位差的求解

第二章 常用电子仪器的使用

万用表、函数信号发生器、交流毫伏表、示波器、图示仪和逻辑分析仪是电子技术工作人员最常使用的电子仪器。本章主要介绍它们的基本结构、工作原理及使用方法。

第一节 万 用 表

万用表是一种可进行多种电量测量的多量程便携式电子测量仪表。一般的万用表以测量电阻，交、直流电流，交、直流电压为主，有的万用表还可以用来测量音频电平、电容量、电感量和晶体管的 β 值等。由于万用表结构简单、便于携带、使用方便、用途多样、量程范围广，因而它是维修仪表和调试电路的重要工具，是一种最常用的测量仪表。

万用表的种类很多，按其读数方式可分为模拟式万用表和数字式万用表两类。

一、模拟式万用表

模拟式万用表是通过指针在表盘上摆动的幅度来指示被测量的数值，因此也称其为机械指针式万用表。

（一）模拟式万用表的组成

模拟式万用表主要由表头（指示部分）、测量电路、转换装置三部分组成，如图 2-1 所示。

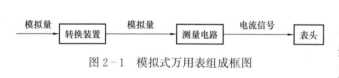

图 2-1 模拟式万用表组成框图

1. 表头

万用表的表头一般都采用灵敏度高、准确度好的磁电式直流微安表。它是万用表的关键部件，万用表性能好坏，很大程度上取决于表头的性能。表头的基本参数包括表头内阻、灵敏度和线性度，这是表头的三项重要技术指标。表头内阻是指动圈所绕漆包线的直流电阻，严格讲还应包括上下两盘游丝的直流电阻。多数万用表表头内阻为几千欧，内阻高的万用表性能好。表头灵敏度是指表头指针达到满刻度偏转时的电流值，这个电流数值越小，说明表头灵敏度越高，其特性就越好，通常表头灵敏度只有几微安到几百微安。通电测试前表针必须准确地指向零位。表头线性度是指表针偏转幅度与通过表头电流强度的幅度的线性关系，其线性度越高，表头质量越好。

2. 测量电路

测量电路是万用表的重要组成部分，主要由电阻、电容、转换开关和表头等部件组成。通过转换开关转换测量电路，可使万用表成为多量程电流表、电压表、欧姆表。在测量交流电量的电路中，使用了整流器件，将交流电转换成为直流电，从而实现对交流电量的测量。各测量电路的原理基础就是欧姆定律和电阻串并联规律。

3. 转换装置

转换装置是用来选择测量项目和量限的。它主要由转换开关、接线柱、旋钮、插孔等组成。转换开关是由固定触点和活动触点两大部分组成。通常将活动触点称为"刀",固定触点称为"掷"。万用表的转换开关是多刀多掷的,而且各刀之间是联动的。转换开关的具体结构因万用表型号的不同而有差异。当转换开关转到某一位置时,活动触点就和某个固定触点闭合,从而接通相应的测量电路。

(二) 表盘

万用表是可以测量多种电量,具有多个量程的测量仪表,为此万用表表盘上都刻有多条刻度线,并附有各种符号加以说明。电流和电压挡刻度线为均匀刻度线,欧姆挡刻度线为非均匀刻度线。不同电量用符号和文字加以区别。直流量用"－"或"DC"表示,交流量用"～"或"AC"表示,欧姆刻度线用"Ω"表示。为便于读数,有的刻度线上有多组数字。多数刻度线没有单位,为了便于在选择不同量程时使用。

下面简单介绍万用表的 dB(分贝)刻度线。万用表表盘上有一条 dB 刻度线是用来测量音频电平的。电平是表示两功率或两电压之比的对数,常用单位是 dB(分贝)。常用的电平分为功率电平和电压电平两类,它们各自又有绝对电平和相对电平之分。任意功率(或电压)与基准功率(或基准电压)之比的对数称为绝对功率电平(或绝对电压电平);任意两功率(或两电压)之比的对数称为相对功率电平(或相对电压电平)。基准值遵照国际通行规定,以 600Ω 电阻上消耗 1mW 的功率作为基准功率;当 600Ω 电阻上消耗 1mW 的功率时,电阻两端的电位差为 0.775V 作为基准电压。这样万用表上的电压刻度和分贝刻度就可以一一对应了,其电平刻度线都是按绝对电压电平刻度的,以在 600Ω 电阻上消耗 1mW 功率为 0dB 进行计算,即 0dB＝0.775V。由于电平与电压之间是对数关系,因而电压量程扩大 N 倍时,电平增加 $20\lg N$。因此,电平量程的扩大,可以通过相应的交流电压表量程的扩大来实现,其测量值应为表头指针示数再加上一个附加分贝值,附加分贝值的大小由电压量程的扩大倍数来决定。按分贝的定义,当负载是 600Ω 时可以从万用表的交流电压挡直接测量音频功率,并从分贝标尺上直接读出读数。可是实际测量中负载不一定是 600Ω,当对应的功率较大,即负载电阻小于 600Ω,这时使用分贝标尺时也应加上一个附加值作为校正。这个校正值需要在电子手册上查出。在实际操作中,不必深究其换算过程,只需可以在分贝标尺上读出读数来就可以了。

(三) 正确使用方法

万用表的类型较多,面板上的旋钮、开关的布局也有所不同。所以在使用万用表之前必须仔细了解和熟悉各部件的作用,认真分清表盘上各条标度尺所对应的量,详细阅读使用说明书。

使用万用表时应注意以下几点:

(1) 万用表在使用之前应检查表针是否在零位上,如不在零位上,可用小螺丝刀(即螺钉旋具)调节表盖上的调零器,进行"机械调零",使表针指在零位。

(2) 万用表面板上的插孔都有极性标记,测直流时,注意正负极性。用欧姆挡判别二极管极性时,需注意"＋"插孔接表内电池的负极,而"－"插孔(也有标为"＊"插孔)接表内电池正极。

(3) 转换开关必须拨在需测挡位置,不能拨错。如在测量电压时,误拨在电流或欧姆挡，将会损坏表头。

（4）在测量电流或电压时，如果不确定被测电流、电压数值大小，应先拨到最大量程上试测，防止表针打坏；然后再拨到合适量程上测量，以减小测量误差。注意不可带电拨动量程转换开关。

（5）在测量直流电压、电流时，正负端应与被测的电压、电流的正负端相接。测电流时，要把电路断开，将表串接在电路中。

（6）测量高电压或大电流时，要注意人身安全。测试表笔要插在相应的插孔里，量程转换开关拨到相应的量程位置上。测量前还要将万用表架在绝缘支架上，被测电路切断电源，电路中有大电容的应将电容短路放电，将表笔固定接好在被测电路上，然后再接通电源测量。注意不能带电拨动量程转换开关。

（7）测量交流电压、电流时，注意被测量必须是正弦交流电压、电流，其频率也不能超过说明书上的规定。

（8）测量电阻时，首先要选择适当的倍率挡，然后将表笔短路，调节"调零"旋钮，使表针指零，以确保测量的准确性。例如"调零"电位器不能将表针调到零位，说明电池电压不足，需更换新电池，或者内部接触不良需要修理。不能带电测电阻，以免损坏万用表。在测大阻值电阻时，不要用双手分别接触电阻两端，防止人体电阻并联造成测量误差。每换一次量程，都要重新调零。不能用欧姆挡直接测量微安表表头、检流计、标准电池等仪器、仪表的内阻。

（9）在表盘上有多条标度尺，要根据不同的被测量去读数。测量直流量时，读"DC"或"—"那条标度尺，测交流量时读"AC"或"～"标度尺，标有"Ω"的标度尺为测量电阻时使用。

（10）每次测量完毕，将转换开关拨到交流电压最高挡，防止他人误用而损坏万用表；也可防止转换开关误拨在欧姆挡时，表笔短接而使表内电池长期耗电。

（11）万用表长期不用时，应取出电池，防止电池漏液腐蚀和损坏万用表内部零件。

（四）MF10型万用表及使用

1. 简介

MF10型指针式万用表是高灵敏度，磁电整流系多量限万用表，采用外磁测量机构，共有24个基本量限和4个dB附加量限，可以测量直流电压、直流电流、中频交流电压、音频电平和直流电阻。

2. 主要技术参数

（1）测量范围。

直流电流：$10/50/100\mu A$，$1/10/100/1000mA$。

直流电压：$0.5V$（$10\mu A$）/$1/2.5/10/50/100/250/500V$。

中频交流电压：$10/50/250/500V$。

直流电阻：$0\sim2/20/200k\Omega$，$2/20/200M\Omega$（$\times1/\times1/\times100/\times1k/\times10k/\times100k$）。

音频电平：$-10\sim+22dB$。

（2）频率影响。

频率范围：$45Hz\sim1.5kHz$。

误差：$\pm5\%$。

3. 面板介绍及有关使用

MF-10 型万用表面板如图 2-2 所示。

（1）机械零位调整。将仪表放置水平位置，使用时应先检查指针是否在标度尺的起始点上，如果移动了，则可调节零位调节器，使指针回到标度尺的起始点上。

（2）测量转换开关。

1）直流电压的测量：将范围选择开关旋至直流电压"V"的范围所需要的测量电压量程上，然后将仪表接入测量电路，电流方向必须遵守在端钮上标志的极性。量程选择应尽可能接近于被测之量，使指针有较大的偏转角，以减少测量示值的绝对误差。读数记第三条直流刻度。

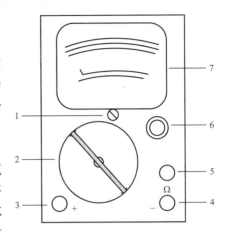

图 2-2　MF-10 型万用表面板
1—机械零位调整；2—测量转换开关；
3、5—接线柱；4—公共接地端；
6—欧姆挡调零旋钮；7—万用表表盘

2）交流电压的测量：测量交流电压的方法与直流电压的测量相似，将范围选择开关旋至欲测量的交流电压量程上即可。测量交流电压的额定频率为 45Hz～1.5kHz，为了取得准确的测量结果，仪表的公共极应与信号负极相连，这是因为仪表机件的对地分布电容所致。如果接反了，则误差会增加很多。

3）直流电流的测量：将范围选择开关旋至直流电流范围内，并选择至欲测的电流量程上，然后将仪表串联接入电路，其端钮应用连接导线与负载紧固连接。

4）直流电阻的测量：将范围选择开关旋至电阻范围内，短路外接电路，指针向满值偏转，调节零欧姆调整器，使指针指示在"0Ω"位置上，然后用测试杆分别去测量被测电阻值。为了使测量结果求得准确，欧姆刻度应尽可能使用中间一段。

（3）测量电压、电流接线柱。

（4）公共接地端。

（5）测量电阻接线柱。

（6）欧姆挡调零旋钮。

（7）万用表表盘。

二、数字式万用表

数字式万用表是采用集成电路 A/D 转换器和液晶显示器，将被测量的数值直接以数字形式显示出来的一种电子测量仪表。与模拟式仪表相比，数字式仪表灵敏度高、准确度高、显示清晰、过载能力强、便于携带、使用更简单。

（一）数字式万用表的组成

数字式万用表的测量基础是直流数字电压表，为了完成各种测量功能，必须增加相应的转换器，将被测电量转换成直流电压信号，再由 A/D 转换器转换成数字量，并以数字形式显示出来，其基本结构框图如图 2-3 所示。它由功能转换器、A/D 转换器、LCD 显示器（液晶显示

图 2-3　数字式万用表结构框图

器）、电源和功能/量程选择开关等构成。

（二）数字式万用表主要特点

（1）数字显示，直观准确，无视觉误差，并具有极性自动显示功能。

（2）测量准确度和分辨率都很高。

（3）输入阻抗高，对被测电路影响小。

（4）电路的集成度高，便于组装和维修，使数字式万用表的使用更为可靠和耐用。

（5）测试功能齐全。

（6）保护功能齐全，有过电压、过电流保护，过载保护和超输入显示功能。

（7）功耗低，抗干扰能力强，在磁场环境下能正常工作。

（8）便于携带，使用方便。

（三）使用方法

（1）如果无法预先估计被测电压或电流的大小，则应先拨至最高量程挡测量一次，再视情况逐渐把量程减小到合适位置。测量完毕，应将量程开关拨到最高电压挡，并关闭电源。

（2）满量程时，仪表仅在最高位显示数字"1"，其他位均消失，这时应选择更高的量程。

（3）测量电压时，应将数字式万用表与被测电路并联。测电流时应与被测电路串联，测直流量时不必考虑正、负极性。

（4）当误用交流电压挡去测量直流电压，或者误用直流电压挡去测量交流电压时，显示屏将显示"000"，或低位上的数字出现跳动。

（5）禁止在测量高电压（220V以上）或大电流（0.5A以上）时换量程，以防止产生电弧，烧毁开关触点。

（四）MS-8264型数字式万用表及使用

1. 简介

MS-8264型数字式万用表是 $3\frac{1}{2}$ 位（3位半）数字多用表，符合国际安全标准，具有数据保持功能、自动关机功能、内置自恢复熔断器保护、全挡位防烧表保护和全符号显示。

2. 主要技术参数

直流电压测量：200mV/2V/20V/200V±0.5%，1000V±0.8%。

交流电压测量：2V/20V/200V±0.8%，750V±1.2%。

电阻测量：200Ω/2kΩ/20kΩ/200kΩ/2MΩ±0.8%，20MΩ±1.0%，200MΩ±5.0%。

直流电流测量：20mA±0.8%，200mA±1.5%，10A±2.0%。

交流电流测量：2mA±1.0%，200mA±1.8%，10A±3.0%。

电容测量：20nF/200nF/2μF/20μF±4.0%。

频率测量：20kHz±1.5%。

温度测量：-20～1000℃。

晶体管 h_{FE}：1～1000。

3. 面板介绍及有关使用

MS-8264型数字式万用表面板如图2-4所示。

（1）液晶显示器：显示有关测试模式及测试结果。

（2）LIGHT 功能键：按键后开启背景光，约 5s 后，背景光将自动关闭。

（3）HOLD 功能键：按键后进入或退出读数保持模式。在液晶显示器屏幕上有相关显示。

（4）电源开关键。

（5）测量转换开关。

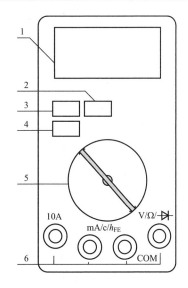

图 2-4　MS-8264 数字式万用表面板
1—液晶显示器；2—LIGHT 功能键；
3—HOLD 功能键；4—电源开关键；
5—测量转换开关；6—测试插座

1）直流电压测量。将黑表笔插入"COM"插孔，红表笔插入"VΩ"插孔；将功能开关置于 DCV 量程范围，并将表笔并接在被测负载或信号源上，在显示电压读数时，同时会指示出红表笔的极性。

注意：①在测量之前不知被测电压的范围时应将功能开关置于高量程挡后逐步调低；②仅在最高位显示"1"时，说明已超过量程，须调高一挡；③不要测量高于 1000V 的电压，虽然有可能读得读数，但是可能会损坏万用表内部电路；④特别注意在测量高压时，避免人体接触到高压电路。

2）交流电压测量。将黑表笔插入"COM"插孔，红表笔插入"VΩ"插孔；将功能开关置于 ACV 量程范围，并将测试笔并接在被测量负载或信号源上。

注意：①同直流电压测试注意事项①、②、④；②不要测量高于 750V 有效值的电压，虽然有可能读得读数，但是可能会损坏万用表内部电路。

3）直流电流测量。将黑表笔插入"COM"插孔。当被测电流在 2A 以下时，红表笔插"A"插孔；如被测电流在 2～10A 之间，则将红表笔移至"10A"插孔。功能开关置于 DCA 量程范围，测试笔串入被测电路中。红表笔的极性将在数字显示的同时指示出来。

注意：①如果被测电流范围未知，应将功能开关置于高挡后逐步调低；②仅最高位显示"1"说明已超过量程，须调高量程挡级；③A 插口输入时，过载会将内装熔断器熔断，须予以更换相应规格的熔断器；④20A 插口没有用熔断器，测量时间应小于 15s。

4）交流电流测量。测试方法和注意事项类同直流电流测量。

5）电阻测量。将黑表笔插入"COM"插孔，红表笔插入"VΩ"插孔（注意：红表笔极性为"+"）；将功能开关置于所需量程上，将测试笔跨接在被测电阻上。

注意：①当输入开路时，会显示过量程状态"1"；②如果被测电阻超过所用量程，则会指示出量程"1"须换用高挡量程，当被测电阻在 1MΩ 以上时，本表需数秒后才能稳定读数，对于高电阻测量这是正常的；③检测在线电阻时，须确认被测电路已关去电源，同时电容已放电完毕，之后才能进行测量。

6）二极管测量。将黑表笔插入"COM"插孔，红表笔插入"VΩ"插孔（注意红表笔为"+"极）；将功能开关置于二极管测试挡，并将测试笔跨接在被测二极管上。

注意：①当输入端未接入时，即开路时，显示过量程"1"；②通过被测器件的电流为 1mA 左右；③本表显示值为正向压电压特值，当二极管反接时则显示过量程"1"。

7）音响通断检查。将黑表笔插入"COM"插孔，红表笔插入"VΩ"插孔；将功能开关置于 0Ω 量程并将表笔跨接在欲检查之电路二端；若被检查两点之间的电阻小于 30Ω，蜂鸣器便会发出声响。

注意：①当输入端接入开路时，显示过量程"1"；②被测电路必须在切断电源的状态下检查通断，因为任何负载信号将使蜂鸣器发声，导致判断错误。

8) 晶体管 h_{FE} 测量。将功能开关置于 h_{FE} 挡上。先认定晶体管是 PNP 型还是 NPN 型，然后再将被测管 E、B、C 三脚分别插入面板对应的晶体管插孔内，此表显示的则是 h_{FE} 近似值，测试条件为基极电流 10μA，U_{ce} 约 2.8V。

9) 电容的测量。把黑表笔和红表笔连接到"COM"输入插座和"$\dashv\vdash$"输入插座，将功能开关转至合适挡位也使用专用多功能测试座测量，用测试笔另两端测量待测电容并进行读数。

注意：①本仪表测量大电容时，稳定读数需要一定时间；②测量电容前，应切断被测电路所有电源并将所有高压电容放电。

10) 频率测量：把黑表笔和红表笔连接到"COM"输入插座和"Hz"输入插座，将功能开关转至 20kHz 挡位，用测试笔另两端测量待测电路频率值。

注意：不可测量任何高于 380V 直流或交流有效值的电压频率。

11) 温度测量。按正确极性插上多功能测试座（专用多功能测试座的"+"端插头接℃端，"COM"端插头接公共端），将功能开关转至"℃"挡位，将 K 形热电偶按照正确极性插入到专用多功能测试座的温度插孔里，用热电偶的测量端去测量待测物的表面或内部并进行读数。

注意：①不可在公共端和℃端施加超过 250V 直流或交流有效值的电压；②不可测量带电超过 60V 直流或 24V 交流有效值的物体表面；③不要在微波炉内测量温度。

（6）测试插座。测试不同项目时应选择相应的输入插孔。

第二节　信　号　发　生　器

信号发生器（或信号源）是常用电子测量仪器之一，作为对各种电路进行实验时的信号源，负责提供测量时所需的各种电信号。

信号发生器种类繁多，从不同角度可将信号发生器进行不同的分类。

按用途可以分为通用信号发生器（低频信号发生器、高频信号发生器、脉冲信号发生器、函数信号发生器等）和专用信号发生器（调频立体声信号发生器和电视信号发生器等）两类。专用信号发生器是为特定目的而专门设计的，只适用于某种特定的测量对象和测量条件；通用信号发生器有较大的适用范围，一般是为测量各种基本的或常见的参量而设计的。

按频率范围分为超低频（0.001Hz～1kHz，主要应用于电声学）、低频（1Hz～1MHz，主要应用于电报通信）、视频（20Hz～10MHz，主要应用于无线电广播）、高频（100kHz～30MHz，主要应用于广播、电报）、甚高频（4～300MHz，主要应用于电视、调频广播、导航）、超高频（300MHz 以上，主要应用于雷达、导航、气象）。

按输出信号波形可分为正弦信号发生器、矩形信号发生器、脉冲信号发生器、三角波信号发生器、钟形脉冲信号发生器和噪声信号发生器等。实际应用中，正弦信号发生器应用最广泛。

按调制方式可分为调频、调幅、调相和脉冲调制等类型。

下面以低频信号发生器为例进行详细介绍。

几乎所有的电子实验和测量都需要低频信号发生器。事实上，"低频"就是从"音频"（20Hz～20kHz）的含义演化而来，由于其他电路测试的需要，频率向下向上分别延伸至超低频和超高频。现在一般"低频信号发生器"是指1Hz～1MHz频段，输出波形以正弦波为主，或兼有方波及其他波形的发生器。

（一）低频信号发生器组成

低频信号发生器的组成框图如图2-5所示。它包括振荡器、放大器、输出电路、电压表和稳压源等。

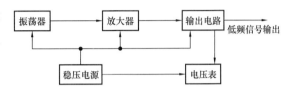

图2-5　低频信号发生器组成框图

1. 振荡器

振荡器是低频信号发生器核心部分，在低频信号发生器中，其主振荡器大多采用 RC 文氏桥式振荡器，其特点是频率稳定、易于调节，并且波形失真小和易于稳幅。

2. 放大器

放大器通常包括电压放大和功率放大，并对前后级起隔离作用，以防止后级变化对前级振荡信号产生影响，保证主振频率稳定。一般采用射极跟随器或运算放大器组成的电压跟随器。

3. 输出电路

输出电路包括输出衰减电路和阻抗转换电路。输出衰减电路用于改变信号发生器的输出电压或功率，通常设有连续调节和步进调节。连续调节由电位器实现，步进调节由电阻分压器实现。阻抗转换电路用于匹配不同阻抗的负载，以获得最大输出功率。

4. 电压表

电压表用来监测、指示输出电压幅度。

（二）低频信号发生器的使用方法

低频信号发生器型号很多，但是它们的基本使用方法是类似的。

1. 输出电压的调节和测读

接通电源后，经过合适的预热时间（此间，输出电压幅度不应调至最大），调节输出电压旋钮，可以连续改变输出电压的大小。在使用衰减器（除 0dB 衰减的其他挡位）时，输出电压的大小需要根据指示电压表的读数来换算，换算关系为

$$输出电压 = \frac{指示值}{电压衰减倍数}$$

衰减分贝数与电压衰减倍数之间的关系表2-1所示。例如，信号发生器指示电压表的读数为 2V，衰减分贝数为 40dB 时，输出电压为 2V/100＝0.02V（40dB 的电压衰减倍数为 100）。

表2-1　　　　　　　　　　衰减分贝数与电压衰减倍数之间的关系

衰减分贝数	电压衰减倍数	衰减分贝数	电压衰减倍数
0	1	50	316
10	3.16	60	1000
20	10	70	3160
30	31.6	80	10000
40	100	90	31600

2. 输出频率调节与指示

先将频率范围置于相应的挡位（或波段），根据要求调节频率旋钮（包括粗调、细调）得到所需频率值。

（三）函数信号发生器

函数信号发生器实际上是一种特殊的低频信号发生器，由于其输出波形可用数学函数描述，故而得名。它是一种宽带频率可调的多波形发生器，可以产生正弦波、方波、三角波、矩形波等。它是一种不可缺少的通用信号发生器，可以广泛用于生产测试、仪器维修和实验室实验。函数信号发生器的构成方式很多，通常是以某种波形为第一波形，作主振器，然后利用第一波形导出其他波形。根据主振器的性质和特点，函数信号发生器的构成方式分为三种类型，即正弦式、脉冲式和三角式。下面介绍正弦式函数信号发生器。

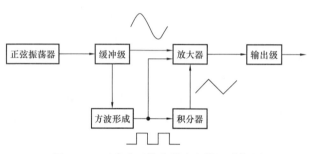

图 2-6　正弦式函数信号发生器组成框图

1. 正弦式函数信号发生器的组成

正弦式函数信号发生器的组成框图如图 2-6 所示。其工作过程如下：正弦振荡器输出正弦波，经缓冲级隔离后，分为两路信号，一路送放大器输出正弦波，另一路作为方波形成电路的触发信号。方波形成电路通常是施密特触发器，后者也输出两路信号，一路送放大器，经放大后输出方波；另一路作为积分器的输入信号。积分器一般是密勒积分电路，积分器将方波积分形成三角波，经放大后输出。三种波形的输出由放大级中的选择开关控制。

2. 函数信号发生器选择和使用

（1）根据要求选择合适的种类及型号。

（2）通过波形、频率选择键选择适当的波形和频率，以满足实际的需要。

（四）XD-2C 型低频信号发生器及使用

1. 简介

XD-2C 型低频信号发生器可连续产生 1Hz～1MHz 的正弦波，最大输出有效值大于 5V，设有步进衰减器，其衰减量最大至 90dB，并附有量程 5V 的正弦波有效值幅度指示。当负载过电流时保护电路工作，同时发出声光报警，声光报警频率范围为 20Hz～1MHz。它还可产生同样重复频率的 TTL 脉冲及脉宽，脉幅可连续调节的正负脉冲信号，在负方波输出时不报警，还设有 6 位液晶显示的可内外测量的频率计。

2. 主要技术参数

输出波形：正弦波、正脉冲、负脉冲、TTL 脉冲共四种波形。

频率范围：1Hz～1MHz 分六个频段。

输出幅度特性：正弦波最大输出有效值大于 5V，设有步进衰减，每步 10dB，最大衰减量为 90dB；正负脉冲的峰—峰值大于 8V；低电平小于 1V，其幅值及占空比分别由面板上的两个电位器进行连续调节。TTL 低电平小于 0.5V，高电平为 4.5V±0.5V。

频率特性：正弦波以 1kHz 为基准，电压输出幅度在 10Hz～1MHz 范围内，输出幅度变动小于±1dB。

电压表指示误差：在 2Hz～1MHz 频率范围内，正弦波输出电压表指示的误差不大于满刻度的 ±10%。

机内频率计：可测频率 1Hz～1MHz，可测幅度 1～10V，由 6 位数字显示。

3. 面板介绍及使用

XD-2C 型低频信号发生器前面板如图 2-7 所示。

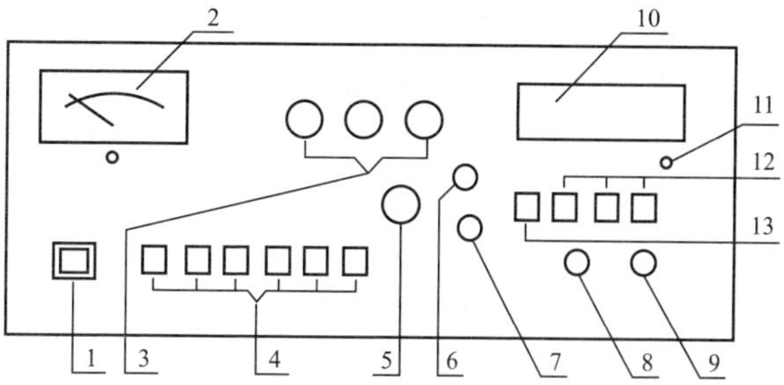

图 2-7　XD-2C 型低频信号发生器前面板
1—电源开关；2—表头；3—频率调节；4—频率范围；5—输出衰减；6—脉宽调节旋钮；7—幅度调节旋钮；8—频率计外测输入；9—输出端子；10—频率计显示；11—过载指示；12—波形选择；13—频率内外测量选择

（1）电源开关：接通电源，启动信号发生器。

（2）表头：实时指示电压输出幅度。

（3）频率调节：三个频率步进波段式调节旋钮 ×1、×0.1、×0.01Hz。

（4）频率范围：琴键式开关，在使用时根据所需频率按下某一挡选择频率范围。

（5）输出衰减：仅在正弦输出时起作用，可根据表头指示与衰减分贝数进行计算。

（6）脉宽调节旋钮：调节正负脉冲的宽度。

（7）幅度调节旋钮：调节输出信号的幅度。

（8）频率计外测输入：外测信号频率测量输入端。

（9）输出端子：信号源信号输出端。

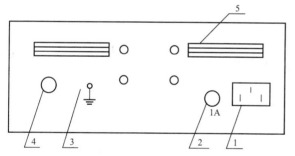

图 2-8　XD-2C 型低频信号发生器后面板
1—电源插座；2—熔断器；3—接地柱；4—TTL 输出；5—风孔

（10）频率计显示：显示输出信号或外测信号频率。

（11）过载指示：负载过电流时，发出声光报警指示。

（12）波形选择：选择输出正弦波或正、负脉冲波。

（13）频率内外测量选择：选择内测或外测。

XD-2C 型低频信号发生器后面板如图 2-8 所示。

（五）TFG6050 型函数信号发生器及使用

1. 简介

TFG6050 型函数信号发生器采用直接数字合成技术（DDS），具有快速完成测量工作所需的高性能指标和众多的功能特性，还有可扩展的选件功能。信号发生器的输出波形由函数计算值合成，波形准确度高、失真小，并且全范围频率不分挡，直接数字设置，频率切换能瞬间达到稳定值，信号相位和幅度连续无畸变，可以存储 40 组不同频率和幅度的信号，在需要时可随时重现。使用过程中，全部采用按键操作，彩色大屏幕菜单显示，直接数字设置或旋钮连续调节，同时，可以选配频率计数器，对外部信号进行频率测量或周期测量，具有 USB 接口，还可以选配 GPIB 接口或 RS232 接口，组成自动测试系统。

2. 主要技术参数（频率范围以正弦波为参考）

(1) A 通道的主要技术参数如下。

输出波形：正弦波、方波、脉冲波、TTL、直流。

频率范围：$40\mu Hz\sim50MHz$。

波形幅度量化：10bit/s。

取样速率：180MS/s。

正弦波失真度：$<0.5\%$。

方波、脉冲波升降时间：$<20ns$。

脉冲波占空比：$0.01\%\sim99.99\%$。

频率分辨率：40MHz。

准确度：$\pm5\times10^{-5}$。

幅度范围：$0\sim20V$。

幅度分辨率：2mV。

准确度：$\pm1\%$。

(2) B 通道的主要技术参数如下。

输出波形：正弦波、方波、三角波、锯齿波、指数、对数、噪声等 22 种波形。

频率范围：$10\mu Hz\sim1MHz$。

波形幅度量化：8bit/s。

频率分辨率：10MHz。

幅度范围：$0\sim20V$。

幅度分辨率：20mV。

3. 面板简介及使用

TFG6050 型函数信号发生器前面板如图 2-9 所示。面板上部分构件的功能介绍如下。

(1) 单位软键。屏幕下方有五个空白键，其定义随着数据的性质不同而变化，称为单位软键。数据输入之后必须按单位软键，表示数据输入结束并开始生效。

(2) 选项软键。屏幕右边有五个空白键，其功能随着选项菜单的不同而变化，称为选项软键。

(3) 功能键、数字键的功能如下：

1) ［单频］［扫描］［调制］［猝发］［键控］键，分别用来选择仪器的十种功能。

2) ［外测］键，用来选择频率计数功能。

3) ［系统］［校准］键，用来进行系统设置及参数校准。

4) ［正弦］［方波］［脉冲］键，用来选择 A 路波形。

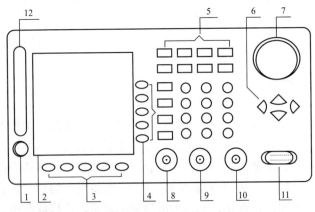

图 2-9　TFG6050 型函数信号发生器前面板

1—电源开关；2—液晶显示屏；3—单位软键；4—选项软键；5—功能键、数字键；6—方向键；7—调节旋钮；8—输出 A；9—输出 B；10—TTL 输出；11—USB 接口；12—CF 卡槽（备用）

5）［输出］键，用来开关 A 路或 B 路输出信号。

6）数字输入键 ［0］［1］［2］［3］［4］［5］［6］［7］［8］［9］，用来输入数字；［·］键，用来输入小数点；［－］键，用来输入负号。

（4）方向键。［＜］［＞］键，用来移动光标指示位，转动旋钮时可以加减光标指示位的数字；［ˆ］［ˇ］键，用来步进增减 A 路信号的频率或幅度。

（5）调节旋钮。实现对信号的连续调节。向右转动旋钮，可使光标指示位的数字连续加一，并能向高位进位。向左转动旋钮，可使光标指示位的数字连续减一，并能向高位借位。使用旋钮输入数据时，数字改变后即刻生效，不需再按单位软键。

（6）USB 接口。该接口符合 USB V1.1 标准，即插即用。

TFG6050 型函数信号发生器后面板如图 2 - 10 所示。

其中，GPIB 接口符合 IEEE—488—1978 标准的规定，RS232 接口符合 EIA—RS232 标准的规定。

TFG6050 型函数信号发生器液晶显示屏如图 2 - 11 所示。

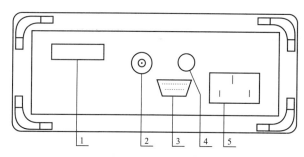

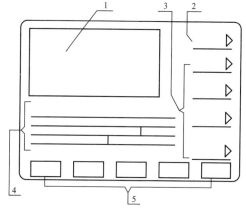

图 2 - 10　TFG6050 型函数信号发生器后面板
1—GPIB 接口；2—外调制输入；3—RS232 接口；
4—外测输入；5—电源插座

图 2 - 11　TFG6050 型函数信号发生器液晶显示屏
1—波形示意图；2—功能菜单；3—选项菜单；
4—参数菜单；5—单位菜单

（1）波形示意图。左边上部为各种功能下的 A 路波形示意图。

（2）功能菜单。右边中文显示区，上边一行为功能菜单。

（3）选项菜单。右边中文显示区，下边四行为选项菜单。

（4）参数菜单。左边英文显示区为参数菜单，自上至下依次为"B 路波形"、"频率等参数"、"幅度"、"A 路衰减"、"偏移等参数"、"输出开关"。

（5）单位菜单。最下边一行为输入数据的单位菜单。

第三节　交流毫伏表

测量交流电压，人们自然会想到用万用表，可是有许多交流电压用普通万用表却难以胜任电压测量。其原因是交流电压的频率范围很宽，高到几千兆赫，低到几赫，而万用表则是以测 50Hz 交流电压的频率为标准进行设计生产的，且其电压挡内阻一般不是很高，测量时不可避免地由于分流作用而产生较大的测量误差；其次，有些交流电压的幅度很小，甚至可以小到纳伏，再高灵敏度的万用表也无法测量；还有，交流电压的波形种类多，除了正弦波外，还有方波、锯齿波、三角波等。因此上述这些交流电压，必须用专门的电压表来测量。

一、简介

交流毫伏表就是一种可以测量正弦波电压有效值的交流电压表，具有输入阻抗高、测量频率范围宽、测量电压范围大、灵敏度高等优点。

（一）交流毫伏表的分类

交流毫伏表按照所用电路元器件的不同可分为电子管毫伏表、晶体管毫伏表和集成电路毫伏表三种。按所能测量信号的频率范围分有视频毫伏表（又称为宽频毫伏表，测频范围为几赫至几兆赫）和超高频毫伏表（测频范围为几千赫至几百兆赫）。

（二）交流毫伏表的特点

（1）灵敏度高。灵敏度反映了交流毫伏表测量微弱信号的能力。灵敏度越高，测量微弱信号的能力越强。一般交流毫伏表都能测量低至毫伏级的电压。

（2）测量频率范围宽。测量频率范围上限至少可达几百千赫，高者甚至可达几百兆赫。

（3）输入阻抗高。

（三）交流毫伏表的构成

交流毫伏表通常由检波电路、放大电路和指示电路等部分组成。

1. 指示电路

模拟交流毫伏表采用灵敏度、准确度高的磁电式微安表头，由表头指针的偏转指示出测量结果。数字交流毫伏表显示电路一般由数码管、发光二极管将测量结果和当前的状态在面板上显示出来。

2. 放大电路

放大电路用于提高交流毫伏表的灵敏度，使得交流毫伏表能够测量微弱信号。在数字交流毫伏表中，主放大器由几级宽带低噪声、无相移放大器电路组成，由于采用深度负反馈，因此电路稳定可靠。在模拟交流毫伏表中所用到的放大电路有直流放大电路和交流放大电路两种，分别用于毫伏表的两种不同的电路结构中，即放大—检波式和检波—放大式。

（1）放大—检波式毫伏表。由图 2-12 可见，放大—检波式毫伏表先将被测交流信号电压 U_x 经放大电路放大后加到检波电路上，由检波电路把放大后的被测交流信号电压转换成相应大小的直流电压去推动指示电路（直流微安表头），作出相应的偏转指示。由于放大电路放大的是交流信号，可以采用高增益放大器来提高毫伏表的灵敏度，可达到毫伏级。但是被测电压的频率范围受放大电路频带宽度的限制，一般上限频率为几百千赫到几兆赫。因此，这种毫伏表也称为视频毫伏表。

（2）检波—放大式毫伏表。由图 2-13 可见，检波—放大式毫伏表先将被测交流信号电压 U_x 经过检波电路检波，转换成相应大小的直流电压，再经过直流放大电路放大推动指示电路（直流微安表头），作出相应的偏转指示。由于放大电路放大的是直流信号，所以放大

图 2-12　放大—检波式毫伏表结构框图　　　　图 2-13　检波—放大式毫伏表结构框图

电路的频率特性不影响整个毫伏表的频率响应。这种毫伏表所能测量电压的频率范围由检波器的频率响应决定。如果把特殊的高频检波二极管置于探极，并减小连接线分布电容的影响，测量频率可达几百兆赫。但由于检波二极管伏安特性的非线性，因而刻度也是非线性的，且输入阻抗相对低，采用普通的直流放大电路又有零点漂移问题，所以这种毫伏表的灵敏度不是很高。若采用斩波式直流放大器，可将灵敏度提高到毫伏级。这种毫伏表也称为超高频毫伏表。

3. 检波电路

在模拟交流毫伏表中由于磁电式微安表头只能测量直流电流，因此在模拟交流毫伏表中，必须通过各种形式的检波器（平均值检波器、峰值响应检波器等），将被测交流信号转换成直流信号，让转换得到的直流信号通过表头，才能用磁电式微安表头测量交流信号。在数字交流毫伏表中，检波电路是一个宽带线性检波电路，由于采用了特殊的电路，使检波线性达到理想化。

二、视频交流毫伏表

在模拟电子技术实验中，经常用来测量毫伏级、频率范围从几赫到几兆赫的交流电压，采用视频交流毫伏表即可满足要求。下面分别以 AS2173 型晶体管交流毫伏表及 AS1910 型双输入数字交流毫伏表为例进行简单介绍。

（一）AS2173 型晶体管交流毫伏表

1. 简介

AS2173 型晶体管交流毫伏表是放大－检波式交流电压测量仪表，它具有高灵敏度、高输入阻抗以及高稳定性等优点。由于在电路上采用了大信号检波使仪器具有良好的线性，而且噪声对测量准确度影响很小，因此在使用中不需要进行调零。另外，该表还具有输出电路，可对输入信号进行监视，还可当作放大器使用。

2. 工作原理

AS2173 型晶体管交流毫伏表原理框图如图 2 - 14 所示。

高阻输入电路：具有高阻抗衰减和高阻抗输入转为低阻抗输出的功能。被测信号经过阻抗衰减器，经衰减后的信号输入阻抗转换器，为了尽可能提高输入阻抗，输入级采用场效应晶体管，当输入电压过大时，输入保护电路工作，有效地保护了场效应晶体管。

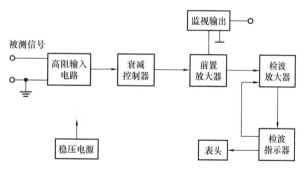

图 2 - 14　AS2173 型晶体管交流毫伏表原理框图

衰减控制器：用来控制各挡衰减的接通，改变衰减的挡级可改变毫伏表的量程。

前置放大器：用来放大衰减控制器的输出信号。由于这一信号很小，且输入电阻设计得相当大，对衰减控制器换挡时的工作状态影响很小。

检波放大器：将前置放大器的输出信号进一步放大以满足检波器工作在大信号检波状态，使检波二极管工作于线性区。

检波指示器：是倍压式检波器，检波后的直流成分反馈到检波放大器的输入级，形成一个负反馈网络，提高了检波器的线性。

监视输出：主要是来检测仪器本身的技术指标是否符合出厂时的要求，同时也可作放大器使用。

稳压电源：输出直流电压以满足整个电路要求。

3. 主要技术参数

电压测量范围：1mV～300V，共 12 个量程。

频率测量范围：5Hz～2MHz。

电平测量范围：－70dB～＋50dB。

输入阻抗：1kHz 时约为 2MΩ。

固有误差：以 1kHz 为基准，电压测量误差小于 3%满度值，频率测量误差小于 5%。

工作误差：以 1kHz 为基准，5～20Hz＜±10%；20～100Hz＜±5%；100Hz～100kHz＜±3%；100kHz～2MHz＜±5%。

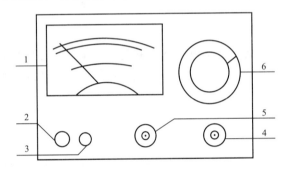

图 2-15 AS2173 型双输入交流毫伏表面板

1—表头刻度盘；2—电源开关键；3—电源指示灯；
4—被测信号输入端；5—信号输出端

4. 面板简介及使用

AS2173 型双输入交流毫伏表面板如图 2-15 所示。

（1）表头刻度盘：共刻有三条刻度。第一条刻度和第二条刻度为测量交流电压有效值的专用刻度。当量程开关分别选 1mV，10mV，100mV，1V，10V，100V 挡时，就从第一条刻度读数；当量程开关分别选 3mV，30mV，300mV，3V，30V，300V 时，应从第二条刻度读数。当用该仪表去测量外电路中的电平值时，就从第三条

刻度读数，以表针指示的分贝读数与量程开关所指的分贝数的代数和来表示读数。例如，量程开关置于＋10dB（3V），表针指在（－2dB）处，则被测电平值为＋10＋（－2）＝8（dB）。

（2）信号输出端：提供监视输出功能，用来检测仪器本身的技术指标是否符合出厂时的要求，同时可使仪器作为放大器使用。

5. 一般注意事项

（1）交流毫伏表使用前应垂直放置，因为测量精度以表面垂直放置为准。

（2）交流毫伏表灵敏度较高，接通电源后，在较低量程时由于干扰信号（感应信号）的作用，指针会发生偏转，称为自起现象。所以在开机前应将量程旋钮旋到较高量程挡，以防打弯指针（开机后 10s 内指针无规则摆动属于正常）。

（3）测量前应短路调零。接通交流毫伏表电源，将测试线（也称开路电缆）的红黑夹子夹在一起，将量程旋钮旋到 1mV 量程，指针应指在零位（有的交流毫伏表可通过面板上的调零电位器进行调零，凡面板无调零电位器的，内部设置的调零电位器已调好）。

（4）交流毫伏表接入被测电路时，其地端（黑夹子）应始终接在电路的地上（成为公共接地），以防干扰。

（5）交流毫伏表只能用来测量正弦交流信号的有效值，若测量非正弦交流信号要经过换算。

（6）不可用万用表的交流电压挡代替交流毫伏表测量交流电压（万用表内阻较低，用于

测量 50Hz 左右的工频电压）。

（7）测量电平时，测量值等于指针指示值加上所选量程的附加分贝值。

（二）AS1910 型双输入数字式交流毫伏表

1．简介

AS1910 型双输入数字式交流毫伏表采用卧式结构、轻触按键，其内部电路先进，带有微处理器，测量准确度高，具有相当好的线性度；被测值由数字显示，读数直接且准确度高；另外，量程设置有手动和自动之分，显示测量结果有电压有效值、dB 值、dBm 值可供选择，并且有两个输入端口，可通过轻触按钮，方便地进行通道切换，还可读出两个端口的分贝差值；关机前，把最后设置的状态作存储，在下次开机时，恢复上次设置的状态。

2．工作原理

AS1910 型双输入数字式交流毫伏表原理框图如图 2 - 16 所示。

前置放大器：由高输入阻抗及低输出阻抗的复合放大器电路构成，由于采用了低噪声器件及工艺措施，具有较小

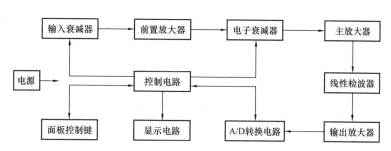

图 2 - 16　AS1910 型双输入数字式交流毫伏表原理框图

的本机噪声，输入端还接有过载保护电路。

电子衰减器：由集成电路构成，由控制电路控制，因此具有较高的可靠性及长期工作的稳定性。

主放大器：由几级宽带低噪声、无相移放大器电路组成，由于采用深度负反馈，因此电路稳定可靠。

线性检波器：是一个宽带线性检波电路，由于采用了特殊的电路，使检波线性达到理想线性化。

A/D 转换电路：是一片 12 位积分式大规模集成电路，转换数据稳定可靠，且精度高。

控制电路：根据面板上键的状态和经过 A/D 转换后的数据经处理后准确地送入显示电路。

显示电路：是由 4 位数码管和一组发光二极管将测量结果和当前的状态在面板上显示出来。

3．主要技术参数

测量电压范围：$30\mu V\sim400V$。

测量电压频率范围：$5Hz\sim2MHz$。

测量电平范围：$-90dB\sim+52dB$（0dB=1V），$-88dBm\sim+54dBm$（0dBm=0.7V）。

输入电阻：在 1kHz 时约 $2M\Omega$。

固有误差（在基准工作条件下）：电压测量误差为（满度值）$\pm1\%\pm8$ 个字；频率影响误差为 $20Hz\sim1MHz\pm2\%$，$5Hz\sim2MHz\pm3\%$。

工作误差：电压测量误差（满度值）$\pm1\%\pm8$ 个字。

频率影响误差：$20Hz\sim1MHz\pm2\%$，$5Hz\sim2MHz\pm5\%$。

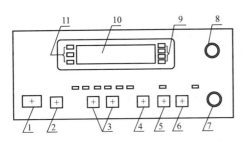

图 2-17 AS1910 型数字式交流毫伏表前面板

1—电源开关；2—量程自动/手动按钮；3—量程左、右按钮；4—显示结果按钮；5—ΔdB 按钮；6—输入选择按钮；7—CH1 输入插座；8—CH2 输入插座；9—显示测量单位；10—显示测量结构；11—溢出、自动、手动指示灯

4. 面板简介及使用

AS1910 型数字式交流毫伏表前面板如图 2-17 所示。

（1）量程自动/手动按钮。每按一下该钮，量程在自动与手动中切换，并伴有相应的发光管提示。

（2）量程左、右按钮。在量程手动挡时，按左右键，选择最佳量程挡级；在量程自动挡时，无须按此组按钮，自动选择最佳量程挡级。

（3）显示结果按钮。每按一下该钮，显示结果在 V→dB→dBm→V 中选择，循环往返。

（4）ΔdB 按钮。当需读出 ΔdB 时，须经过以下三步。

第一步：按一下此按钮，此时 ΔdB 灯闪烁同时 CH1 灯亮，在 CH1 插座中输入要测的第一个数据。

第二步：按一下此按钮，记忆了第一次测量的数据，此时 ΔdB 灯闪烁同时 CH2 灯亮，在 CH2 插座中输入要测的第二个数据。

第三步：按一下此按钮，记忆了第二次测量的数据，此时 ΔdB 灯、CH1 灯和 CH2 灯常亮，同时显示窗显示的数据即为 CH1 和 CH2 输入的 dB 差值，且处于保持状态。

注意：①当显示的 ΔdB 为正值时，说明 CH1 的电压大于 CH2 的电压；②当显示的 ΔdB 为负值时，说明 CH1 的电压小于 CH2 的电压；③当需恢复一般测量时，再按一下 ΔdB 按钮，此时 ΔdB 灯不亮，进入一般测试。

（5）输入选择按钮。通过此按钮，可在 CH1 和 CH2 通道中切换。

（6）溢出、自动、手动指示灯。当测量的数据大于 4000 时，溢出灯闪烁，建议扩大量程。当测量的数据超出该量程挡级时，溢出灯闪烁，提示扩大量程并显示全 8。当测量的数据小于 390 时，手动灯闪烁，建议减小量程。

注意：在自动挡时，量程将自动变化，无须人为手动，只有当处于两挡级的临界区时，会发生两挡级间跳动，建议使用手动挡。

AS1910 型数字式交流毫伏表后面板如图 2-18 所示。

AS1910 型数字式交流毫伏表具有输出功能，因此可作为独立的放大器使用。当 3mV 量程挡时，具有 31.6 倍放大（30dB）；当 30mV 量程挡时，具有 3.16 倍放大（10dB）。

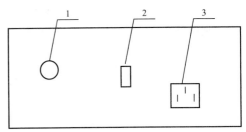

图 2-18 AS1910 型数字式交流毫伏表后面板

1—信号输出插座；2—开关；3—220V 输入插座

当输入信号为 0V 时，此时转换为分贝值是无意义的，所以按"dB"或"dBm"时，显示数闪烁，且不真实。

5. 使用注意事项

（1）测量 30V 以上的电压时，需注意安全。

（2）所测交流电压中的直流分量不得大于 100V。

第四节　示　波　器

示波器是利用电子示波管的特性，将人眼无法直接观测的交变电信号转换成图像，显示在荧光屏上以便观测的电子测量仪器。通过示波器可以直观地观察被测电路信号的波形，包括形状、幅度、频率（周期）、相位，还可以对两个波形进行比较。它是观察电路实验现象、分析实验问题、测量实验结果必不可少的常用电子测量仪器。

示波器的种类较多，分为通用示波器和专用示波器两大类。若按不同的分类方法来分，有高频示波器和低频示波器，有单踪、双踪和多踪示波器，有采样、存储和记忆示波器，有数字示波器等。虽然示波器的型号、品种繁多，但是其基本组成和功能却大同小异。本节介绍通用模拟示波器（ART）及数字存储示波器（DSO）的基本构成、工作原理、常用功能。

一、通用示波器

（一）通用示波器的结构

通用示波器的结构包括示波管、垂直系统、水平系统、电源等，如图 2 - 19 所示。

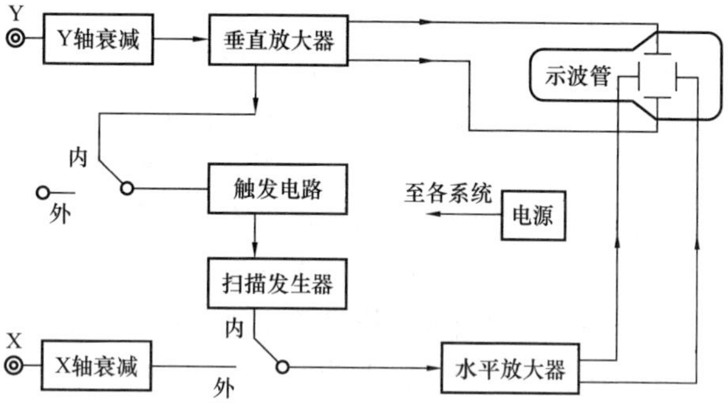

图 2 - 19　通用示波器结构图

1. 示波管

阴极射线管（CRT）简称示波管，是示波器的核心。它将电信号转换为光信号，主要由电子枪、偏转系统、荧光屏三部分组成，如图 2 - 20 所示，这三部分密封在一个真空玻璃壳内，构成了一个完整的示波管。

（1）电子枪。如图 2 - 20 所示，电子枪由灯丝（F）、阴极（K）、栅极（G1）、前加速极（G2）（或称第二栅极）、第一阳极（A1）和第二阳极（A2）组成。电子枪的作用是发射电子并形成很细的高速电子束。灯丝通电加热阴极，阴极受热发射电子。栅极是一个顶部有小孔的金属圆筒，套在阴极外面。由于栅极电位比阴极的低，对阴极发射的电子起控制作用，一般只有运动初速度大的少量电子，在阳极电压的作用下能穿过栅极小孔，射向荧光屏。初速度小的电子仍返回阴极。如果栅极电位过低，则全部电子返回阴极，即管子截止。调节电路中的 R_{P1} 电位器，可以改变栅极电位，控制射向荧光屏的电子流密度，从而达到调节亮点的辉度。第一阳极、第二阳极和前加速极都是与阴极在同一条轴线上的三

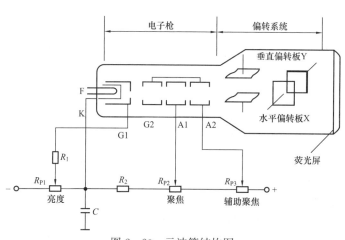

图 2 - 20　示波管结构图

个金属圆筒。G2 与 A2 相连，所加电位比 A1 高。G2 的正电位对阴极电子射向荧光屏起加速作用。

电子束从阴极射向荧光屏的过程中，经过两次聚焦过程。第一次聚焦由 K、G1、G2 完成，K、G1、G2 称为示波管的第一电子透镜。第二次聚焦发生在 G2、A1、A2 区域，调节第二阳极 A2 的电位，能使电子束正好会聚于荧光屏上的一点，这是第二次聚焦。A1 上的电压称为聚焦电压，A1 又称为聚焦极。有时调节 A1 电压仍不能满足良好聚焦，需微调 A2 的电压，A2 又称为辅助聚焦极。

（2）偏转系统。偏转系统控制电子射线方向，包括 Y、X 两对互相垂直的偏转板，两对偏转板的中心轴线与示波器中心轴线重合，垂直（Y 轴）偏转板在前，水平（X 轴）偏转板在后，它们能将电子枪发射出来的电子束，按照加于偏转板上的电压信号作出相应的偏移，使荧光屏上的光点随外加信号的变化描绘出被测信号的波形。当两对偏转板都未加电压时，电子束穿过偏转板直射到荧光屏上，在荧光屏的中央出现光点。当被测信号经处理后作用在 Y 轴偏转板，锯齿波扫描电压作用在 X 轴偏转板上时，两对偏转板间各自形成电场，就分别控制了电子束在垂直方向和水平方向上的偏转。

（3）荧光屏。荧光屏是位于示波管顶端涂有荧光物质的透明玻璃屏，现在的示波管屏面通常是矩形平面，当电子枪发射出来的电子束轰击到屏时，荧光屏被击中的点上会发光。由于所用材料不同，荧光屏上能发出不同颜色的光。一般示波器多采用发绿光的示波管，以便保护人的眼睛。

当电子停止轰击后，亮点不能立即消失而要保留一段时间。亮点辉度下降到原始值的 10% 所经过的时间称为"余辉时间"。余辉时间短于 $10\mu s$ 为极短余辉，$10\mu s \sim 1ms$ 为短余辉，$1ms \sim 0.1s$ 为中余辉，$0.1 \sim 1s$ 为长余辉，大于 1s 为极长余辉。一般的示波器配备中余辉示波管，高频示波器选用短余辉，低频示波器选用长余辉。

（4）示波管的电源。为使示波管正常工作，对电源供给有一定要求。阴极必须工作在负电位上；栅极电位可调，以改变电子束的密度，从而实现辉度调节；第一阳极和第二阳极分别加有相对于阴极为几百伏和几千伏的正电位，使得阴极发射的电子聚焦成一束，并且获得加速；第一阳极电位也应可调，用作聚焦调节；第二阳极与前加速极相连，也在一定范围内可调；第二阳极与偏转板之间电位相近。

2. 垂直系统

垂直系统（垂直通道）是被测信号的主要传输通道，其作用是将被测信号电压进行处理后，送到示波管垂直偏转板（Y 轴偏转板）上进行观察。其主要组成部分包括 Y 轴衰减器、垂直放大器和延迟电路。

（1）Y 轴衰减器。Y 轴衰减器是一个电阻分压器，可以使不同幅度的被测信号都能在荧光屏上显示出大小合适的波形。否则信号幅度较大时，在荧光屏上不会显示出完整的波形。

（2）垂直放大器。电子示波管的灵敏度比较低，假如偏转板上没有足够的控制电压，就不能明显地观察到光点的移位。为了保证有足够的偏转电压，通过垂直放大器将被观察的电信号加以放大后，送至示波管的 Y 轴偏转板。

（3）延迟电路。当示波器处于内触发工作方式时，是从 Y 轴放大器取出信号作用于触发电路，产生触发信号去触发扫描电路开始扫描，可能出现扫描信号滞后于被测信号，设置延迟电路后，使得作用于的被测信号延时到扫描电压出现后到达，这样就可以观测到被测信号的全部图形。

3．水平系统

水平系统（水平通道）的任务是用于产生时间基准的扫描电压，一般由触发电路（同步电路）、扫描电路和水平放大器组成。

（1）触发电路（同步电路）。触发电路将来自内部（被测信号）或外部的触发信号经过整形，转换为波形统一的触发脉冲，用以触发扫描发生器。若触发信号来自内部，称为内触发；若触发信号来自外部，称为外触发。

（2）扫描发生器。扫描发生器的作用是产生一个周期性的线性锯齿波电压，经水平放大器放大后加在示波管的水平偏转板上。当锯齿波电压升到最大值时，光点达到最大偏转，然后重新回到原来的起点，再开始另一次循环。如果锯齿波频率较高时，从示波器荧光屏上看到的就是一条水平亮线，称为扫描线或时间基线。该扫描电压可以由扫描发生器自动产生，称自动扫描，也可在触发器来的触发脉冲作用下产生，称为触发扫描。

（3）水平放大器。水平放大器的作用是将扫描电压或 X 轴输入信号放大后，送至示波管的 X 轴偏转板。当垂直偏转板上加入被测信号电压，水平偏转板上加入扫描电压，这时从示波器阴极发射的电子束在垂直方向的运动受到被测信号电压的控制，同时也随着时间将它在 X 轴方向展开，被测信号的波形就显示在了荧光屏上。若要在荧光屏上得到稳定的显示波形，要求扫描电压的周期与被测信号电压的周期之比具有整数倍的关系，在示波器使用中，这一过程称为"同步"调节。

4．电源

电源的作用是将 220V 的交流电压，转变为各个数值不同的直流电压，以满足各部分电路的工作需要。

（二）通用示波器的工作原理

如图 2-21 所示，被测信号①接到 Y 轴输入端，经 Y 轴衰减器适当衰减后送至 Y1 放大器（前置放大器），由放大器输出的信号②和③经延迟电路延迟 τ_1 时间，送至 Y2 放大器（偏转放大器），放大后产生足够大的信号④和⑤，加到示波管的 Y 轴偏转板上。为了在屏幕上显示出完整的稳定波形，将 Y 轴的被测信号③引入 X 轴系统的触发电路，在引入信号的正（或者负）极性的某一电平值产生触发脉冲⑥，启动锯齿波扫描电路（时基发生器），产生扫描电压⑦。由于从触发到启动扫描有一时间延迟 τ_2，为保证 Y 轴信号到达荧光屏之

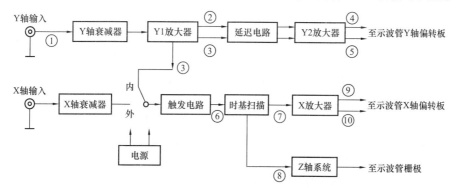

图 2-21　示波器的原理框图

前 X 轴开始扫描，Y 轴的延迟时间应稍大于 X 轴的延迟时间 τ_2。扫描电压⑦经 X 轴放大器放大，产生输出信号⑨和⑩，加到示波管的 X 轴偏转板上。Z 轴系统用于放大扫描电压正程，并且变成正向矩形波，送到示波管栅极。这使得在扫描正程显示的波形有某一固定辉度，而在扫描回程进行抹迹。

双踪显示则是利用电子开关将 Y 轴输入的两个不同的被测信号分别显示在荧光屏上。由于人眼的视觉暂留作用，当转换频率高到一定程度后，看到的是两个稳定、清晰的信号波形。另外，示波器中往往有一个准确稳定的方波信号发生器，供校验示波器用。例如，GOS－6201 型示波器标准信号源提供一个 $U_{PP}=0.5\text{V}$，$f=1\text{kHz}$ 的方波信号。

（三）通用示波器的常用功能

示波器种类、型号很多，在电子实验中使用较多的是 20MHz 或者 40MHz 的双踪示波器，这些示波器用法大同小异。下面从概念上介绍示波器在电路实验中的常用功能。

1. 荧光屏

荧光屏是示波管的显示部分。屏上水平方向和垂直方向各有多条刻度线，指示出信号波形的电压和时间之间的关系。水平方向指示时间，垂直方向指示电压。水平方向分为 10 个厘米格，垂直方向分为 8 个厘米格，每格又分为 5 份。垂直方向标有 0％、10％、90％、100％等标志，水平方向标有 10％、90％标志，供测直流电平、交流信号幅度、延迟时间等参数使用。根据被测信号在屏幕上占的格数乘以适当的比例常数（V/DIV、TIME/DIV）得出电压值与时间值。

2. 示波管和电源系统

（1）电源（POWER）。当按下示波器主电源开关时，电源指示灯亮，表示电源接通。

（2）辉度（intensity）。旋转此旋钮能改变光点和扫描线的亮度。一般不应太亮，以保护荧光屏。

（3）聚焦（focus）。聚焦旋钮调节电子束截面大小，将扫描线聚焦成最清晰状态。

（4）标尺亮度（illuminance）。此旋钮调节荧光屏后面的照明灯亮度。

3. 垂直偏转因数和水平偏转因数

（1）垂直偏转因数选择（VOLTS/DIV）。在单位输入信号作用下，光点在屏幕上偏移的距离称为偏移灵敏度，这一定义对 X 轴和 Y 轴都适用。灵敏度的倒数称为偏转因数。垂直灵敏度的单位为 cm/V、cm/mV 或者 DIV/mV，DIV/V，垂直偏转因数的单位为 V/cm、mV/cm 或者 V/DIV、mV/DIV。实际上因习惯用法和测量电压读数的方便，有时也把偏转因数当灵敏度。

（2）时基选择（TIME/DIV）。时基选择使用方法与垂直偏转因数选择类似。时基选择也通过一个波段开关实现，按 1、2、5 方式把时基分为若干挡。波段开关的指示值代表光点在水平方向移动一个格的时间值。例如，在 $1\mu s$/DIV 挡，光点在屏上移动一格代表时间值 $1\mu s$。

（3）示波器的标准信号源（CAL），专门用于校准示波器的时基和垂直偏转因数。

（4）示波器前面板上的位移（position）旋钮调节信号波形在荧光屏上的位置。旋转水平位移旋钮左右移动信号波形，旋转垂直位移旋钮上下移动信号波形。

4. 输入通道和输入耦合选择

（1）输入通道选择。输入通道至少有三种选择方式：通道 1（CH1）、通道 2（CH2）、双通道（DUAL）。选择 CH1 时，示波器仅显示 CH1 的信号。选择 CH2 时，示波器仅显示 CH2 的信号。选择 DUAL 时，示波器同时显示 CH1 信号和 CH2 信号。测试信号时，根据输入通道的选择，将测试线插到相应通道插座上，然后将示波器的地端与被测电路的地端连接在一起，另一端接触被测点。

（2）输入耦合选择。输入耦合有三种选择方式：交流（AC）、地（GND）、直流（DC）。当选择 GND 时，扫描线显示出"示波器地"在荧光屏上的位置。直流耦合用于测定信号直流绝对值和观测极低频信号。交流耦合用于观测交流和含有直流成分的交流信号。在数字电路实验中，一般选择 DC 方式，以便观测信号的绝对电压值。

5. 触发

前面指出，被测信号从 Y 轴输入后，一部分送到示波管的 Y 轴偏转板上，驱动光点在荧光屏上按比例沿垂直方向移动；另一部分分流到 X 轴偏转系统产生触发脉冲，触发扫描发生器，产生重复的锯齿波电压加到示波管的 X 轴偏转板上，使光点沿水平方向移动，两者合一，光点在荧光屏上描绘出的图形就是被测信号图形。由此可知，正确的触发方式直接影响到示波器的有效操作。为了在荧光屏上得到稳定的、清晰的信号波形，掌握基本的触发功能及其操作方法是十分重要的。

（1）触发源（source）选择。要使屏幕上显示稳定的波形，需将被测信号本身或者与被测信号有一定时间关系的触发信号加到触发电路。触发源选择确定触发信号由何处供给。通常有三种触发源：内触发（INT）、电源触发（LINE）、外触发（EXT）。内触发使用被测信号作为触发信号，是经常使用的一种触发方式。由于触发信号本身是被测信号的一部分，在屏幕上可以显示出非常稳定的波形。双踪示波器中 CH1 或者 CH2 都可以选作触发信号。电源触发使用交流电源频率信号作为触发信号。这种方法在测量与交流电源频率有关的信号时是有效的。特别是在测量音频电路、闸流管的低电平交流噪声时更为有效。外触发使用外加信号作为触发信号，外加信号从外触发输入端输入。外触发信号与被测信号间应具有周期性的关系。由于被测信号没有用作触发信号，所以何时开始扫描与被测信号无关。

正确选择触发信号对波形显示的稳定、清晰有很大关系。例如，在数字电路的测量中，对一个简单的周期信号而言，选择内触发可能好一些；而对于一个具有复杂周期的信号，且存在一个与它有周期关系的信号时，选用外触发可能更好。

（2）触发耦合（coupling）方式选择。触发信号到触发电路的耦合方式有多种，目的是为了保证触发信号的稳定、可靠。下面介绍常用的几种耦合方式。

AC 耦合又称电容耦合。它只允许用触发信号的交流分量触发，触发信号的直流分量被隔断。通常在不考虑 DC 分量时使用这种耦合方式，以形成稳定触发，但是如果触发信号的频率小于 10Hz，会造成触发困难。

DC 耦合不隔断触发信号的直流分量。当触发信号的频率较低或者触发信号的占空比很大时，使用直流耦合较好。

低频抑制（LFR）触发时，触发信号通过高通滤波器加到触发电路，触发信号的低频成分被抑制；高频抑制（HFR）触发时，触发信号通过低通滤波器加到触发电路，触发信号的高频成分被抑制。此外还有用于电视维修的电视同步（TV）触发。这些触发耦合方式各有自己的适用范围，操作者需在使用中去体会。

（3）触发电平（level）和触发极性（slope）。触发电平调节又称同步调节，它使得扫描与被测信号同步。电平调节旋钮调节触发信号的触发电平。一旦触发信号超过由旋钮设定的触发电平时，扫描即被触发。顺时针旋转旋钮，触发电平上升；逆时针旋转旋钮，触发电平下降。当电平旋钮调到电平锁定位置时，触发电平自动保持在触发信号的幅度之内，不需要电平调节就能产生一个稳定的触发。当信号波形复杂，用电平旋钮不能稳定触发时，用释抑（HOLD OFF）旋钮调节波形的释抑时间（扫描暂停时间），能使扫描与波形稳定同步。

极性开关用来选择触发信号的极性，拨在"＋"位置上时，在信号增加的方向上，当触发信号超过触发电平时就产生触发；拨在"－"位置上时，在信号减少的方向上，当触发信号超过触发电平时就产生触发。触发极性和触发电平共同决定触发信号的触发点。

6. 扫描方式

扫描有自动（auto）、常态（norm）和单次（single）三种扫描方式。

自动：当无触发信号输入，或者触发信号频率低于50Hz时，扫描为自激方式。

常态：当无触发信号输入时，扫描处于准备状态，没有扫描线。触发信号到来后，触发扫描。

单次：单次按钮类似复位开关。单次扫描方式下，按单次按钮时扫描电路复位，此时准备好（ready）灯亮。触发信号到来后产生一次扫描。单次扫描结束后，准备灯灭。单次扫描用于观测非周期信号或者单次瞬变信号，往往需要对波形拍照。

（四）GOS-6021型双通道示波器及使用

1. 简述

20MHz双通道的GOS-6021型示波器为一般用途的手提式示波器，以微处理器为核心的操作系统控制了仪器的多样功能，包括光标读出装置、数字面板设定；使用光标功能，在屏幕上的文字符号直接读出电压、时间、频率、测试，以方便仪器的操作；有10组不同的面板设定可任意存储及呼叫；其垂直偏向系统有两个输入通道，每一通道以1mV到20V，共有14种偏向挡位；水平偏向系统从0.2μs到0.5s，可在垂直偏向系统的全屏宽下稳定触发。

2. 主要技术参数

（1）垂直系统。

灵敏度误差：1～2mV/DIV±5％、5mV～20V/DIV±3％，1—2—5顺序，14个校正范围。

最大输入电压：400V（DC＋AC peak）≤1kHz。

输入耦合：AC，DC，GND。

输入阻抗：大约1MΩ±2％∥大约25pF。

垂直模式：CH1，CH2，DUAL（CHOP/ALT），ADD，CH2INV。

CHOP频率：大约250kHz。

（2）水平系统。

扫描时间：0.2μs/DIV～0.5s/DIV，1—2—5顺序。

精度：±3％，±5％（×5，×10MAG），±8％（×20MAG）。

扫描放大：×5，×10，×20MAG。

最大扫描时间：50ns/DIV（10～40ns/DIV 不被校正）。

ALT－MAG 功能：可用。

（3）触发系统。

触发模式：AUTO，NORM，TV。

触发源：VERT－MODE，CH1，CH2，LINE，EXT。

触发耦合：AC，HFR，LFR，TV－V（–），TV－H（–）。

触发斜率："＋"或"－"斜率。

外部触发输入：输入阻抗大约为 1MΩ∥25pF（AC 耦合）；最大输入电压为 400V（DC＋AC peak），1kHz。

HOLD－OFF 时间：可调。

（4）X－Y 操作。

输入：X 轴为 CH1；Y 轴为 CH2。

灵敏度：1mV/DIV～20V/DIV。

带宽：X 轴：DC～500kHz（－3dB）。

相位差：≤3°，DC～50kHz。

（5）CRT 读值。

光标量测：功能为 ΔV，ΔT，$1/\Delta T$；光标分辨率为 1/25DIV；垂直有效光标范围为±3DIV，水平有效光标范围为±4DIV。

频率计数器：显示数字为 6 位，频率范围为 50Hz～20MHz，精度为±0.01％量测灵敏度大于 2DIV。

3. 面板操作键及功能说明

打开电源后，所有的主要面板设定都会显示在屏幕上。LED（二极管指示灯）位于前面板，用于辅助和指示附加资料的操作。不正确的操作或将控制钮转到底时，蜂鸣器都会发出报警信号。所有的按钮、TIME/DIV 控制按钮都是电子式选择，它们的功能和设定都可以被存储。

前面板：分为显示器控制、垂直控制、水平控制和触发控制。

GOS－6021 型示波器显示器控制部分如图 2－22 所示。图中各组成部分功能介绍对应如下。

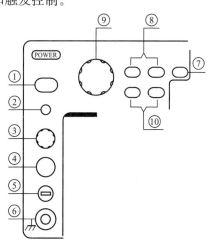

① POWER：当电源接通时，LED 全部亮，之后，显示一般的操作程序，然后执行上次开机前的设定，LED 显示进行中的状态。

② TRACE ROTATION：TRACE ROTATION 是使水平轨迹与刻度线成平行的调整按钮，这个电位器可用小螺丝来调整。

③ INTEN：调节波形轨迹亮度。

④ FOCUS：轨迹和光标读出的聚焦控制按钮。

⑤ CAL：此端子输出一个峰—峰值 0.5V，1kHz 的参考信号，给探棒使用。

图 2－22　GOS－6021 型示波器显示器控制部分

⑥ Ground socket：香蕉接头接到安全的地线，

此接头可作为直流的参考电位和低频信号的测量。

⑦ TEXT/ILLUM（具有双重功能的控制钮）：这个按钮用于选择 TEXT 读值亮度功能和刻度亮度功能。TEXT/ILLUM 功能和 VARIABLE⑨控制钮相关。顺时针旋转此钮增加 TEXT 亮度或刻度亮度；逆时针旋转此钮则降低高度。按此钮可以打开或关闭 TEXT/IL-LUM 功能。

⑧ 光标量测功能：有两个按钮和 VARIABLE⑨控制钮有关。

ΔV—ΔT—1/ΔT—OFF 按钮：当此按钮按下时，三个量测功能将以下面的次序选择。

ΔV：出现两个水平光标，根据 VOLTS/DIV 的设置，可计算两条光标之间的电压。ΔV 显示在 CRT 上部。

ΔT：出现两个垂直光标，根据 TIME/DIV 设置，可计算出两条垂直光标之间的时间，ΔT 显示在 CRT 上部。

1/ΔT：出现两个垂直光标，根据 TIME/DIV 设置，可计算出两条垂直光标之间时间的倒数，1/ΔT 显示在 CRT 上部。

C1—C2—TRK 按钮：光标 1，光标 2，轨迹可由此按钮选择，按此按钮将以下面次序选择光标。C1：使光标 1 在 CRT 上移动。C2：使光标 2 在 CRT 上移动；TRK：同时移动光标 1 和 2，保持两个光标的间隔不变。

⑨ VIRABLE：通过旋转或按 VARIABLE 按钮，可以设定光标位置，TEXT/ILLUM 功能。

在光标模式中，按 VARIABLE 控制按钮可以调节光标移动速度；在 TEXT/ILLUM 模式中，参考⑦。

⑩ ▲MEMO‑0‑9▲——SAVE/RECALL：此仪器包含 10 组稳定的记忆器，可用于储存和呼叫所有电子式的选择按钮的设定状态。

GOS‑6021 型示波器垂直控制部分如图 2‑23 所示。图中各组成部分功能介绍对应如下。

⑪ CH1：通道 1 处于导通状态，偏转系数将以读值方式显示。

⑫ CH2：通道 2 处于导通状态，偏转系数将以读值方式显示。

⑬ CH1 POSITION：通道 1 垂直波形定位

⑭ CH2 POSITION：通道 2 垂直波形定位；X‑Y 模式中，CH2 POSITION 可用来调节 Y 轴信号偏转灵敏度。

⑮ ALT/CHOP：在两个通道都开启后，才有作用。

ALT：在读出装置显示交替通道的扫描方式。在仪器内部每一时基扫描后，切换至 CH1 或 CH2，反之亦然。

CHOP：切割模式的显示。每一扫描期间，不断地在 CH1 和 CH2 之间作切割扫描。

⑯ ADD‑INV：输入信号相加（减）成为一个信号显示。

⑰ CH1 VOLTS/DIV：通道 1 灵敏度调

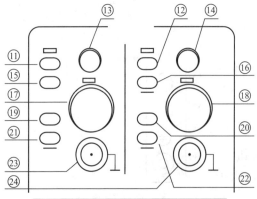

图 2‑23　GOS‑6021 型示波器垂直控制部分

节，偏转系数将以读值方式显示。

⑱ CH2 VOLTS/DIV：通道 2 灵敏度调节，偏转系数将以读值方式显示。

VAR：按住此按钮一段时间选择 VOLTS/DIV 作为衰减器或作为调整的功能。开启 VAR 后，以"＞"符号显示，逆时针旋转此钮以减低信号的高度，且偏向系数成为非校正条件。

⑲ CH1，AC/DC。

⑳ CH2，AC/DC。按一下此按钮，切换通道的交流（～）或直流（＝）输入耦合，设定显示在读出装置上。

㉑ CH1 GND—Px10。

㉒ CH2 GND—Px10。

GND：按一下此按钮，使垂直放大器的输入端接地，接地符号"⊥"显示在读出装置上。

Px10：按一下此按钮一段时间，以符号"P10"显示在读出装置上。

㉓ CH1 - X：CH1 信号的输入插座。

㉔ CH2 - Y：CH2 信号的输入插座。

GOS - 6021 型示波器水平控制部分如图 2 - 24 所示。其各组成部分功能介绍对应如下。

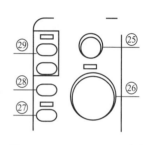

图 2 - 24 GOS - 6021 型示波器水平控制部分

㉕ H POSITION：将信号以水平方向移动，与 MAG 功能合并使用，可移动屏幕上任何信号。在 X - Y 模式中，控制钮调整 X 轴偏转灵敏度。

㉖ TIME/DIV - VAR：时间偏转系数调节钮，其设定会显示在读出装置上。

VAR：按住此按钮一段时间选择 TIME/DIV 控制钮为时基或可调功能，设定以"＞"符号显示在读出装置中。

㉗ X - Y：按住此按钮一段时间，仪器可作为 X - Y 示波器用。X - Y 符号将取代时间偏向系数显示在读出装置上。在这个模式中，在 CH1 输入端加入 X（水平）信号，CH2 输入端加入 Y（垂直）信号。Y 轴偏向系数范围为小于 1mV 到 20V/DIV，带宽：500kHz。

㉘ ×1/MAG：按下此钮，将在×1（标准）和 MAG（放大）之间选择扫描时间，信号波形将会扩展（如果用 MAG 功能）。因此，只一部分信号波形将被看见，调整 H POSITION 可以看到信号中要看到的部分。

㉙ MAG UNCTION（放大功能）。×5/×10/×20MAG：当处于放大模式时，波形向左右方向扩展，显示在屏幕中心。有三个挡次的放大率×5/×10/×20MAG，按 MAG 钮可分别选择。

ALTMAG：按下此钮，可以同时显示原始波形和放大波形。放大扫描波形在原始波形下面 3DIV（格）距离处。

GOS - 6021 型示波器触发控制部分如图 2 - 25 所示。图中各组成部分功能介绍对应如下。

㉚ ATO/NML——按钮及指示 LED。

此按钮选择自动或一般触发模式，LED 会显示实

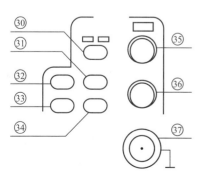

图 2 - 25 GOS - 6021 型示波器触发控制部分

际的设定。每按一次控制按钮，触发模式依下面次序改变：ATO—NML—ATO。

ATO（AUTO，自动）：选择自动模式，如果没有触发信号，时基线会自动扫描轨迹，只有 TRIGGER LEVEL 控制按钮被调整到新的电平设定时，触发电平才会改变。

NML（NORMAL）：选取一般触发模式，当 TRIGGER LEVEL 控制按钮设定在信号峰之间的范围有足够的触发信号，输入信号会触发扫描，当信号未被触发，就不会显示时基线轨迹。当使同步信号变成低频信号时，使用这一模式。（25Hz 或更少）

㉛ SOURCE。此按钮选择触发信号源，实际的设定由直读显示（SOURCE，SLOPE，COUPLING）。当按钮按下时，触发源以下列顺序改变：

VERT—CH1—CH2—LINE—EXT—VERT

其中，VERT（垂直模式），为了观察两个波形，同步信号将随着 CH1 和 CH2 上的信号轮流改变；CH1 触发信号源，来自 CH1 的输入端；CH2 触发信号源，来自 CH2 的输入端；LINE 触发信号源，从交流电源取样波形获得，对显示与交流电源频率相关的波形极有帮助；EXT 触发信号源，从外部连接器输入，作为外部触发源信号。

㉜ TV——选择视频同步信号的按钮。从混合波形中分离出视频同步信号，直接连接到触发电路，由 TV 按钮选择水平或混合信号，当前设定以（SOURSE，VIDEO，POLARITY，TVV 或 TVH）显示。当按钮按下时视频同步信号以下列次序改变：

TV‐T—TV‐H—OFF—TV‐V

TV‐V：主轨迹始于视频图场的开端 Slope 的极性必须配合复合视频信号的极性（为负极性）以便触发 TV 信号场的垂直同步脉冲。

TV‐H：主轨迹始于视频图线的开端 Slope 的极性必须配合复合视频信号的极性，以便触发在电视图场的水平同步脉冲。

㉝ SLOPE——触发斜率选择按钮。按一下此按钮选择信号的触发斜率以产生时基。每按一下此按钮，斜率方向会从下降缘移动到上升缘，反之亦然。此设定在"SOURCE，SLOPE，COUPLING"状态下显示在读出装置上。如果在 TV 触发模式中，只有同步信号是负极性，才可同步。符号显示在读出装置上。

㉞ COUPLING。按下此按钮选择触发耦合，实际的设定由读出显示（SOURCE，SLOPE，COUPLING）。每次按下此按钮，触发耦合以下列次序改变：AC—HFR—LFR—AC。

AC：将触发信号衰减到频率在 20Hz 以下，阻断信号中的直流部分，交流耦合对有大直流偏移的交流波形的触发很有帮助。

HFR（High Frequency Reject）：将触发信号中 50kHz 以上的高频部分衰减，HFR 耦合提供低频成分复合波形的稳定显示，并对除去触发信号中干扰有帮助。

LFR（Low Frequency Reject）：将触发信号中 30kHz 以下的低频部分衰减，并阻断直流成分信号。LFR 耦合提供高频成分复合波形的稳定显示，并对除去低频干扰或电源杂音干扰有帮助。

㉟ TRIGGER LEVEL——带有 TRG LED 的控制钮。旋转控制钮可以输入一个不同的触发信号（电压），设定在适合的触发位置，开始波形触发扫描。触发电平的大约值会显示在读出装置上。顺时针调整控制按钮，触发点向触发信号正峰值移动，逆时针调整控制按钮则向负峰值移动，当设定值超过观测波形的变化部分，稳定的扫描将停止。TRG LED：如

果触发条件符合时，TRG LED 亮，触发信号的频率决定 LED 是亮还是闪烁。

㊱ HOLD OFF——控制按钮。当信号波形复杂，使用 TRIGGER LEVEL㉟不可获得稳定的触发，旋转此按钮可以调节 HOLD‑OFF 时间（禁止触发周期超过扫描周期）。当此按钮顺时针旋转到头时，HOLD‑OFF 周期最小，逆时针旋转时，HOLD‑OFF 周期增加。

㊲ TRIG EXT——外部触发信号的输入端。按 SOURCE㉛按钮，一直到出现"EXT，SLOPE，COUPLING"在读出装置中。外部连接端被连接到仪器地端，因而和安全地端线相连。

GOS‑6021 型示波器后面板如图 2‑26 所示。图中各组成部分功能介绍对应如下。

㊳ LINE VOLTAGE SELECTOR AND IN‑PUT FUSE HOLDER——电源电压选择器以及输入端熔断器座。

㊴ AC POWER INPUT CONNECTOR——交流电源输入端子。连接交流电源线到仪器的电源供应器上。电源线接地保护端子必须连接仪器的无遮蔽的金属，电源线要接到适当的接地源以防电击。

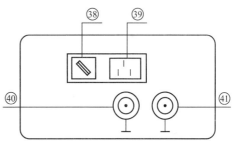

图 2‑26 GOS‑6021 型示波器后面板

㊵ CH1 输出——BNC 插头：当 CH1 输入信号为 50MV/DIV 时，此输出端子连接到频率计数器或其他仪器，就可一边观察波形，一边测量信号频率。

㊶ Z‑AXIS INPUT‑Z 轴输入端：连接外部信号到 Z 轴放大器，调节 CRT 的亮度，此端子为直流耦合。输入正信号，减低亮度，输入负信号，增加亮度。

GOS‑6021 型示波器读出显示版面如图 2‑27 所示。

说明：GOS‑6021 型示波器的读出显示版面的相关区域上，能够看到操作者所设定的有关参数，根据区域显示数字的变化，可以对应于面板上的有关操作按键，对初学者提供了一个很直观的使用平台。

4. 使用注意事项

（1）使用前，应检查电

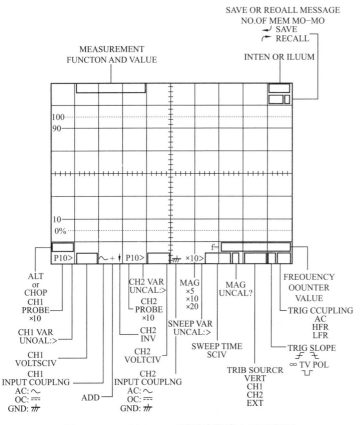

图 2‑27 GOS‑6021 型示波器读出显示版面

网电压是否与仪器要求的电源电压一致。

（2）显示波形时，亮度不宜过亮，以延长示波管的使用寿命。

（3）定量观测波形时，应尽量在屏幕的中心区域进行，以减小测量误差。

（4）被测信号电压（直流加交流的峰值）的数值不应超过示波器允许的最大输入电压。

（5）调节各种开关、旋钮时，不要过分用力，以免损坏。

（6）选择合适的示波器探头。

（五）示波器探头简介

探头是示波器的重要附件，其质量的好坏直接影响示波器的测量准确度。质量优良的探头要求其电容必须是超高频、低损耗的优质无感电容，电阻为高稳定、低温漂、高频无感电阻，探头的电缆是精心设计与制造的专用电缆。因此使用示波器进行测量时，首先应该选择质量优良的探头，最好用示波器的原配探头。

在使用探头进行测量时，其衰减器是选择"10"挡，还是选择"1"挡，要根据被测电路与被测信号的具体情况而定。如被测点是高阻节点，或被测信号频率较高，则应选择"10"挡进行测量，否则会使测量产生较大的误差。如果被测点为低阻节点，信号频率较低，应选择"1"挡进行测量。当然，信号幅度过小时也应选择"1"挡。在使用探头"10"挡进行测量前，应检查探头是否处于最佳补偿状态。必要时可调整探头上的微调电容，以免出现过补偿或欠补偿情况，影响测量结果。

示波器探头的一个重要任务是确保只有被期望观测到的信号出现在示波器上，如果操作者仅仅使用普通导线来代替探头，那它的作用就好像是一根天线，会接收到很多不期望的干扰信号。观测高频信号时，需要根据被测对象电压值、输出阻抗、电压频率等选择合适的探头，更需要掌握正确使用探头的方法。一般在测量时，通过同轴电缆将被测信号传输到示波器。电缆因具有柔软性和高频特性目前被广泛选用，从而保证了很好的屏蔽效果。

二、数字存储示波器

（一）数字存储示波器的结构

数字存储示波器采用先进的大规模集成电路和微处理器，在微处理器的统一控制下进行工作，具有自动化程度高、功能强等特点。它将捕捉到的信号波形通过 A/D 转换器转换为数字量，然后存入数字存储器中，当需要读出时，可将存入的数字化波形经过 D/A 转换器转换为模拟量，在荧光屏上显示出来，尤其适合观测多路数字信号波形，还可以存储瞬态信号，并有多种触发方式。

如图 2-28 所示，数字存储示波器由系统控制、取样存储和读出显示等部分组成，它们之间通过数据总线、地址总线和控制总线相互联系和转换信息，以完成各种测试功能。

1. 系统控制部分

该部分由键盘、只读存储器（ROM）、CPU 及 I/O 接口等组成。在 ROM 内写有仪器的管理程序，在管理程序的控制下，对键盘进行扫描，产生识别码，接受操作，用以设定输入灵敏度、扫描速度、读写速度等参数和各种测试功能。

2. 取样存储部分

取样存储部分主要由输入通道、取样保持（S/H）电路、取样脉冲形成电路、模/数（A/D）转换器、信号数据存储器等组成。S/H 电路在取样脉冲控制下，对被测信号进行取样，经 A/D 转换器转换成数字信号，然后存入信号数据存储器中。取样脉冲的形成受触发

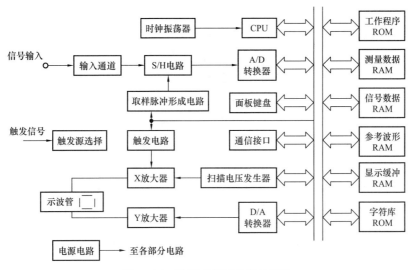

图 2 - 28　数字存储示波器的结构

信号控制，同时也受 CPU 控制。在数据的采集过程中，A/D 转换器决定了示波器的存储带宽和分辨率等指标，是数字存储示波器中重要的器件。

3. 读出显示部分

读出显示部分由显示缓冲存储器、D/A 转换器、扫描发生器、X 放大器、Y 放大器和示波管等组成，当它接到读命令时，先将存储在显示缓冲存储器中的数字信号送到 D/A 转换器，将其恢复成模拟信号，经放大后送给示波管，同时扫描发生器产生的扫描阶梯波电压把被测信号在水平方向展开，从而将信号波形显示在屏幕上。这一过程中，D/A 转换器用来产生阶梯波，其准确度和建立时间非常关键，准确度不高会影响扫描线性；建立时间过长则会影响波形的质量。

（二）数字存储示波器的特点

数字存储示波器采用微处理器作控制和数据处理，使它具有超前触发、组合触发、毛刺捕捉、波形处理、硬拷贝输出、软盘记录、长时间波形存储等模拟示波器所不具备的功能。这样，它在截获、观察短暂而单一的事件，固定重复频率低的颤动现象，比较不同的波形，自动监察偶发事件，记录、保留信号过程以及观察电路调节过程中的变化等方面适应了高科技的发展要求。传统的可存储式模拟示波器与数字存储示波器的主要区别在于前者将信息存在有存储能力的 CRT 中，后者将波形转化为数字信息存在内部存储器中。显然，在数字存储时需要对信号数字化和重新构成。

数字存储示波器在微型计算机的控制下，与普通示波器相比，具有以下特点。

1. 可长期存储波形

数字存储示波器工作过程中，把需要保存的波形存储在随机存储器 RAM 中，在备用电源的作用下，可长期保存所需的信号。

2. 可进行负延时触发

普通模拟示波器只能观察触发后的信号，而对于数字存储示波器，其触发点可选择波形的任何点，即具有负延时功能。利用负延时触发功能可观察到触发点以前的信号，这对观察非周期信号和变化缓慢的信号极为有利。

3. 具有多种显示方式

数字存储示波器的显示方式较为灵活，具有基本存储显示、抹迹显示、卷动显示、放大显示以及 X-Y 显示等方式，适合不同情况下波形观察的需要。

（1）基本显示方式：存储器中的数据按地址的先后顺序读出，经过 D/A 转换后还原成模拟信号，该模拟量送至示波器的 Y 偏转板上；与此同时；将地址按帧序送入 D/A 转换器，得到阶梯波，然后送到示波器 X 偏转板，作为 X 轴扫描信号，即可将存储的波形在荧光屏上显示出来。该显示方式的 X、Y 轴数据的传送，都通过 CPU 的控制，因此，数据传送的速度在一定程度上受到限制。

（2）抹迹显示方式：是指在显示器屏幕上从左到右更新数据。配合读、写和扫描计数器，当某存储单元有新的数据写入时，马上读出并显示出来，屏幕上看到的波形曲线自左向右刷新变化。

（3）卷动显示方式：卷动显示方式与数据的存储和读出方式有关。该方式的特点是新数据出现在 CRT 屏幕的右边，并且从右向左连续显示出来。

（4）放大显示：该显示方式适合于观测信号波形的细节，它是利用延迟扫描方法实现的。此时，荧光屏一分为二：上半部分显示原波形；下半部分显示放大了的部分，其放大位置可用光标控制，放大比例也可调节。

4. 便于观察单次过程和突发事件

若触发源和取样速度设置恰当，就能在事件发生时将其采集并存储，并能长期保存和多次显示。取样存储和读出显示的速度可在很大的范围内调节，可对瞬变信号、突发事件进行捕捉和显示。

5. 捕捉尖峰干扰

数字存储示波器中设置了峰值检测模式。峰值检测的方法能够帮助操作者发现由于使用的取样速率过低而丢失的信号或者由于假象而引起失真的信号。一个采样区间对应很多取样时钟，但是，该模式在一个采样区间内只能检测出其中的最大值和最小值来作为有效取样点。这样，宽范围的高速取样保证了峰值总能够被数字化，并且取样点必然是本区间的最大值或最小值，其中正峰值对应最大值，负峰值对应最小值。所以，尖峰脉冲就能可靠地被检出、存储和显示。

6. 便于数据分析和处理

由于微型计算机嵌入在数字存储示波器中，所以，数字存储示波器本身带有较强的数据处理能力，如信号的峰-峰值、有效值和平均值的换算，时间间隔计算、波形的叠加运算等。有些数字存储示波器可利用加法和乘法功能将传感器输出的电压标定为工程单位并显示出来，还有些数字存储示波器带有微分和积分的数学处理功能，在计算加速度、面积和功率时得到广泛的应用。

7. 显示数据测量结果

数字存储示波器存储的数据可直接在荧光屏上用数字形式显示出来准确度高。

8. 具有多种输出方式

读数直观、测量准数字存储示波器存储的数据在微型计算机的控制下，能以各种方式输出。例如可在屏幕上以数字形式显示、用 GPIB 接口总线或其他总线接口输出等。

9. 便于进行功能扩展

数字存储示波器与其他智能化仪器一样，可在不改动或少量改动仪表硬件的情况下，通过改变软件的方式来扩展仪器功能。例如数字存储示波器如果配以适当的传感器，就能测量振动、加速度、角度、位移、功率等机电参数。

（三）GDS‑806 型数字存储示波器及使用

1. 简述

GDS‑806 型数字存储示波器是双信道数字存储示波器，易于操作的自动设置功能可自动调整测量参数，具有电压和频率的游标测量功能，可存储 15 组不同用户在仪器上的设置并可不受约束地调出使用；利用内置的 RS232 系列接口可以用 PC 远程控制操作；6 位计频器提供用户较精确的频率值；还可利用特殊软件将示波器的 LCD 屏幕通过标准 USB 接口移至计算机。

2. 主要技术参数

（1）显示系统。

显示器：单色（320×240），5.7 LCD。

显示对比：可调整。

波形显示范围：8×12DIV。

波形显示模式：点、向量、累积。

（2）垂直系统。

频宽：60MHz（−3dB）。

通道：2。

垂直解析度：8 位。

垂直灵敏度：2mV/DIV～5V/DIV。

垂直端输入阻抗：AC，DC，Ground。

波形处理：CH1＋CH2，CH1−CH2，FFT。

频宽限制：20MHz（−3dB）。

（3）水平系统。

水平扫描范围：1ns/DIV～10s/DIV（1—2—5 顺序）；Roll：250ms/DIV～10s/DIV。

量测显示模式：Main，Window，Window Zoom，Roll，X‑Y。

水平延迟范围：前置触发：最大 20DIV；后置触发：1000DIV。

（4）信号获取系统。

即时取样率：每通道最快取样率 100MS/s。

等效取样率：每通道最快等效取样率 25GS/s。

峰值侦测：10ns（500ns/DIV～10s/DIV）。

获取模式：取样、峰值侦测、平均。

（5）触发系统。

触发类型：CH1，CH2，Line，Ext。

触发模式：Auto Level，Auto，Normal，Single，TV‑Line，Time Delay，Event Delay，Edge，Pulse Width。

触发耦合：AC，DC，HF，LF，Noise Reject。

（6）X－Y 模式。

X 轴/Y 轴 输入：通道 1/通道 2。

相位移：100kHz 时 ±3°。

（7）外部触发。

外部触发电压范围：±15V。

外部触发灵敏度：DC～25MHz 时，～50mV；25～60MHz 时，～100mV。

外部触发端输入阻抗：1MΩ±2%，～18pF

外部触发端最大输入范围：300V（DC＋AC peak），CATII。

3. 控制面板及功能

GDS-806 型示波器垂直控制部分如图 2-29 所示。图中对应标号部分的功能介绍如下。

① CH1，CH2 PSITION 旋钮：用以调节波形的垂直位置。

② CH1，CH2 菜单按钮：显示垂直波形功能和波形显示开关。

③ MATH 功能按钮：用以选择不同的数学处理功能，两路信号相加（减）及快速傅里叶转换。

④ VOLTS/DIV 旋钮：调节波形的垂直刻度。

GDS-806 型示波器部分水平控制如图 2-30 所示。图中对应标号部分的功能介绍如下。

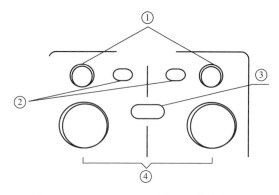

图 2-29　GDS-806 型示波器垂直控制部分

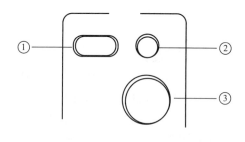

图 2-30　GDS-806 型示波器水平控制部分

① HORI MENU：选择水平功能的菜单，控制所选波形的时基、水平位置和水平值。其中，Main 为显示主时基；Window 为选择正常显示和缩放；Window Zoom 为显示缩放波形；ROLL 为选取滚动方式显示波形；XY 显示，可在水平方向显示 CH1、垂直方向显示 CH2。

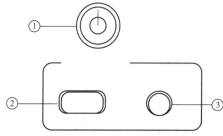

图 2-31　GDS-806 型示波器触发控制部分
①—电源开关；②—触发菜单；③—触发调节

② 水平 POSITLON 旋钮：调节波形的水平位置。

③ TIME/DIV 旋钮：调节波形的水平刻度。

GDS-806 型示波器触发控制部分如图 2-31 所示。

（1）触发菜单：用以选择触发类型、触发源和触发模式。

Type：选择触发类型，包括边缘触发、脉冲触发、延迟触发。

Source：选择触发源，包括 CH1、CH2、外触发（本机可以触发外部信号，但不能显示）、电源触发。

Mode：选择触发模式，包括自动、常态、单击。

Slope/Coupling：改变触发斜面（脉冲正向和脉冲负向）和触发耦合（交流、直流、高频、低频、噪声）。

（2）触发调节：用以调节触发位准。

GDS-806 型示波器其他控制部分如图 2-32 所示。图中对应标号部分的功能介绍如下。

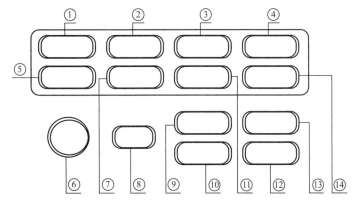

图 2-32　GDS-806 型示波器其他控制部分

① ACQUIRE：选择不同的波形采集模式，对输入信号进行取样分析和转换成数字信号。

② DISPLAY：改变显示外貌和选择当前波形。

③ UTILITY：连接打印机、选择接口等功能。

④ PROGRAM：使示波器记住一些步骤并重放和存储。

⑤ CURSOR：选择不同的游标测量。

⑥ VARIABLE 旋钮：多功能控制旋钮。

⑦ MEASURE：15 种自动测量通路，可以测量完整的波形或游标指定区域。

⑧ AUTOSET 旋钮：自动调节信号轨迹的设定值，快速分析未知信号。

⑨ HARDCOPY：打印输出 LCD 显示的硬拷贝。

⑩ RUN/STOP：开始或停止波形的采集。

⑪ SAVE/RECALL：用户可以在示波器中存储任意 1～2 个波形，即使关机，这些波形也会被保存。

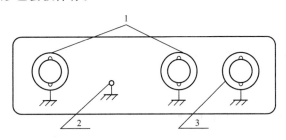

图 2-33　GDS-806 型示波器输入接头
1—CH1 和 CH2 接收信号的 BNC 接头；
2—接地；3—外部触发 BNC 接头

⑫ ERASE：清除设定键，可清除格线区域内所有波形数据。

⑬ HELP：在 LCD 显示屏上显示内置帮助文件。

⑭ AUTO TEST/STOP：退出程序模式的播放。

GDS-806 型示波器输入接头如图 2-33 所示。

GDS—806 型示波器后面板如图 2-34 所示。

GDS-806 型示波器读出显示版面如图 2-35 所示。

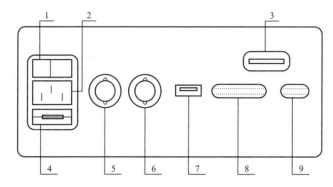

图 2-34　GDS-806 型示波器后面板

1—主电源开关；2—AC 电源插座；3—GPIB 接口；4—熔断器座；5—自我校正输出端；

6—"G0/N0 G0"输出端；7—USB 连接器；8—打印机接口；9—RS 232 接口

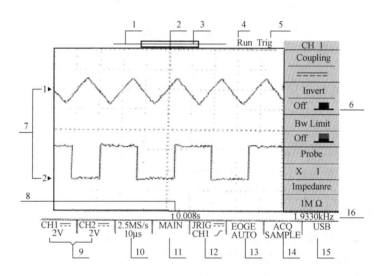

图 2-35　GDS-806 型示波器读出显示版面

1—波形记录指示条；2—触发位置（T）指示；3—显示波形的记录片段；4—Run/Stop 指示；5—触发状态；

6—触发准位指示；7—信道位置指示；8—延迟触发指示；9—CH1 和 CH2 的状态显示；10—取样速率读出；

11—水平状态读出；12—触发源和状态读出；13—触发类型和模式读出；14—采集状态；

15—界面类型指示；16—触发计频器

第五节　晶体管特性图示仪

晶体管测量仪器是以通用电子测量仪器为技术基础，以半导体器件为测量对象的电子仪器。本节所介绍的晶体管特性图示仪是一种利用电子扫描原理在示波管的荧光屏上直接显示晶体管特性曲线的仪器。用它可以直接显示晶体三极管（NPN 型和 PNP 型）的共发射极、共基极和共集电极电路的输入特性、输出特性和正向转移特性等，还可以测量场效应管、稳压管、二极管等器件的各种参数和某些集成电路及光电器件的特性和曲线。其显著的优点是能可靠地观察被测器件的极限特性和击穿特性，不会因过载而损坏器件。利用晶体管特性图示仪不仅可以直接观测晶体管的各种参数和特性曲线，还可以迅速比较两个同类晶体管的特性，以便于挑选配对。

一、晶体管特性图示仪基本组成框图

图 2-36 所示为晶体管特性图示仪的基本组成框图。

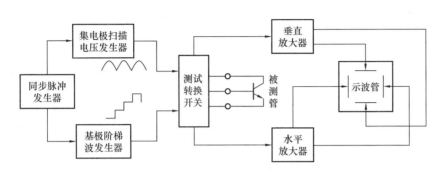

图 2-36 晶体管特性图示仪的基本组成框图

晶体管特性图示仪基本组成部分的功能如下。

同步脉冲发生器：其作用是产生同步脉冲信号，使基极阶梯波信号和集电极扫描电压保持同步，以显示正确而稳定的特性曲线。

基极阶梯波发生器：包括阶梯波发生器和阶梯波放大器，提供大小呈阶梯变化的基极电流，通过测试转换开关对被测晶体管提供大小和极性可变的输入电流源或电压源。

集电极扫描电压发生器：提供集电极扫描电压。一般直接将 50Hz，220V 的交流电经全波整流后得到的半正弦波电压，通过转换开关给集电极提供大小与极性可变的扫描电压。

测试转换开关：用以转换测试不同接法和不同类型的晶体管特性曲线参数。

垂直放大器、水平放大器和示波管：组成示波器，用以显示被测晶体管的特性曲线，其工作原理与普通示波器相同。

二、基本显示原理

图 2-37 所示为图示仪显示一条曲线的基本原理，即单线图示法原理图。图中，50Hz，220V 的交流电压经变压器降压和全波整流后，加到被测三极管的集电极和发射极之间，此电压 U_{CE} 称为集电极扫描电压，同时将其加到示波器的水平 X 轴上作为水平扫描电压。另外，通过取样电阻 R_s，把与集电极电流 I_C 成正比的电压 $U_Y = I_C R_s$，加到示波器的垂直 Y 轴上。在垂直和水

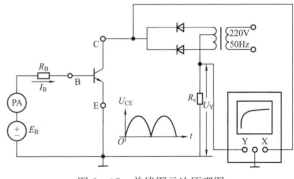

图 2-37 单线图示法原理图
PA—微安表

平两个电压的作用下，荧光屏上可显示出一条 $I_C = f(U_{CE})$ 的曲线。

图 2-38 所示为图示仪显示曲线簇的基本原理，即曲线簇图示法原理图。在单线图示法所示的电路中，每改变一次 I_B，可显示一条曲线。如果想得到一组以 I_B 为参变量的曲线簇，就要求 I_B 是一个周期性变化的信号，且在每个周期中具有多个定值。通常，可利用阶梯波发

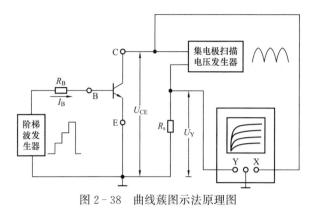

图 2 - 38　曲线簇图示法原理图

生器来产生这样的信号为被测管提供变化的 I_B 信号，从而得到所示的曲线簇。

三、使用方法及注意事项

（1）测试前，应首先调整阶梯信号的起始级零电平的位置。当荧光屏上已观察到基极阶梯信号后，按下测试台上选择按键"零电压"，观察光点停留在荧光屏上的位置，复位后调节零旋钮，使阶梯信号的起始级光点仍在该处，这样阶梯信号的零电位即被准确校正。

（2）对被测管的主要直流参数应有一个大概的了解和估计，以选择合适的阶梯电流或阶梯电压，一般宜先小一点，再根据需要逐步加大。特别要了解被测管的集电极最大允许耗散功率 P_{CM}、最大允许电流 I_{CM} 和击穿电压 βU_{EBO}、βU_{CBO}。测试时，不应超过被测管的集电极最大允许功耗。

（3）根据所测参数或被测管允许的集电极电压，选择合适的扫描电压范围。一般情况下，应先将峰值电压调至零，更改扫描电压范围时，也应先将峰值电压调至零。选择一定的功耗电阻，测试反向特性时，功耗电阻要选大一些，同时将 X，Y 偏转开关置于合适挡位。测试时扫描电压应从零逐步调节到需要值。

（4）当由低挡改换高挡观察半导体管的特性时，需先将峰值电压调到零值，换挡后再按需要的电压逐渐增加，否则容易击穿被测晶体管。AC 挡的设置专为二极管或其他元件的测试提供双向扫描，以便能同时显示器件正反向的特性曲线。

（5）选择好扫描和阶梯信号的极性，以适应不同管型和测试项目的需要。

四、JT - 1 型晶体管图示仪及使用

1. 简介

JT - 1 型晶体管特性图示仪是一种能在示波管荧光屏上直接观察各种晶体管的特性曲线的专用仪器。它可以通过控制开关的转换，任意测定晶体管的共集电极和共基极、共发射极的输入特性，输出特性，转换特性，β 参数特性，α 参数特性等；还可以通过阶梯作用开关的单簇作用，迅速地测定晶体管的各种极限过载特性；也可单独运用其电压、电流的读测特性，测定各种反向饱和电流和各种击穿电压等。通过仪器的标尺刻度可直接读测晶体管的各项参数，尤其在观测晶体管的各种极限特性与击穿特性上具有独特可靠的优点，并能使被测晶体管不因过载而损坏。因此它对晶体管的试制，晶体管电路的设计，晶体管特性的合理应用都带来了极大的方便，还可以通过测试选择开关 A、B 的转换迅速地比较两只晶体管的同类特性。

2. 主要技术参数

（1）Y 轴偏转因数。

集电极电流范围：0.01～1000mA/DIV，分 16 挡。

集电极电流倍率：X2，X1，X0.1，分 3 挡。

基极电压范围：0.01～0.5V/DIV，分 6 挡。

基极电流或基极源电压：0.5V/DIV。

外接输入：0.1V/DIV。

（2）X轴偏转因数。

集电极电压范围：0.01～20V/DIV，分11挡。

基极电压范围：0.01～0.5V/DIV，分6挡。

基极电流或基极源电压：0.5V/DIV。

外接输入：0.1V/DIV。

（3）基极阶梯信号。

阶梯电流范围：0.001～200mA/级，分17挡。

阶梯电压范围0.01～0.2V/级，分5挡。

串联电阻：1Ω～22kΩ，分24挡。

每簇级数：4～12，连续可变。

每秒级数：100或200，共3挡。

阶梯作用：重复、关、单簇，3挡。

极性：正、负，分2挡。

（4）集电极扫描信号。

峰值电压：0～20V正或负连续可调；0～200V正或负连续可调。

电流容量：0～20V范围为10A（峰值）；0～200V范围为1A（峰值）。

功耗限制电阻：0～100kΩ，分17挡。

3．面板介绍及使用

JT-1型晶体管特性图示仪前面板如图2-39所示。

下面对JT-1型晶体管特性图示仪的前面板进行分单元介绍。

（1）示波管及其控制电路如图2-40所示。

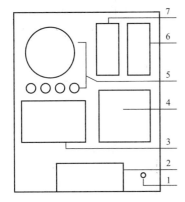

图2-39　JT-1型晶体管特性图示仪前面板

1—电源开关；2—晶体管测试台；3—集电极扫描信号；4—基极（发射极）
阶梯信号；5—示波管及其控制电路；6—X轴作用；7—Y轴作用

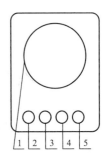

图2-40　示波管及其控制电路

1—示波管；2—标尺亮度；
3—辅助聚焦；4—辉度；5—聚焦

1）示波管。

2）标尺亮度：当电位器置于两端时，分别呈黄、红色，黄色供摄影时用，红色供一般观察时用。

3）辅助聚焦：与聚焦相互配合调节，使图清晰。

4）辉度：改变示波管栅、阴极之间电压，来控制发射电子束的多少以控制亮度。

5）聚焦：与辅助聚焦相互配合调节，使图清晰。

（2）Y轴作用如图2-41所示。图中对应标号部分的功能介绍如下。

① Y轴作用毫安～伏/度开关：具有24挡的四种（集电极电流、基极电压、基极电流或基极源电压、外接）偏转作用。

② Y轴作用毫安/度倍率开关：它是配合（1）mA/DIV而用的辅助作用开关，通过电流转化为电压后的分压关系，以达到改变电流偏转的倍率作用。

③ 直流平衡：其平衡的现象是Y轴基极电压从0.01～0.5V/DIV各挡级改变时，放大器对校正信号的"0DIV"位置不产生任何的位移。

④ 移位：对被测信号产生直流位移。

⑤ 放大器校正：使Y轴放大器在任何挡级对灵敏度进行简便而正确的校正。

（3）X轴作用如图2-42所示。图中对应标号部分的功能介绍如下。

① X轴作用V/DIV开关：具有19挡的四种偏转作用（集电极电压、基极电压、外接、基极电流或基极源电压）的开关。

② 直流平衡：其平衡的现象是X轴基极电压从0.01～0.5V/DIV各挡改变时，放大器对校正信号的"零度"位置不产生任何的位移。

③ 放大器校正：使X轴放大器在任何挡级对灵敏度进行简便而正确的校正。

④ 移位：对被测信号产生直流位移。

（4）集电极扫描控制如图2-43所示。图中对应标号部分的功能介绍如下。

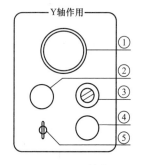
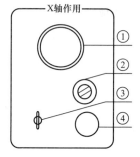
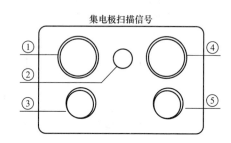

图2-41　Y轴作用　　　　图2-42　X轴作用　　　　图2-43　集电极扫描控制

① 峰值电压范围：有两挡选择，换挡时必须先将峰值电压调到零，然后再按需要的电压逐渐增加，否则易击穿被测晶体管。

② 熔断器：当集电极短路或过载时，起保护作用。

③ 峰值电压控制旋钮：可以在0～20V或0～200V之间连续调节，面板上的标称数值是作近似值使用，精确的读数应由X轴偏转灵敏度读测。

④ 极性：极性选择开关可以转换正负集电极电压的极性，假使当被测晶体管接成共集电极电路时，则PNP型用极性（＋），NPN型用极性（－）。

⑤ 功耗限制电阻：串联在被测管的集电极电路上限制超过功耗，也可作为被测晶体管的集电极负载的电阻。通过图示仪的特性曲线簇的斜率，可选合适的负载电阻阻值。

（5）阶梯信号控制如图2-44所示。图中对应标号部分的功能介绍如下。

① 级/秒：级/秒开关分上100、下100与200三挡，其作用是用来显示负载线的特性，它在电源频率为60Hz时是120或240级/秒。

② 极性：极性的选用取决于被测晶体管的特性与接地的方式，可按面板上指示的表格应用即可。

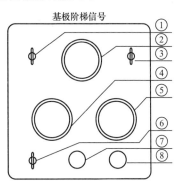

图2-44　阶梯信号控制

③ 阶梯作用：阶梯作用分重复、关、单簇三挡。

a. 重复：阶梯信号重复地在被测晶体管的发射极或基极上进行连续地测试，它是对被测晶体管的一般特性的测定或图示。

b. 关：阶梯信号停止输出。

c. 单簇：其作用是使预先调整好的级/秒，毫安/级或伏/级出现一次阶梯信号后回到等待触发位置，因此可利用它的瞬间作用的特性来观察被测晶体管的各种极限特性。

④ 串联电阻：当阶梯选择开关⑤置于伏/级的位置时，串联电阻将串联在被测晶体管的输入电路中，配合被测晶体管的输入特性，可确定被测晶体管的最佳转换特性，将输入的电压变化转化为线性的电流变化。当阶梯选择开关⑤置于毫安/级的位置时，阶梯信号不通过串联电阻，它就没有控制作用。

⑤ 阶梯选择：阶梯选择开关是一个具有22挡两种（基极电流基极电压源）作用的开关。

⑥ 零电流与零电压：开关处于中间位置时，阶梯信号是通路状态，被测晶体管已接通阶梯信号进行测量。置于"零电流"位置时，使被测晶体管的基极已处于开路状态，即能测量晶体管的I_{CO}特性。当置于"零电压"位置时，使被测晶体管的基极与发射极已成为短路状态，即可测量晶体管I_{CBS}与I_{CES}特性。

⑦ 级/簇：用来调节阶梯信号的级数。在4～12的范围内，连续可调。

⑧ 阶梯调零：晶体管在未测试前，应首先调整阶梯信号的起始级在零电位的位置。当荧光屏上已观察到基极阶梯信号后，将⑥置于"零电压"，观察光点停留在荧光屏上的位置，复位后调节"阶梯调零"控制器使阶梯信号的起始级光点仍在该处，这样阶梯信号的"零电位"即被准确地校正。

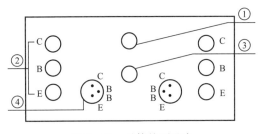

图2-45　晶体管测试台

（6）晶体管测试台如图2-45所示。图中对应标号部分的功能介绍如下。

① 测试选择：在测试时交替地转换A、B两个晶体管，迅速地分析与比较两个晶体管的各种同类特性。开关的"关"一挡可用来作为测试的准备而用，待被测晶体管插好后再扳到测试。

② 固定插座：固定插座由接线柱或配合外插座运用，它的E端是固定的接地端。其引线粗，适用大功率管的测试。

③ 接地选择：仅配合可变插座而用，通过开关的接地变换可在不改变被测晶体管的接线条件下，迅速地观察其"共发射极"与"共基极"特性，但在接地改变的情况下必须注意阶梯信号的极性的相应改变。

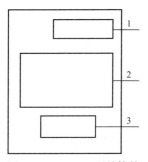

图 2 - 46　JT - 1 型晶体管
特性图示仪后面板
1—外接输入；2—风扇与滤
尘器；3—电源输入

④ 可变插座：可变插座是配合接地选择开关③同时运用，当置于发射极接地时，则表示 E 极接地，当置于基极接地时，则表示 B 极接地。

JT - 1 型晶体管特性图示仪后面板如图 2 - 46 所示。

4. 使用注意

每次使用本仪器时，为了不使被测晶体管损坏，对本仪器的使用方法和被测晶体管的规格必须充分的了解。被测晶体管的参量如果需要进行鉴别的话，必须调整面板上的有关旋钮以防止被测晶体管损坏。这样加于被测晶体管的电压与电流必须从低量程慢慢地提高，直到满足被测晶体管的测试要求或使用工作状态的要求。

第三章　EWB5.12软件

第一节　EWB软件简介

一、概述

随着电子技术和计算机技术的发展，电子产品已与计算机紧密相连，电子产品的智能化日益完善，电路的集成度越来越高，而产品的更新周期却越来越短。电子设计自动化（EDA）技术，使得电子电路的设计人员能在计算机上完成电路的功能设计、逻辑设计、性能分析、时序测试，直至印制电路板的自动设计。EDA是在计算机辅助设计（CAD）技术的基础上发展起来的计算机设计软件系统。与早期的CAD软件相比，EDA软件的自动化程度更高、功能更完善、运行速度更快，而且操作界面友善，有良好的数据开放性和互换性。

电子工作平台（EWB）是加拿大Interactive Image Technologies（IIT）公司于20世纪80年代末至90年代初推出的电路分析和设计软件，而在国内应用EWB软件，却是近几年的事。目前应用较普遍的EWB软件是在Windows95/98环境下工作的Electronics Workbench5.12（简称EWB5.12）。IIT公司近期又推出了最新电子电路设计仿真软件EWB6.0版本。本书中将以EWB5.12的版本为例进行介绍。

二、EWB5.12的组成

EWB5.12以美国加州大学推出的著名电路分析仿真软件SPICE（Simulation Program with Integrated Circuit Emphasis）为基础。SPICE是20世纪80年代世界上应用最广泛的电路设计软件，1998年被定为美国国家标准。它由三部分组成，即电路图编辑器（Schematic Editor）、SPICE3F5仿真器（Simulator）和波形产生与分析器（Wave Generator & Analyzer）。三者关系

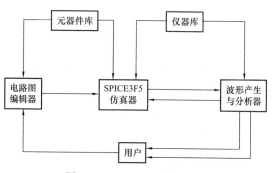

图3-1　EWB5.12的组成

如图3-1所示。仿真器为核心部分，采用了最新版本的电路仿真软件SPICE3F5，这是一种32位的交互式增强型仿真器（所谓交互式，指在仿真过程中可接受用户的修改操作，从而使得在虚拟实验台上实验操作的感受十分逼真）。该仿真器具有以下优点：支持Native模式的数字以及模拟数字混合的仿真，能自动插入信号转换接口，支持层次化电路模块的多次重用，采用GMIN步进算法改进了收敛，对仿真的电路规模与复杂性均无规定的限制。

三、EWB5.12的特点

（1）EWB5.12软件的仿真功能十分强大，近似100%地仿真出真实电路的结果。

EWB5.12采用图形方式创建电路，绘制电路图需要的元器件、电路仿真需要的测试仪器均可直接从屏幕上选取；EWB5.12软件的元器件库中则包含了许多国内外大公司的晶体管元器件，集成电路和数字门电路芯片。器件库没有的元器件，还可以由外部模块导入。仪器库则提供了示波器、信号发生器、扫频仪、逻辑分析仪、数字信号发生器、逻辑转换器，

万用表等广播电视设备设计、检测与维护必备的仪器、仪表工具。

（2）电子工作平台还具有强大的分析功能。它可进行直流工作点分析，暂态和稳态分析，高版本的 EWB 还可以进行傅里叶转换分析、噪声及失真度分析、零极点和蒙特卡罗等多项分析。

（3）EWB5.12 提供了同其他软件的接口。例如，可输入标准 SPICE 网表并由系统自动将其转换为清晰易读的电路图，也可将在 EWB5.12 中设计好的电路图转换成其他 SPICE 仿真器所要求的格式，或送到像 Protel，OrCAD，PADS 等 PCB 绘图软件中绘制印制电路板图，利用剪贴—粘贴功能可将电路和分析图送到文字处理软件中，以制成高质量的实验报告。

（4）可以设置实际实验中不容易做到的开路、短路和漏电等故障，观察和分析电路状态，加深对理论知识的理解。

四、使用 EWB5.12 对电路进行设计和实验仿真的基本步骤

（1）用虚拟器件在工作区建立电路。

（2）选定元件的模式、参数值和标号。

（3）连接信号源等虚拟仪器。

（4）选择分析功能和参数。

（5）激活电路进行仿真。

（6）保存电路图和仿真结果。

第二节　EWB5.12 的操作界面及菜单

一、EWB5.12 的安装和启动

EWB5.12 版本的安装文件是 EWB512.EXE。新建一个目录 EWB5.12 作为 EWB 的工作目录，将安装文件复制到工作目录，双击运行即可完成安装。安装成功后，可双击桌面图标运行 EWB。

二、EWB5.12 的操作界面

（一）EWB5.12 的主窗口

如图 3-2 所示，EWB5.12 很像一个实际的电子工作室，元器件和仪器、构造和测试电路的每件设备都已准备好了。它的操作界面可分为以下八个部分，如表 3-1 所示。

表 3-1　　　　　　　　　　　　EWB5.12 的操作界面

菜单栏（Menus）	提供电路文件的存取、SPICE 文件的转入或转出、电路图的编辑、电路的模拟与分析、在线帮助
工具栏（Toolbars）	最常用的菜单命令，包含用于编辑电路设计所需的按钮
电路工作窗口（Circuit Window）	供使用者进行电路设计
元器件库栏（Parts Bin Toolbar）	显示详细元器件列表，有各类元器件及测试仪表
电路描述窗口（Description Window）	供使用者键入文本以描述电路
启动、停止开关	显示仪表的面板控制与功能选择
暂停、恢复开关	可以用来控制仿真实验的步骤
状态栏（Status Line）	可以显示鼠标所指处元器件及仪表的名称。在模拟中，可以显示模拟中的现状及分析所需的模拟时间，此时间不是实际的 CPU 运行时间

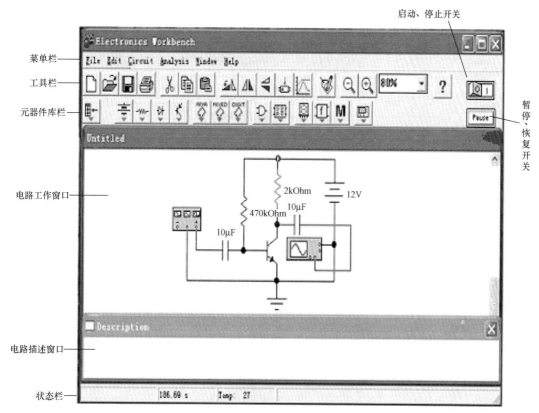

图 3-2　EWB5.12 的操作界面

（二）工具栏

工具栏示意图如图 3-3 所示。工具栏中图标所对应的功能见表 3-2。

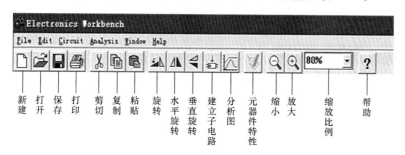

图 3-3　工具栏示意图

表 3-2　　　　　　　　　　　　　工具栏内各图标的功能表

名　称	快捷键	功　能
新建（New）	Ctrl＋N	清除工作区，打开新文件
打开（Open）	Ctrl＋O	用于打开一个已存在的电路文件，单击后将显示一个标准的打开文件对话框
保存（Save）	Ctrl＋S	用于保存当前编辑的电路文件。单击后将显示一个标准的保存文件对话框。对于 Windows 用户，文件的扩展名将自动定义为".ewb"

续表

名　　称	快捷键	功　　能
打印（Print）	Ctrl+P	单击后出现一个对话框，根据需要选择要打印的部分
剪切（Cut）	Ctrl+X	用于除去所选择的元件电路或文本。被除去的内容将存放在剪贴板上，根据需要可以将其粘贴在别的地方。注意，所剪切的内容中不能含有仪器图标
复制（Copy）	Ctrl+C	用于复制所选择的元件、电路或文本。复制的内容被存放在剪贴板上，根据需要可以将其复制到其他地方。同样，复制的内容不包含仪器图标
粘贴（Paste）	Ctrl+V	用于将剪贴板上的内容粘贴到被激活的窗口中，内容可以是元件或文本，其类型只能粘贴到具有相似类型的地方
旋转（Rotate）	Ctrl+R	单击图标会使被选择的元件逆时针旋转 90°。与元件相关的文字，如标号、数值以及模型信息将重新放置，但并不旋转。与元件相连的导线将自动变换走向
水平旋转（Flip Horizontal）		将电路窗口中被选择的元件水平旋转 180°
垂直旋转（Flip Vertical）		将电路窗口中被选择的元件垂直旋转 180°
建立子电路（Create Subcircuit）	Ctrl+B	建立和生成子电路
分析图（Display Graphs）		调出分析图
元器件特性（Component）		调出元器件对话框
缩小（Zoom Out）	Ctrl−	可将电路窗口中的图形缩小
放大（Zoom In）	Ctrl+	可将电路窗口中的图形放大
缩放比例		可显示电路的当前缩放比例
帮助	F1	调出与选中对象有关的帮助信息

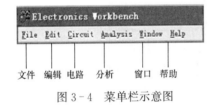

文件　编辑　电路　分析　窗口　帮助
图 3-4　菜单栏示意图

（三）菜单栏

EWB5.12 的菜单命令共有六项，如图 3-4 所示。在每组菜单里，包含有一些命令和选项，建立电路、实验分析和结果输出均可在这个集成菜单系统中完成。

选择执行菜单命令一般有两种方法：

（1）单击菜单项拉出菜单命令，然后单击其中的菜单命令；

（2）按下 Alt 键，再按下菜单中带下划线的字母打开相应的菜单项（如按 Alt 键，再按 F 键打开文件菜单 File），接着按菜单（已经打开）命令中带下划线的字母执行某菜单命令。

注意：如果打开的菜单项中有些命令呈现灰色，说明该命令在当前状态下是不能使用的。

1. 文件菜单

文件菜单（File）包含了管理电路文件的命令，共有 11 条命令，如图 3-5 所示。其功能见表 3-3。

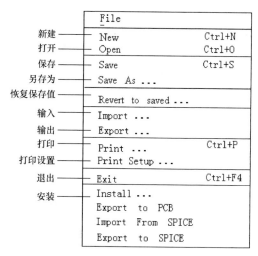

图 3-5　文件菜单

表 3-3 　　　　　　　　　　　　**文件菜单功能表**

名　称	快捷键	功　能
新建（New）	Ctrl＋N	建立一个新的电路文件，可在文件菜单中选择新建命令 New，这时，工作区里将出现一个空白的电路编辑区供输入编辑新的电路。EWB5.12 版本每次只能打开一个电路文件，如果当前正打开一个文件进行编辑仿真，则当重新建立新文件时将出现一个对话框，提示在新建文件前对已经打开的文件是否保存修改
打开一个已经存在的电路文件（Open）	Ctrl＋O	要打开一个已经存在的电路文件，可在文件菜单中选择打开命令，显示标准打开文件对话框。此时，要求确定文件所在的驱动器、目录以及文件名，相应的文件标识（可以直接在文件名文本框中输入，也可以通过选择驱动器 Drive、目录 Directories 及文件名确定）出现在文件名文本框中后，单击"打开"按钮打开电路文件
保存电路文件（Save）	Ctrl＋S	保存当前电路文件，显示标准保存文件对话框。如要改变保存地址，可以改变不同的目录、驱动器、文件夹、磁盘
另存为（Save As...）		用一个新的文件名保存当前电路文件，原有电路文件维持不变
恢复保存值（Revert to Saved...）		可以将最近一次存入磁盘时的电路恢复到工作区内
输入（Import...）		输入一个 SPICE 网表（后缀名为 .net 或 .cir），并把它转换为原理图
输出（Export...）		在文件格式为任何以下后缀名：.net，.cir，.plc 的情况下保存电路文件
打印（Print...）	Ctrl＋P	执行该命令会出现对应对话框，用户可根据要求选择打印电路图、仪器测试结果、元器件清单等，点击需打印项目，使其前面小框内出现"√"，按 "Print" 键即可打印输出
打印设置（Print Setup...）		显示标准打印设置对话框，从对话框中可以选择另一种打印机，或设定打印方向、纸张大小、供纸方式等选项
退出（Exit）	Alt＋F4	执行该命令将退出 EWB5.12，如果当前电路文件是新文件或电路修改后未保存，则在退出前将提示将当前电路文件保存
安装（Install...）		安装任何 EWB 的附加产品。提示从包含附加产品的磁盘安装

2. 编辑菜单

编辑菜单（Edit）包含了7条电路编辑命令，如图3-6所示。图中下拉菜单右侧为对应命令的快捷键。

（1）剪切（Cut）。删除选择电路、组件或文本，并保留在剪贴板中。随后可以利用粘贴命令 Paste 将其从剪贴板中复制到电路工作区或描述区。

（2）复制（Copy）。与剪切命令 Cut 不同，复制命令 Copy 只是将选择的元器件或电路、文本复制到剪贴板中，但并不从电路工作区中移走。随后可以利用粘贴命令 Paste 将其从剪贴板中复制到电路工作区或描述区。

（3）粘贴（Paste）。将剪贴板的内容放置到激活的窗口中（内容依然保存在剪贴板里）。剪贴板上的内容可能是组件或文本。被粘贴位置的文件性质必须与剪贴板内容性质相同。例如，用户不能粘贴组件到说明窗口。

（4）删除（Delete）。永久地删除所选择的组件或文本，且不影响剪贴板内的当前内容。使用这个命令时必须十分小心，因为删除的内容无法恢复。

（5）选择全部（Select All）。快速地将活动工作区窗口的所有电路或说明区内的全部文本选定。可用于整个电路、文本的各种处理。

（6）复制位图（Copy as Bitmap）。可以将电路工作区中的一部分或全部作为位图复制到剪贴板上，然后供其他支持位图格式的应用程序（如字处理等）使用。

（7）显示剪贴板（Show Clipboard）。可以查看当前剪贴板中的内容。

3. 电路菜单

电路菜单（Circuit）中包含9条命令，如图3-7所示。各命令的相应功能见表3-4。

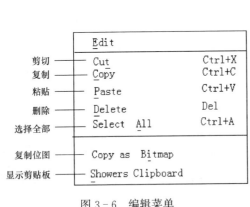

图3-6　编辑菜单　　　　　　　　　图3-7　电路菜单

表3-4　　　　　　　　　　　　　　　电路菜单功能表

名　称	快捷键	功　能
旋转（Rotate）	Ctrl+R	为了使构造的电路美观、连接方便整齐，可以使用 Rotate 命令将被选组件顺时针旋转 90°，和组件关联的文本，如标识、数值和模型等信息可以重定位，但不可以随意旋转，如仪器库中的测试仪器、集成 IC 不能旋转
水平旋转（Flip Horizontal）		在工作区内水平旋转被选组件

续表

名　称	快捷键	功　能
垂直旋转（Flip Vertical）		在工作区内垂直旋转被选组件
元器件特性（Component Properties ...）		执行该命令可以调出元器件特性对话框，也可以双击元器件
创建子电路（Create Subcircuit ...）	Ctrl+B	
放大（Zoom In）	Ctrl+	增加工作区内电路的显示尺寸
缩小（Zoom Out）	Ctrl−	减小工作区内电路的显示尺寸
电路选项（Schematic Options...）		用于设置与电路图显示方式有关的一些选项

4. 分析菜单

分析菜单（Analysis）包含了 10 条命令，如图 3−8 所示。各命令的相应功能见表 3−5。

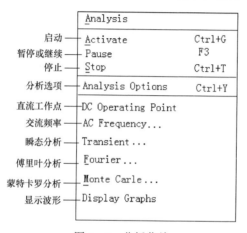

图 3−8　分析菜单

表 3−5　　　　　　　　　分析菜单功能表

名　称	快捷键	功　能
启动（Activate）	Ctrl+G	执行该命令，相当于将电路的电源开关合上，使电路开始工作。与主窗口中的启动开关功能相同
暂停或继续（Pause）	F9	执行暂停命令，可以将仿真电路暂时中断以作观察；执行继续命令，可以在观察以后又继续（不是重新仿真）进行仿真
停止（Stop）	Ctrl+T	当电路仿真达到稳态时，将自动停止。但对于振荡或开关控制电路一般不能达到稳态，仿真过程会一直持续下去。执行停止命令，可以人为停止电路的仿真
分析选项（Analysis Options...）	Ctrl+Y	一般设为默认值，不需调整
直流工作点（DC Operating Point）		显示电路直流工作点状态
交流频率（AC Frequency...）		分析电路的频率特性
瞬态分析（Transient...）		分析电路的瞬间状态
傅里叶分析（Fourier...）		电路瞬态的直流分量、基波分量、谐波分量分析
蒙特卡罗分析（Monte Carlo...）		分析元件参数在误差范围内变化时对电路特性的影响
显示图形（Display Graphs）		选择对以上分析结果是否显示内容

5. 窗口菜单

窗口菜单 Window 如图 3-9 所示。各命令的相应功能见表 3-6。

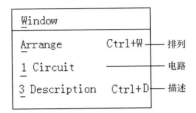

图 3-9　窗口菜单

表 3-6　　　　　　　　　　　窗口菜单功能表

名　　称	快捷键	功　　能
排列（Arrange）	Ctrl+W	执行该命令，可以匀称整洁地排列工作区和打开的元器件库窗口以及打开的描述窗口，并尽可能把打开的窗口放大显示
电路（Circuit）		执行该命令可以将电路工作区窗口调到前台，成为活动窗口
描述（Description）	Ctrl+D	执行该命令可以将电路描述窗口打开并将其调到前台，成为活动窗口

6. 帮助菜单

帮助菜单（Help）如图 3-10 所示。其相应功能见表 3-7。

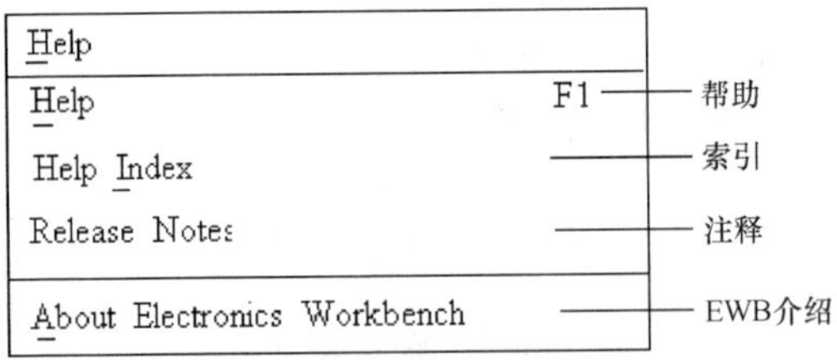

```
Help
Help                    F1 ——— 帮助
Help Index                 ——— 索引
Release Notes              ——— 注释

About Electronics Workbench ——— EWB介绍
```

图 3-10　帮助菜单

表 3-7　　　　　　　　　　　帮助菜单功能表

名　　称	快捷键	功　　能
帮助（Help）	F1	显示 EWB5.12 的帮助目录（Help Table of Contents），利用超级链接，用户可单击需要查看的目录项来阅读相关的帮助内容
索引（Help Index...）		执行该命令显示"索引"窗口，让使用者根据关键字查找帮助主题
注释（Release Notes）		执行该命令可以显示一些 EWB5.12 的注解信息
EWB介绍（About Electronics Workbench）		显示 EWB 的版本信息

第三节　EWB 的元器件库

EWB 实验平台为用户提供了 14 个器件库，分别为信号源（Source）、基本元件库

（Basic）、二极管库（Diode）、晶体管库（Transistors）、模拟集成电路库（Analog ICs）、混合集成电路库（Mixed ICs）、数字集成电路库（Didital ICs）、逻辑门元器件库（Logic Gates）、数字元器件库（Digital）、显示元器件库（Indicators）、控制元器件库（Controls）、其他器件库（Miscellaneous）、测试仪器库和自定义器件库（Favorites）。如图 3-11 所示，这些库都以图标形式显示在主窗口界面上，单击按钮可打开相应器件库，用鼠标可将其中的器件拖放到工作区，以完成电路的连接。若要调整所选元器件原来的缺省设置参数，只需用鼠标双击该元器件，选择"模型"（Model）栏内的"编辑"（Edit）项，显示该元器件的参数设置对话框，供使用者进行修改和设定。若需要了解所选元器件的性能和使用方法，可以按 F1 键，电路工作台将显示所需了解元器件的性能、技术参数等数据。

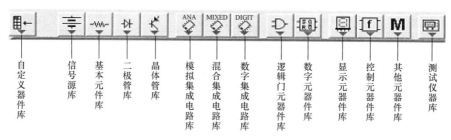

图 3-11　元器件库

下面将依次列出 EWB 提供的基本元器件库的名称、参数、缺省设置值和设置范围。

一、信号源库

信号源库（Source）内元器件如图 3-12 所示，具体参数如表 3-8 所示。

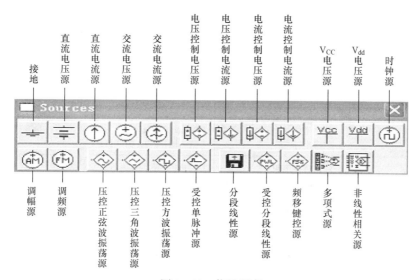

图 3-12　信号源库

表 3-8　　　　　　　　　信 号 源 库 参 数 表

元器件名称	参　数	缺省设置值	设置范围
直流电压源	电压 U	12V	μV～kV
直流电流源	电流 I	1A	μA～kA

续表

元器件名称	参　数	缺省设置值	设置范围
交流电压源	电压 U 频率 相位	120V 60Hz 0	μV～kV Hz～MHz Deg
交流电流源	电流 I 频率 相位	1A 1Hz 0	μA～kA Hz～MHz Deg
电压控制电压源	电压增益 E	1V/V	mV/V～kV/V
电压控制电流源	互导 G	1mho	mmho～kmho
电流控制电压源	互阻 H	1ohm	mohm～kohm
电流控制电流源	电流增益 F	1A/A	mA/A～kA/A
时钟源	频率 F 占空比 D 电压 U	1000Hz 50％ 5V	Hz～MHz 0％～100％ mV～kV
调幅源 （AM源）	载波幅度 U_c 载波频率 F_c 调制指数 M 调制频率 f_m	1V 1000Hz 1 100Hz	mV～kV Hz～MHz Hz～MHz
调频源 （FM源）	峰值幅度 U_a 载波频率 F_c 调制指数 M 调制频率 f_m	5V 1000Hz 5 100Hz	mV～kV Hz～MHz Hz～MHz
压控正弦波振荡源	输出峰值下限 输出峰值上限 控制坐标 频率坐标	−1V 1V 0；1；0；0；0V 0；1kHz；0；0；0Hz	&nasp
压控三角波振荡源	输出峰值下限 输出峰值上限 上升时间占空比 控制坐标 频率坐标	−1V 1V 0.5 0；1；0；0；0V 0；1kHz；0；0；0Hz	
压控方波振荡源	输出峰值下限 输出峰值上限 占空比 输出上升时间 输出下降时间 控制坐标 频率坐标	−1V 1V 0.5 1s 1s 0；1；0；0；0V 0；1kHz；0；0；0Hz	
受控单脉冲源	时钟触发 输出低电平 输出高电平 输出延迟 输出上升时间 输出下降时间 控制坐标 脉宽坐标	0.5V 0V 1V 1s 1s 1s 0；1；0；0；0V 0；1；0；0；0s	

续表

元器件名称	参　数	缺省设置值	设置范围
分段线性源			
受控分段线性源	坐标对数 X坐标 Y坐标 输入平滑区域	5 0V 0V 1%	
频移键控源	峰值幅度 传号传输频率 空号传输频率	120V 10kHz 5kHz	mV～kV Hz～MHz Hz～MHz
多项式源的系数	常数 A 系数 $B～K$	1	
非线性相关源			

二、基本元件库

基本元件库内元器件如图 3-13 所示，具体参数见表 3-9。

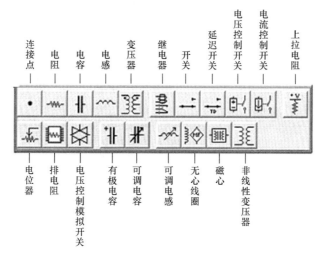

图 3-13　基本元件库

表 3-9　　　　　　　　　　　基本元件参数对照表

元器件名称	参　数	缺省设置值	设置范围
电阻	R	1kΩ	Ω～MΩ
电容	C	1μF	pF～F
电感	L	1mH	μH～H
变压器	匝数比 N 漏感 L 磁感 L 初级绕组电阻 R 次级绕组电阻 R	2 0.001H 5H 0Ω 0Ω	

元器件名称	参　　　数	缺省设置值	设置范围
继电器	线圈电感 L 导通电流 I 保持电流 I	0.001H 0.5A 0.025A	nH～H nA～kA
开关	键	SPACE	A～Z，0～9，ENTER，SPACE
延迟开关	导通时间 T 断开时间 T	0.5s 0s	ps～s ps～s
电压控制开关	导通电压 U 断开电压 U	1V 0V	mV～kV mV～kV
电流控制开关	导通电流 I 断开电流 I	1A 0A	mA～kA mA～kA
上拉电阻	电阻 R 上拉电压 U	1kΩ 5V	Ω～MΩ V～kV
电位器	键 电阻 比例设定 增量	R 1kΩ 50% 5%	A～Z，0～9 Ω～MΩ 0%～100% 0%～100%
排电阻	电阻 R	1kΩ	Ω～MΩ
电压控制模拟开关	"断开"控制电平值 V "导通"控制电平值 V "断开"电阻 R "导通"电阻 R	0V 1V 1TΩ 1Ω	mV～kV mV～kV Ω～TΩ Ω～TΩ
有极电容	C	1μF	μF～F
可调电容	键 电容 C 比例设定 增量	C 10μF 50% 5%	A～Z，0～9，ENTER，SPACE pF～F 0%～100% 0%～100%
可调电感	键 电感 L 比例设定 增量	L 10mH 50% 5%	A～Z，0～9 pH～H 0%～100% 0%～100%
无心线圈	匝数	1	
磁心	截面积 A 磁心长度 I 输入平滑范围 ISD 坐标对数 N 磁场坐标1（H1） 磁场坐标2（H2） 磁场坐标（H3～H15） 磁通量坐标1（B1） 磁通量坐标2（B2） 磁通量坐标（B3～B15）	1m 1m 1% 2 0Aturns/m 1.0Aturns/m 0Aturns/m 0Wb/m 1.0Wb/m 0Wb/m	

续表

元器件名称	参　数	缺省设置值	设置范围
非线性变压器	一次绕组 N_1 一次电阻 R_1 一次漏感 L_1 二次绕组 N_2 二次电阻 R_2 二次漏感 L_2 截面积 A 磁心长度 L 输入平滑范围 ISD 坐标对数 N 磁场坐标1（H1） 磁场坐标2（H2）	1 1e－06Ω 0.0H 1 1e－06Ω 0.0H 1.0m 1.0m 1.00％ 2 0Aturns/m 1Aturns/m	

三、二极管库

二极管库内元器件如图 3－14 所示，具体参数见表 3－10。

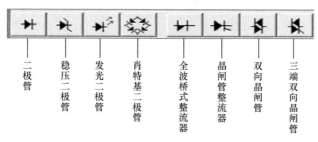

二极管　　稳压二极管　　发光二极管　　肖特基二极管　　全波桥式整流器　　晶闸管整流器　　双向晶闸管　　三端双向晶闸管

图 3－14　二极管库

表 3－10　　　　　　　　　　　二 极 管 参 数

元器件名称	缺省设置值	设置、选择范围
二极管	理想状态	General，Motorol，Nationl，Zetex，Philips，1n
稳压二极管	理想状态	1n，General，Moto＿bzx，Moto＿mz，Moto＿1n，Philips1，Philips2
发光二极管	理想状态	Misc
肖特基二极管	理想状态	Ecg
全波桥式整流器	理想状态	Motorol，Nationl，Zetex，Philips，Internat，1n，General1，General2
晶闸管整流器	理想状态	2n，2n1＿3xxx，2n4xxx，2n5＿6xxx，Btxx，Cxxx，Mcrxxxx，Sxxxx
双向晶闸管	理想状态	Egc，Motorola
三端双向晶闸管	理想状态	2n，2n5xxx，2n6xxx，Mac1xxx，Mac2xxx，Btxxx

四、晶体管库

晶体管库内元器件如图 3－15 所示，具体参数见表 3－11。

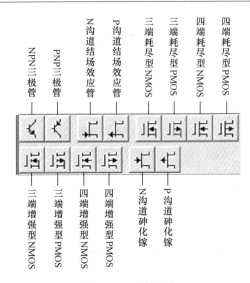

图 3-15　晶体管库

表 3-11　　　　　　　　　　　　　　　　　晶 体 管 参 数

元器件名称	缺省设置值	设置、选择范围
NPN 三极管	理想	Motorol1，Motorol2，Nationl1，Nationl2，Zetex，2n，2n3xxx，Zetex 等
PNP 三极管	理想	Motorola，Nationl1，Nationl2，Zetex 等
N 沟道结场效应管	理想	National
P 沟道结场效应管	理想	National，Philips1，Philips2，Nationl
三端耗尽型 N MOS	理想	Philips
三端耗尽型 P MOS	理想	
四端耗尽型 N MOS	理想	
四端耗尽型 P MOS	理想	
三端增强型 N MOS	理想	Motorola，Zetex，Intrntn1，Philips，Toshiba 等
三端增强型 P MOS	理想	Motorola，Zetex，Internat，Philips 等
四端增强型 N MOS	理想	
四端增强型 P MOS	理想	
N 沟道砷化镓	理想	
P 沟道砷化镓	理想	

五、模拟集成电路库

模拟集成电路库内元器件如图 3-16 所示，具体参数见表 3-12。

六、混合集成电路库

混合集成元器件库内电路如图 3-17 所示，具体参数见表 3-13。

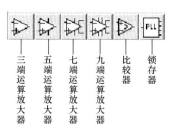

图 3-16　模拟集成电路库

表 3-12 　　　　　　　　　　**模 拟 集 成 电 路 参 数**

元器件名称	缺省设置值	设置、选择范围
三端运算放大器	理想	Analog，Bur _ brn，Comlinea，Elantec，Harris，Haxxxx，Lfxxx，Lhxxxx 等
五端运算放大器	理想	Analog，Burr _ brn，Comlnear，Elantec，Harris，Linear，Haxxxx 等
七端运算放大器	理想	Analog，Burr _ brn，Comlnear，Elantec，Linear，Texas
九端运算放大器	理想	Analog，Comlnear，Elantec，Linear，Texas
电压比较器	理想	
锁相环电路	理想	

表 3-13 　　　　　　　　**混合集成电路参数**

元器件名称	缺省设置值	设置、选择范围
A/D 转换器 输入：电压 输出：8 位二进制数	理想	CMOS，MISC，TTL
电压 D/A 转换器 输入：8 位十进制数 输出：电压	理想	CMOS，MISC，TTL
电流 D/A 转换器 输入：8 位十进制数 输出：电流	理想	CMOS，MISC，TTL
单稳态触发器	理想	CMOS，MISC，TTL
555 电路	理想	

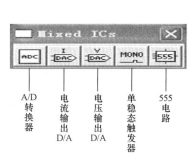

图 3-17　混合集成电路库

七、数字集成电路库

　　数字集成电路库内电路如图 3-18 所示，具体参数见表 3-14。各系列集成元件的名称见表 3-15~表 3-20。

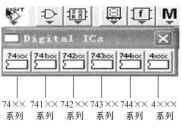

图 3-18　数字集成元器件库

表 3-14 　　　　　　**数字集成元电路参数**

元器件名称	缺省设置值	设置、选择范围
74××	理想	7400~7493
741××	理想	74107~74199
742××	理想	74238~74298
743××	理想	74350~74395
744××	理想	74445~74466
4×××	理想	4000~4556

表 3 - 15   **74××系列集成电路**

型 号	功 能	型 号	功 能
7400	4 重 2 输入与非门	7433	4 重 2 输入集电极开路输出或非门
7402	4 重 2 输入或非门	7437	4 重 2 输入与非门
7403	4 重 2 输入集电极开路输出与非门	7438	4 重 2 输入集电极开路输出与非门
7404	6 重非门	7439	4 重 2 输入集电极开路输出与非门
7405	6 重集电极开路输出非门	7440	2 重 4 输入与非门缓冲器
7406	6 重集电极开路输出非门	7442	4 线 BCD - 10 线十进制译码器
7407	6 重集电极开路输出缓冲器	7445	4 线 BCD - 10 线十进制译码器/驱动器
7408	4 重 2 输入与门	7447	BCD - 7 段译码器/驱动器
7409	4 重 2 输入集电极开路输出与门	7451	2 重与或非门
7410	3 重 3 输入与非门	7454	4 重 2 输入与或非门
7411	3 重 3 输入与门	7455	2 重 4 输入与或非门
7412	3 重 3 输入集电极开路输出与非门	7469	2 重 4 位十进制/二进制计数器
7414	6 重施密特触发器反相器	7472	与输入主从 JK 触发器（附复位端和预置端）
7415	3 重 3 输入集电极开路输出与门	7473	2 重 JK 触发器（附复位端）
7416	6 重集电极开路输出反相器	7474	2 重边沿 D 触发器（附复位端和预置端）
7417	6 重集电极开路输出缓冲器	7475	4 位锁存器
7420	2 重 2 输入与非门	7476	2 重 JK 触发器（附复位端和预置端）
7421	2 重 4 输入与门	7477	4 位锁存器
7422	2 重 4 输入集电极开路输出与门	7478	2 重 JK 触发器（附预置、复位和公告时钟端）
7425	2 重 4 输入或非门（附选通端）	7486	4 重 2 输入异或门
7426	4 重 2 输入集电极开路输出与非门	7490	十进制计数器
7427	3 重 3 输入或非门	7491	8 位移位寄存器
7428	4 重 2 输入或非门	7492	十二进制计数器
7430	8 输入与非门	7493	4 位二进制计数器
7432	4 重 2 输入或门		

表 3 - 16   **741××系列集成电路**

型 号	功 能	型 号	功 能
74107	2 重 JK 主从触发器（带清除端）	74126	四总线缓冲门（三态输出）
74109	2 重 JK 触发器（带置位，清除，正触发）	74132	4 重 2 输入与非门（施密特触发）
74112	负沿触发 2 重 JK 触发器（带预置端和清除端）	74133	13 输入端与非门
74113	负沿触发 2 重 JK 触发器（带预置端）	74134	12 输入端与门（三态输出）
74114	2 重 JK 触发器（带预置端，共清除端和时钟端）	74138	3 - 8 线译码器/多路转换器
		74139	2 重 2 - 4 线译码器
74116	2 重 4 位锁存器	74145	BCD - 十进制译码驱动器
74125	四总线缓冲门（三态输出）	74147	10 - 4 线优先编码器

续表

型　号	功　　能	型　号	功　　能
74148	8-3线优先编码器	74165	8位移位寄存器
74150	16-1线数据选择器	74166	8位移位寄存器
74151	8-1线数据选择器	74169	二进制加/减计数器（附预置端）
74153	2重4-1线数据选择器	74173	4位寄存器（3状态）
74154	4-16线译码器	74174	6重D触发器
74155	2重2-4线译码器	74175	4重D触发器
74156	2重2-4线译码器	74181	算术逻辑单元
74157	4重2-1线数据选择器	74190	BCD加/减计数器（附预置端）
74158	4重2-1线数据选择器	74191	二进制加/减计数器（附预置端）
74159	4-16线译码器	74192	4位加/减计数器
74160	BCD计数器（附复位端和预置端）	74194	4位双向移位寄存器
74162	BCD计数器（附复位端和预置端）	74195	4位移位寄存器
74163	二进制计数器（附复位端和预置端）	74198	8位移位寄存器
74164	8位移位寄存器	74199	8位移位寄存器

表 3-17　　　　　　　　　**742××系列集成电路**

型　号	功　　能	型　号	功　　能
74240	八进制3状态总线反相器	74258	4重3状态2-1线数据选择器
74241	八进制3状态总线缓冲器	74273	8重D触发器
74244	八进制3状态总线缓冲器	74280	9位奇偶发生器/校验器
74251	3状态8-1线数据选择器	74290	十进制计数器
74253	2重3状态4-1线数据选择器	74293	二进制计数器
74257	4重3状态2-1线数据选择器	74298	4位2输入调制寄存器

表 3-18　　　　　　　　　**743××系列集成电路**

型　号	功　　能	型　号	功　　能
74350	4位3状态移位器	74373	八进制3状态D锁存器
74352	2重4-1线数据选择器	74374	八进制3状态D触发器
74353	2重3状态4-1线数据选择器	74375	4位D锁存器
74365	6重3状态总线缓冲器	74377	8位D触发器
74367	6重3状态总线缓冲器	74378	8位D触发器
74367	6重3状态总线缓冲器	74378	8位D触发器
74368	6重3状态总线反相器	74379	4位D触发器

表 3 - 19 744××系列集成电路

型　号	功　能	型　号	功　能
74445	4 - 10 线译码驱动器	74466	八进制 3 状态总线缓冲器
74465	八进制 3 状态总线缓冲器		

表 3 - 20 4×××系列集成电路

型　号	功　能	型　号	功　能
4000	2 重 3 输入或非门和反相器	4069	6 重反相器
4001	4 重 2 输入或非门	4070	4 重异或门
4002	2 重 4 输入或非门	4071	4 重 2 输入或门
4008	并行进位输出的 4 位全加法器	4072	2 重 4 输入或门
4009	6 重非门	4073	3 重 3 输入与门
4010	6 重缓冲器	4075	3 重 2 输入或门
4011	4 重 2 输入与非门	4076	4 位 D 型寄存器
4012	2 重 4 输入与非门	4077	4 重异或非门
4013	2 重 D 触发器（附复位端和预置端）	4078	8 输入或非门
4014	八级同步移位寄存器	4081	4 重 2 输入与门
4015	2 重四级移位寄存器	4082	2 重 4 输入与门
4017	10 译码器输出的约翰逊十进制计数器	4085	2 重 2 路 2 输入与或非门
4019	4 重与/或选择门	4086	可扩展的 4 路 2 输入与或非门
4023	3 重 3 输入与非门	4093	4 重 2 输入与非门施密特触发器
4024	七级二进制脉动计数器	40106	6 重施密特触发器
4025	3 重 3 输入或非门	4502	具有选通端的 6 重反相器
4027	2 重 JK 触发器（附复位端）	4503	6 重正相 3 态缓冲器
4028	4 - 10 线译码器	4508	2 重 4 位锁存器
4030	4 重异或门	4510	二进制码的十进制加/减计数器
4040	十二级二进制脉动计数器	4512	八选一数据选择器
4041	4 重真或补码缓冲器	4514	4 位锁存器（4 - 16 线译码器）
4042	4 重时钟 D 锁存器	4515	4 位锁存器（4 - 16 线译码器）
4043	4 重或非门复位或置位锁存器	4516	二进制加/减计数器
4044	4 重或非门复位或置位锁存器	4518	2 重 BCD 加法计数器
4049	6 重缓冲器或转换器	4520	2 重二进制加法计数器
4050	6 重缓冲器或转换器	4532	8 位优先译码器
4066	4 重双向开关	4556	2 重二进制四选一译码器
4068	8 输入与非门		

八、逻辑门库

逻辑门库内元器件如图 3 - 19 所示，具体参数见表 3 - 21。

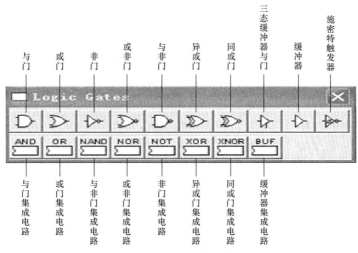

图 3 - 19 逻辑门库参数

表 3 - 21　　　　　　　　　　**逻 辑 门 元 器 件 参 数**

元器件名称	缺省设置值	设置、选择范围
与门	理想	CMOS，MISC，TTL 输入端：2～8
或门	理想	CMOS，MISC，TTL 输入端：2～8
非门	理想	CMOS，MISC，TTL
或非门	理想	CMOS，MISC，TTL 输入端：2～8
与非门	理想	CMOS，MISC，TTL 输入端：2～8
异或门	理想	CMOS，MISC，TTL 输入端：2～8
同或门	理想	CMOS，MISC，TTL
三态缓冲器与门	理想	CMOS，MISC，TTL
缓冲器	理想	CMOS，MISC，TTL
施密特触发器	理想	CMOS，MISC，TTL

九、数字元器件库

数字元器件库内元器件如图 3 - 20 所示，具体参数见表 3 - 22。

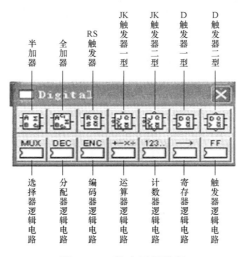

图 3 - 20 数字元器件库

表 3 - 22　　　　　　　　　　　　　　数字元器件设置范围

元器件名称	缺省设置值	设置、选择范围
半加器	理想	CMOS，MISC，TTL
全加器	理想	CMOS，MISC，TTL
RS 触发器	理想	CMOS，MISC，TTL
JK 触发器一型（正向异步置零）	理想	CMOS，MISC，TTL
JK 触发器二型（反向异步置零）	理想	CMOS，MISC，TTL
D 触发器一型（正向异步置零）	理想	CMOS，MISC，TTL
D 触发器二型（反向异步置零）	理想	CMOS，MISC，TTL
选择器逻辑电路	理想	74139，74150，74151，74153，74157，74158，74251，74253，74257，74258，74298，74352，74353
分配器逻辑电路	理想	7442，7445，7447，74138，74139，74145，74154，74155，74156，74159，74445，4028，4511，4514，4515
编码器逻辑电路	理想	7417，74147，74148，4532
运算器逻辑电路	理想	74181
计数器逻辑电路	理想	7469，7490，7492，7493，74160，74162，74163，74169，74190，74191，74192，74290，74293，4040
寄存器逻辑电路	理想	7491，74164，74165，74166，74194，74195，74198，74199，74350，74395，4014，4015
触发器逻辑电路	理想	7472，7473，7474，7476，74107，74109，74112，74113，74114，74116，74174，74175，74273，74373，74374，74375，74377，74378，74379，4023，4027

十、显示元器件库

显示元器件库内元器件如图 3 - 21 所示，具体参数如表 3 - 23 所示。

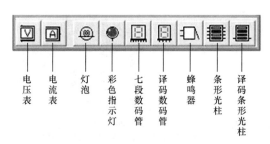

电压表　电流表　灯泡　彩色指示灯　七段数码管　译码数码管　蜂鸣器　条形光柱　译码条形光柱

图 3 - 21　显示元器件库

表 3 - 23　　　　　　　　　　　　　　显示元器件设置范围

元器件名称	缺省设置值	设置，选择范围
电压表	内阻：1MΩ 测试：直流	1Ω～999.99TΩ 交流、直流
电流表	内阻：1mΩ 测试：直流	1pΩ～999.99Ω 交流、直流

续表

元器件名称	缺省设置值	设置，选择范围
灯泡	$P_{max}=10W$ $U_{max}=12V$	mW～kW mV～kV
彩色指示灯	红色	CMOS，MISC，TTL，红色、蓝色、绿色
七段数码管	理想	CMOS，MISC，TTL
译码数码管	理想	CMOS，MISC，TTL
蜂鸣器	频率：200Hz 电压：9V 电流：0.05A	Hz ～MHz mV～V mA～A
条形光柱	正向电压 U_f：2V U_f 处电流 I_f：0.03A 正向电流 I_{ON}：0.01A	mV～kV mA～A mA～A
译码条形光柱	最低段最小导通电压 U_L：1V 最高段最小导通电压 U_H：10V	mV～kV mV～V

十一、控制元器件库

控制元器件库内元器件如图 3-22 所示，具体参数见表 3-24。

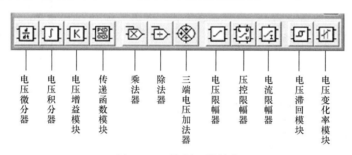

电压微分器　电压积分器　电压增益模块　传递函数模块　乘法器　除法器　三端电压加法器　电压限幅器　压控限幅器　电流限幅器　电压滞回模块　电压变化率模块

图 3-22　控制元器件库

表 3-24　　　　　　　　　　　控制元器件设置范围

元器件名称	缺省设置值	元器件名称	缺省设置值
电压微分器	增益 K：1V/V 输出失调电压 U_{ooff}：0V 输出下限 U_l：－1e＋12V 输出上限 U_u：1e＋12V 上下限范围 U_s：1e－06V	乘法器	输出增益 K：0，1V/V 输出失调电压：0V Y 偏移 Y_{off}：0V Y 增益 K：1V/V X 偏移 X_{off}：0V X 增益 X_K：1V/V
电压增益模块	增益 K：1V/V 输入失调电压 U_{ioff}：0V 输出失调电压 U_{ooff}：0V	三端电压加法器	输入 A 失调电压 U_{Aoff}：0V 输入 B 失调电压 U_{Boff}：0V 输入 C 失调电压 U_{Coff}：0V 输入 A 增益 K_a：1V/V 输入 B 增益 K_b：1V/V 输出增益 K_{out}：1V/V

续表

元器件名称	缺省设置值	元器件名称	缺省设置值
压控限幅器	输入失调电压 U_{ioff}：0V 增益 K：1V/V 输出上 δ：0V 输出下 δ：0V 上下平滑范围 U_{LSR}：1μV	除法器	输出增益 K：1V/V 输出失调 U_{off}：0V Y 偏移 Y_{off}：0V Y 增益 Y_K：1V/V X 偏移 X_{off}：0V X 增益 X_K：1V/V X 下限 X_{lowlin}：100pV X 平滑范围 X_{SD}：100pV
电压滞回模块	输入低电平 U_{IL}：0V 输入高电平 U_{IH}：1V 迟滞值 H：0.1 输出下极限 U_{OL}：0V 输出上极限 U_{OH}：1V 输入平滑范围％I_{SD}：1	电压限幅器	输出失调电压 U_{off}：0V 增益 K：1V/V 输出电压下限 U_{l}：0V 输出电压上限 U_{u}：1V 上下范围：1e-06V
电压积分器	输入失调电压 U_{ioff}：0V 增益 K：1V/V 输出下限 U_{l}：-1e+12V 输出上限 U_{u}：1e+12V 上下限范围 U_{s}：1e-06V 输出初始条件 U_{oic}：0V	电流限幅器	输入失调 U_{off}：0V 增益 K：1V/V 源电阻 R_{src}：1Ω 灌电阻 R_{sink}：1Ω 电流源极限 I_{srcl}：10mA 电流沉降极限 I_{snkl}：10mA 上下电源平滑范围 U_{LSR}：1μA 源电流平滑范围 I_{SrcSR}：1nA 灌电流平滑范围 I_{SnkSR}：1nA 内/外电压平滑范围 U_{DSR}：1nA
传递函数模块	输入失调电压 U_{ioff}：0V 增益 K：1V/V 积分器初始条件 U_{INT}：0V 非归一化角频率 ω：1	电压变化率模块	最大上升区域值 R_{Smax}：1GV/S 最大下降区域值 F_{Smax}：1GV/S

十二、其他元器件库

其他元器件库内元器件如图 3 - 23 所示，具体参数见表 3 - 25。

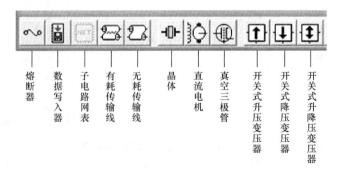

图 3 - 23　其他元器件库

表 3 - 25	其他元器件设置范围	
元器件名称	缺省设置值	设置，选择范围
熔断器	最大电流 I_{max}：1A	mA～A
数据写入器		
子电路网表		ANALOG，ELANTEC，LINEAR
有耗传输线	传输线长度 L_{en}：100m 单位长度电阻 R_t：0.1Ω 单位长度电感 L_t：1e-06H 单位长度电容 C_t：1e-12F 单位长度电导 C_t：1e-12s 断点控制 REL：1 断点控制 ABS：1	BELDEN
无耗传输线	标称阻抗 Z_0：100Ω 传输时间延迟 T_d：1e-09s	BELDEN
晶体	动态电感 L_s：0.00254648H 动态电容 C_s：9.94718e-14F 串联电阻：6.4Ω 并联电容 C_o：2.4868e-11F	RALTUON，ECLIPTEK
直流电机	电枢电阻 R_a：1.1Ω 电枢电感 L_a：0.001H 励磁电阻 R_f：128Ω 励磁电感 L_f：0.001H 轴摩擦 B_f：0.01Nms/rad 机械旋转惯性 J：0.01Nms/rad 额定旋转速度 n_n：1800PRM 额定电枢电压 U_{an}：115V 额定电枢电流 I_{an}：8.8A 额定场电压 U_{fn}：115V 负载转矩 T_1：0N·m	
真空三极管	阳极-阴极电压 U_{pk}：250V 栅极-阴极电压 U_{gk}：-20V 阳极电流 I_p：0.01A 放大因子 μ：10 栅极-阳极电容 C_{gk}：2e-12F 阳极-阴极电容 C_{pk}：2e-12F 栅极-阴极电容 C_{gp}：2e-12F	MISC，VACMTUB
开关式升压变压器	滤波器电感 L：500μH 滤波器电感的 ESR（R）：10mΩ 开关频率 F_s：50kHz	
开关式降压变压器	滤波器电感 L：500μH 滤波器电感的 ESR（R）：10mΩ 开关频率 F_s：50kHz	
开关式升降变压器	滤波器电感 L：500μH 滤波器电感的 ESR（R）：10mΩ 开关频率 F_s：50kHz	

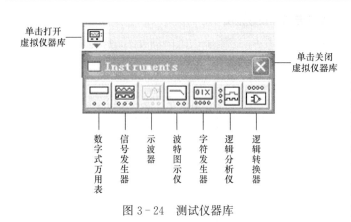

图 3-24　测试仪器库

十三、测试仪器库

单击虚拟仪器按钮可打开虚拟仪器库。如图 3-24 所示，从左到右排列的仪器图标分别是：数字式万用表、信号发生器、示波器、波特图示仪、字符发生器、逻辑分析仪和逻辑转换器。可用鼠标将虚拟仪器拖放到工作区，并对电路参数进行测试。第四节将主要介绍虚拟仪器的使用。

十四、自定义元器件库

EWB 还有元器件库和元器件的创建和删除功能，自建元器件主要针对模拟电路中的一些较复杂的元器件。自建元器件有两种方式：一种是将多个元器件库中的基本元器件组合成一个"模块"，需要使用时，将它作为一个"电路模块"直接从库中调用，该种元器件的创建可以采用"子电路"的方法实现；另一种是采用库中已有元器件，仅仅改变其内部参数，再存储到自己创建的元器件库中。

用户器件库的建立和使用方法：①首先建立电路，选中所需器件，并连线；②按住 Shift 键的同时用鼠标单击各个器件，或用鼠标拖出一个包含被选器件的矩形区域；③单击工具栏中的创建分支电路按钮（Create Subcricuit），弹出创建分支电路对话框；④输入分支电路名称，单击 Move from Circuit 按钮（其他按钮的作用请读者体会）；⑤弹出分支电路窗口，此时该分支电路已添加到了用户器件库，用户可以像调用其他器件一样调用它。

值得注意的是：用户自定义器件是随着当前文件保存的，也就是说，在这个文件中定义的用户器件库只有在打开这个文件时有效，在其他文件中是找不到的。尽管如此，用户器件库的使用已经可以给用户带来很大的方便了。

第四节　虚　拟　仪　器

一、数字式万用表

将数字式万用表从仪器栏上取出时，显示为小图标，双击数字式万用表图标，弹出万用表的虚拟面板。这是一种 4 位数字式万用表，万用表面版上有一个数字显示窗口和七个按钮，如图 3-25 (a)。七个按钮分别为电流 (A)、电压 (V)、电阻 (Ω)、电平 (dB)、交流 (～)、直流 (一) 参数设置 (Settings)，单击这些按钮便可以进行相应的转换。当单击参数设置按钮 (Settings) 时，会出现图 3-25 (b) 所示的界面，可用来设置相应的参数。

万用表可测量交直流电压、电流、电阻和电路中两点间的分贝损失。EWB5.12 平台上的万用表具有自动量程转换功能，因此不用制定测量范围。利用设置按钮可调整电流表内阻、电压表的内阻、欧姆表电流和电平表 0dB 标准电压。

注意：仪器库中的仪表在一个电路中只能使用一次，如需多次使用，可选择电压表、电流表。

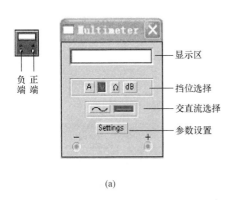
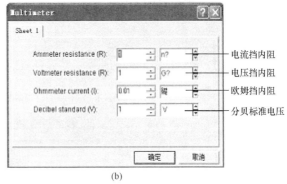

(a)　　　　　　　　　　　　(b)

图 3-25　数字式万用表的图标及面板

（a）图标及面板；（b）参数设置

二、信号发生器

信号发生器是一种能提供正弦波、三角波或方波信号的电压源，它以方便而又不失真的方式向电路提供信号。信号发生器的电路符号和虚拟面板如图 3-26 所示。

信号发生器的指标参数如下。

（1）虚拟信号发生器有三个输出端："—"为负波形端，"Common"为公共（接地）端、"＋"为正波形端。虚拟信号发生器的使用方法与实际的信号发生器基本相同。

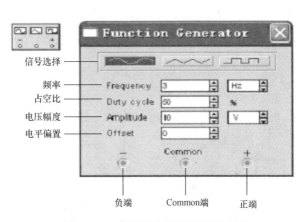

图 3-26　信号发生器的图标及面板

（2）频率调节范围为 1Hz～999MHz。

（3）占空比调节范围为 1%～99%。

（4）电压幅度（指偏置电压到其峰值电压）为 1V～999kV。

（5）电压偏置指的是在输出的信号上叠加一个直流分量，它的可调范围为 -999～999kV。

三、示波器

示波器的电路符号和虚拟面板如图 3-27 所示，这是一种可用黑、红、绿、蓝、青、紫六种颜色显示波形的 1000MHz 双通道数字存储示波器。它工作起来像真的仪器一样，可用正边缘或负边缘进行内触发或外触发，时基可在秒至纳秒的范围内调整。为了提高测量准确度，可卷动时间轴，用数显游标对电压进行准确测量。只要单击仿真电源开关，示波器便可马上显示波形，将探头移到新的测试点时可以不关电源。

X 轴可左右移动，Y 轴可上下移动。当 X 轴为时间轴时，时基可在 0.01ns/div～1s/div 的范围调整。X 轴还可以作为 A 通道或 B 通道来使用，例如，Y 轴和 X 轴均输入正弦电压时，便可观察到李沙育图。A/B 通道可分别设置，Y 轴范围为 0.01mV/div～5kV/div，还可选择 AC 或 DC 两种耦合方式。虚拟示波器不一定要接地，只要电路中有接地元件便可。单击示波器面板上的 Expand 按钮，可放大屏幕显示的波形，还可以将波形数据保存，用以在图表窗口中打开、显示或打印。要改变波形的显示颜色，可双击电路中示波器的连线，设置连线属性。

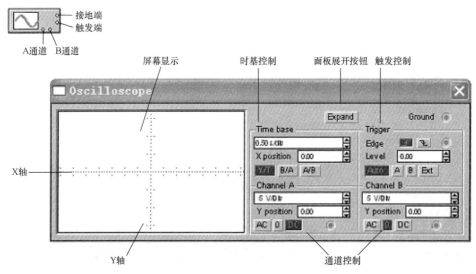

图 3-27　示波器的图标及面板

1. 时基控制

时基控制（Time base）如图 3-28（a）所示。

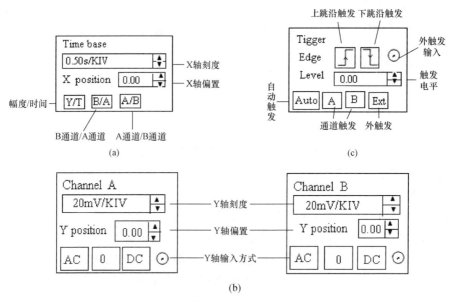

(a)　　　　　　　　　　　　　　(c)

(b)

图 3-28　示波器的参数

（a）时基控制；（b）通道控制；（c）触发控制

（1）X 轴刻度（s/div）：控制示波屏上的横轴，调节范围为 0.10ns/div～1s/div。

时基的调整应与输入信号的频率成反比，即输入信号频率越高，实际就应越小。一般取信号频率的 1/5～1/3 较合适。

（2）X 轴偏置（X position）：控制信号在 X 轴的偏移位置，调节范围为 −5～5。

1）X=0：信号起点为示波器屏幕的最左边。

2）X>0：信号起点右移。

3）X<0：信号起点左移。

（3）显示方式：共有三种。

1）Y/T：幅度/时间，横坐标轴为时间轴，纵坐标轴为信号幅度。

2）B/A：B 电压/A 电压。

3）A/B：A 电压/B 电压。

Y/T 工作方式用于显示以时间（T）为横轴的波形，如李沙育图形，相当于真实示波器上的 X - Y 或拉 Y 方式。当处于 A/B 工作方式时，波形在 X 轴上的数值取决于通道 B 的电压灵敏度的设置；B/A 工作方式时则相反。若要观察所显示的波形可打开 Analysis 菜单中的 Analysis Option 项的 Instrument 找到 Pause after each screen 方式，要继续观察下一屏，可单击工作界面上角的"Resume"，或按 F9 键。

2. 通道控制

通道控制如图 3 - 28（b）所示。

（1）Y 轴刻度：设定 Y 轴每一格的电压刻度，调节范围为 0.01mV/Div ～5kV/Div。

（2）Y 轴偏移：控制示波器 Y 轴方向的原点。

1）Y=0，垂直原点在屏幕的垂直方向的中点（Y 指 Y Position 的值）。

2）Y>0 时，原点上移。

3）Y<0 时，原点下移。

（3）输入显示方式（AC/0/DC）。

1）AC 方式：仅显示信号的交流成分。

2）0 方式：无信号输入。

3）DC 方式：显示交流和直流信号之和。

3. 触发控制

触发控制（Tigger）如图 3 - 28（c）所示。

（1）触发方式：上跳沿触发和下跳沿触发。

（2）触发信号选择。

1）Auto 按钮：自动触发。

2）A 按钮：A 通道触发。

3）B 按钮：B 通道触发。

4）Ext 按钮：外触发。

如果希望尽可能显示波形或希望显示的波形平坦，一般选用 Auto。一般情况下，示波器的参考点设定为接地。在使用中，示波器的接地端可不接；但是，测试电路中必须有接地点，否则示波器不能正确显示。如果要在测量中让示波器使用其他点（电平）作参考点，则必须将该参考点接到示波器的"接地"端 Ground。

4. 面板展开

单击面板展开按钮（Expand），可将示波器屏幕扩展开来显示，并可准确读出波形数值。若要记录波形的准确数值，可以拖动红色指针 1 和蓝色指针 2 至合适位置（见图 3 - 29），可直接在面板下方读出指针 1 和指针 2 所对应波形的时间和电压，以及指针 1 和指针 2 之间的时间和电压差。还可以将波形保存（所存文件名为 ＊．SCP）。Reverse 键用来选择屏幕底色，按下 Reduce 键可恢复原状态。

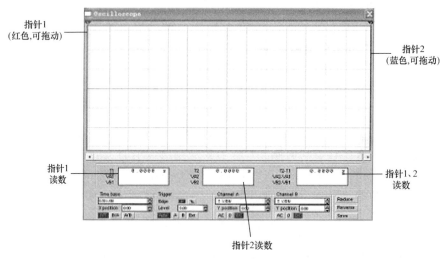

图 3 - 29　示波器的屏幕显示

5. 示波器的接地

如果被测电路已经接地，那么示波器可以不再接地。

四、波特图示仪

（一）波特图示仪的连接

波特图示仪能显示电路的频率响应曲线，这对分析滤波器等电路是很有用的。可用波特图示仪来测量一个信号的电压增益（单位：dB）或相移（单位：°）。使用时仪器面板上的输入端 IN 接电路输入端，输出端 OUT 接被测电路的输出端。

（二）波特图示仪的调试

波特图仪的图标及面板结构如图 3 - 30 所示。

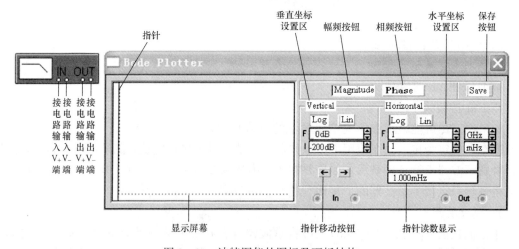

图 3 - 30　波特图仪的图标及面板结构

1. 幅（相）频特性选择

（1）Magnitude 按钮：设定为幅频特性。

（2）Phase 按钮：设定为相频特性。

2. 垂直坐标范围设定

垂直坐标范围设定（Vertical）有 Log（对数）、Lin（线性）两个按钮和 F（上限）、I（下限）两个窗口。

（1）测量幅频特性时，单击 Log 按钮，Y 轴为对数坐标，刻度的单位为 dB。单击 Lin 按钮，Y 轴为线性坐标。

（2）测量相频特性时，Y 轴为线性坐标，表示相位，单位为（°）。单击 F 和 I 设置框中的上下箭头，可以设置坐标的上下限值。若被测电路为无源网络（不包括谐振电路），因其 $A(f)$ 的最大值为 1，所以上限一般设定为 0dB，下限为负值。若被测电路具有放大性能，则上限应设定为正值。

3. 水平坐标范围设定

在水平坐标范围（Horizontal）中，X 轴为频率坐标，其刻度表示被测信号的频率。单击 Log 按钮，X 轴为对数坐标，被测信号频率较宽时宜用此坐标。单击 Lin 按钮，X 轴为线性坐标。单击 F 和 I 窗口中的上下箭头，可以设置坐标的上下限值，大窗口为数值，小窗口为单位。一般情况下，应将频率范围设定得小一点，这样可以更清楚显示频率特性。

4. 指针控制区

单击指针移动按钮（或拖拽指针），可以左右移动指针。同时，指针读数窗口显示指针所处位置的被测信号的幅值或相位。上窗口为 Y 轴读数，下窗口为 X 轴读数。单击 Save 按钮，可将此数值保存下来。

需要指出的是，使用波特图示仪时，必须在被测电路的输入端接入交流信号源。而此信号源的频率和幅值的大小与波特图示仪测试结果无关。

五、字符发生器

字符发生器能够产生一组 16 路（位）二进制字信号传送给逻辑电路工作。在字信号编辑区，16 个二进制信号以 4 位十六进制数编辑与保存，可以保存 1024 条信号，地址编号为 0～3FF。激活仪器后，便可将每行数据依次送入电路。字符发生器的图标及面板如图 3-31 所示。

1. 字符发生器的连接

字符发生器的连接方法如图 3-31 小图标所示，图标 16 路逻辑信号输出端左边 8 位接高位，右边 8 位接低位。

2. 字符地址编辑

字符地址编辑区如图 3-32 所示。

（1）Edit 按钮：显示当前正在编辑的字信号的地址。

（2）Current 按钮：显示当前正在输出的字信号的地址。

（3）Initial 按钮：显示一个循环的首地址。

（4）Final 按钮：显示一个循环的末地址。

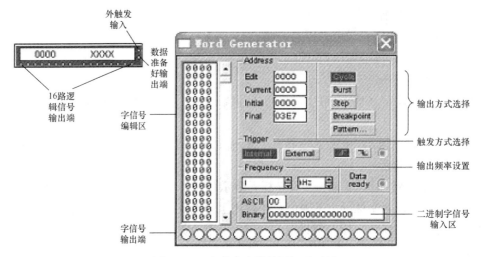

图 3 - 31　字符发生器的图标及面板

3. 输出方式选择

输出方式选择，如图 3 - 33 所示。

图 3 - 32　字符地址编辑

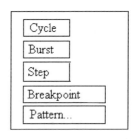

图 3 - 33　输出方式选择

（1）Cycle 按钮：循环方式输出（按 Ctrl＋T 停止）。循环输出是由一个循环的首地址和末地址确定的数据。

（2）Burst 按钮：单帧方式输出。单击一次可依次输出由首地址和末地址确定的数据，完成后暂停。

（3）Step 按钮：单步方式输出。单击一次可依次输出一行数据。

（4）Breakpoint：断点设置。可以设置某一个特定的字符为中断点，当用 Burst 或 Cycle 输出方式运行至该位置时输出就会暂停。

（5）Pattern... 按钮：字符编辑，可对字符进行自动设置。单击 Pattern 键，调出预设模式选项（Presaved patterns）对话框如图 3 - 34。

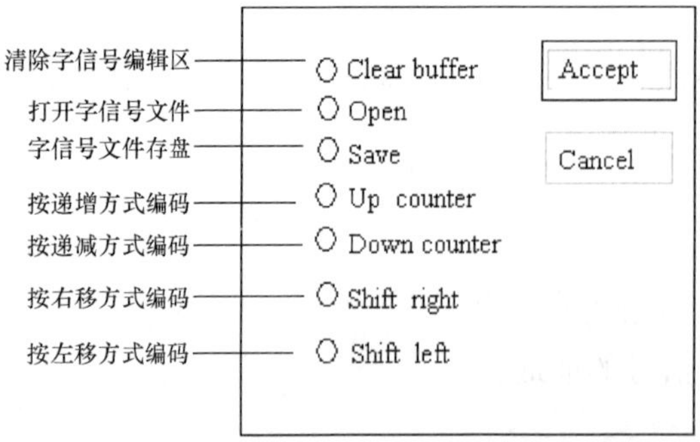

图 3 - 34 所示对话框中各选项的功能如下。

1）Clear buffer：清零按钮，单击可清除数据存储区的全部数字。

2）Open：打开 *.DP 文件，将数据装入数据存储区。

清除字信号编辑区————○ Clear buffer　　Accept

打开字信号文件————○ Open

字信号文件存盘————○ Save　　　　　　Cancel

按递增方式编码————○ Up counter

按递减方式编码————○ Down counter

按右移方式编码————○ Shift right

按左移方式编码————○ Shift left

图 3 - 34　预设模式选项对话框

3）Save：将数据区的数据以 ＊.DP 的数据文件形式存盘，以便调用。

4）Up counter：产生递增计数数据序列。

5）Down counter：产生递减计数数据序列。

6）Shift right：产生右移位数据序列。

7）Shift left：产生左移位数据序列。

4．Trigger 触发方式设置

单击 Internal（内部）或 External（外部）按钮，字符发生器处于内触发或外触发方式；如选择外触发，必须接入外触发信号，并单击上升沿触发或下降沿触发，再选择输出方式，这时，只有当外触发脉冲信号到来时，字符发生器才有字信号输出。

5．Frequency 时钟频率设置按钮

该设置按钮由数值升、数值降、单位升和单位降四个按钮组成。单击相应的按钮可将字符发生器的时钟频率设置在 1Hz～999MHz 范围中。

6．字信号编辑区

如图 3－31 所示，字信号编辑区位于仪器面板的左边，每行可存储 4 位十六进制数，对应 16 个二进制数，激活仪器后，便可将每行数据依次送入电路。仪器发出信号时，可在底部的引脚上显示每一位二进制数。为了改变存储区的数字，可用以下三种方法之一：①单击其中一个字的某位数码，直接输入十六进制数（注意一个十六进制数对应 4 位二进制数）；②先选择需要修改的行，然后单击 ASCⅡ 文本框，直接输入 ASCⅡ 字符（注意，一个字符的 ASCⅡ 码对应 8 位二进制数）；③选择需要修改的行，然后单击 Binary 文本框，直接修改每位二进制数。

另外，数字信号发生器还有一个外触发信号输入端和一个同步时钟脉冲输出端，其中同步时钟脉冲输出端"Data ready"可在输出数据的同时输出方波同步脉冲，这对研究数字信号的波形是很有用的。

六、逻辑分析仪

逻辑分析仪图标和面板如图 3－35 所示，逻辑分析仪的主要用途是对数字信号的高速采集和时序分析，可用来同时记录和显示 16 路逻辑信号，分析输出波形。

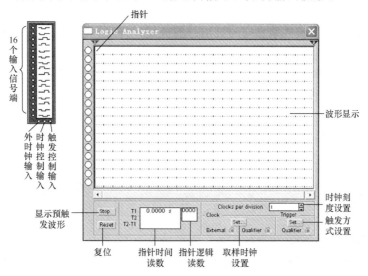

图 3－35　逻辑分析仪的图标及面板

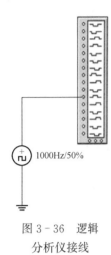

图 3-36　逻辑
分析仪接线

（一）逻辑分析仪接线

按图 3-36 所示连线，就可连接好逻辑分析仪。双击图标，展开面板，可显示出时钟信号的输出波形。

（二）取样时钟设置

单击取样时钟按钮，显示图 3-37 所示对话框。该对话框用于对波形采集的控制时钟进行设置。

（1）时钟取样点的选择：包括上升沿有效（Positive）、下降沿有效（Negative）。

（2）时钟模式选择：包括外部时钟（External）、内部时钟（Internal）。如选择 External，需由图标的时钟输入端加入外时钟信号；如选择 Internal 则须在内部时钟频率设置窗口中设定取样时钟信号频率。

（3）内部时钟频率设置：可以改变选择内触发时的内部时钟频率。

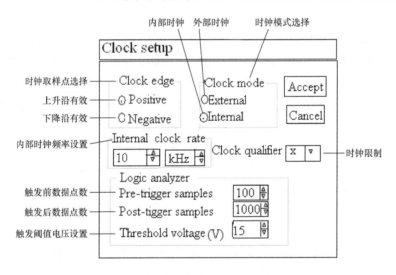

图 3-37　取样时钟设置

（4）时钟限制：决定输入信号对时钟信号的控制，有 X、1、0 三个字可供选择。当设置为"X"时，表示只要有信号到达，逻辑分析仪就开始进行波形的采集；当设置为"1"时，表示时钟控制输入为 1 时逻辑分析仪开始进行波形的采集；当设置为"0"时，表示时钟控制输入为 0 时逻辑分析仪开始进行波形的采集。

（5）触发设置：触发前数据点数（Pre-trigger samples）、触发后数据点数（Post-trigger samples）、触发阈值电压设置（Threshold voltage）。

（三）触发方式设置

1. 触发方式设置

单击触发方式设置按钮，弹出如图 3-38 所示对话框。对话框中可以输入 A、B、C 三个二进制触发字。三个触发字的默认设置均为

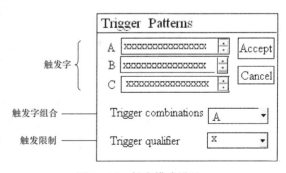

图 3-38　触发模式设置

××××××××××××××××××，它表示只要第一个逻辑信号到达，无论是什么逻辑值，逻辑分析仪都被触发而开始进行波形的采集，否则必须满足触发字的组合条件才被触发。

2. 触发字组合

触发字组合可分为以下八种组合情况：①A；②A or B；③A or B or C；④A then B；⑤(A or B) then C；⑥A then (B or C)；⑦A then B then C；⑧A then B (no C)。

3. 触发限制

触发限制有1、0、X三种选择。若选X，触发控制不起作用，触发由触发字决定；若选1或0，表示只有当输入的触发控制信号为1或0时，触发字才起作用，否则即使满足触发字组合条件也不能引起触发。

图3-35中，逻辑分析仪面板上的其他键功能为：Stop的功能是显示预触发波形。再触发前，单击此键可以显示触发前波形；Reset表示复位。单击此键，逻辑分析仪会复位，清除屏幕上的波形；时钟刻度设置的功能是改变Clocks per division栏中的数据可在X方向上放大或缩小波形。

七、逻辑转换器

逻辑转换器是EWB5.12特有的仪表，可用来完成真值表、逻辑表示式和逻辑电路三者之间的相互转换。其图标和展开面板如图3-39所示。

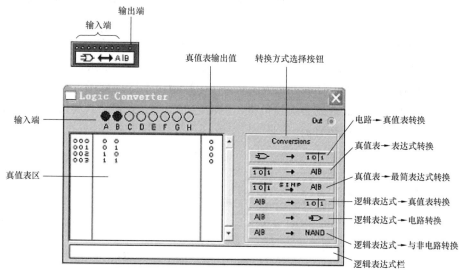

图3-39 逻辑转换器的图标及面板

（一）方式选择

（1）电路→真值表转换：单击此按钮，逻辑电路的真值表将显示在"真值表"显示区。然后，可以把它转换成其他形式。

（2）真值表→逻辑表达式转换：单击此按钮，则真值表对应的逻辑表达式将显示在"表达式与最简式"显示区。

（3）真值表→最简逻辑表达式转换：单击此按钮，则真值表对应的最简逻辑表达式将显示在"表达式与最简式"显示区。

（4）逻辑表达式→真值表转换：单击此按钮，则"表达式与最简式"显示区的逻辑表达式对应的真值表将显示在"真值表"显示区。

（5）逻辑表达式→电路转换：单击此按钮，则相应的逻辑电路将显示在电路工作区。

（6）逻辑表达式→与非门电路转换：单击此按钮，则相应地由与非门组成的逻辑电路将显示在电路工作区。

（二）输入真值表功能

逻辑转换器还有输入真值表的功能。可根据设计要求编写真值表，并由此得出逻辑最简表达式和逻辑电路图。

（1）单击逻辑转换器顶部的输入符号确定所需的输入端。图 3-39 所示为设置了 A、B、C 三个输入信号，并按二进制方式显示输入状态。

（2）根据电路的设计要求可以对应输入状态相应的输出值，可设置为 0、1、X（X 表示任意，可为 0，也可为 1）。

八、其他仪器

除上面介绍的实验仪器以外，在进行 EWB 电路实验时，还经常用到指示仪器库中的电压表、电流表、彩色指示灯、七段数码管和译码数码管等，如图 3-40 所示。下面简单介绍几种常用仪器的使用方法。

（一）电压表、电流表

在 EWB 的指示仪器库中，有虚拟电流表和电压表。虚拟电流表是一种自动转换量程、交直流两用的 3 位数字表，测量范围为 $0.01\mu A \sim 999kA$，交流频率范围为 $0.001Hz \sim 9999MHz$。这种优越的性能是实际电流表无法比拟，加之虚拟表的使用数量无限。虚拟电压表也是一种交直流两用的 3 位数字表，测量范围为 $0.01\mu V \sim 999kV$，交流频率范围为 $0.001Hz \sim 9999MHz$，这种电压表在 EWB 上的使用数量也不限。如图 3-41 所示，电流表和电压表的图标中，带粗黑线的一端为负极，双击它的图标，会弹出其属性设置对话框，用来设置标签、改变内阻、切换直流（DC）与交流（AC）测量方式等。

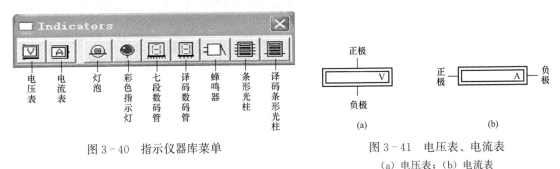

图 3-40　指示仪器库菜单　　　　　　图 3-41　电压表、电流表
（a）电压表；（b）电流表

（二）彩色指示灯

彩色指示灯用于数字电路状态测试，当接入为高电平（逻辑 1）时发光，不需要外接电阻或接地；在仿真数字电路时，可以用来监视电路各点的逻辑状态。其显示颜色有红（Red Probe）、绿（Green Probe）、蓝（Blue Porbe）三种。

（三）七段数码管

电路工作时，七段数码管显示输入的状态（图标见图 3-42），从左到右七个端口分别控制 a~g 共七个显示段。当输入为 1 时，相应的段发光。a~g 七个显示段相对应位置如图 3-42 所示。

（四）译码数码管

译码数码管比七段数码管使用方便，其图标如图 3 - 43 所示。它仅需要 4 位二进制输入，每一组 4 位二进制输入后，将其译码为对应的十六进制数字显示出来。

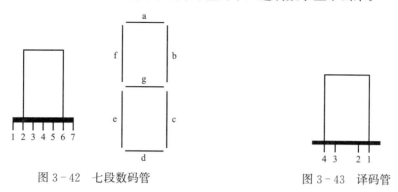

图 3 - 42　七段数码管　　　　　　　图 3 - 43　译码管

第五节　EWB5.12 的基本操作方法

一、元器件的操作使用

（一）元器件的选用

根据电路需要，先在元器件库栏中打开该元器件库的下拉菜单，然后从元器件库中将选中的元器件拖拽到电路工作区。

（二）元器件的选中

1. 选择单个元器件的方法

单击要选中的元器件，被选中的元器件以红色显示，便于识别。

2. 选择多个元器件的方法

Ctrl＋单击需要的所有元器件，被选中的所有元器件都以红色显示。如果要同时选中一组相邻的元器件，可以在电路工作区的适当位置拖拽画出一个矩形区域，包围在该矩形区内的一组元器件即被同时选中。

3. 取消选中元器件的方法

取消所有被选中元器件的选中状态，只需单击工作区的空白部分；如取消某一元器件的选中状态，只需使用 Ctrl＋单击该元器件。

（三）元器件的移动

如移动元器件至特定的位置，只需拖动该元器件即可。

如移动的元器件为多个，则必须先选中这些元器件，然后用鼠标的左键拖拽其中的任意一个元器件，则所有选中的元器件就会一起移动到指定的位置。此时，与其连接的导线也会重新排列。

如果只是想微移动某个（或某些）元器件的位置，也可以先选中它（们），然后再使用键盘上的箭头键做微小的移动。

（四）元器件的方位调整

为便于电路的合理布局和连线，经常需要对元器件进行调整，这些调整包括垂直旋转、和水平旋转等。操作方法请参考电路菜单表。

（五）元器件的复制、删除

要复制或删除元器件可使用编辑菜单或快捷菜单中的相关命令来进行操作。右键单击所选元件可打开快捷菜单。如需将电路窗口中所有元器件与仪器全部移走，按 Ctrl＋N 键即可。

（六）元器件的设置

右击某一元器件，即可调出相关的对话框，对该元器件进行有关的设置。对话框是由菜单栏中的常用命令组合成的一个新菜单，单击 Component Properties… 项（或双击该元器件），出现一个卡片式对话框。当元器件较为简单时，会出现图 3－44 所示的 Value（数值）卡，可以在上面对元器件设置进行修改；当元器件较为复杂，会出现如图 3－45 所示的 Models（模拟）卡，可按要求在上面进行修改。通常 EWB 显示为Default（缺省设置），模型为 Ideal（理想）。

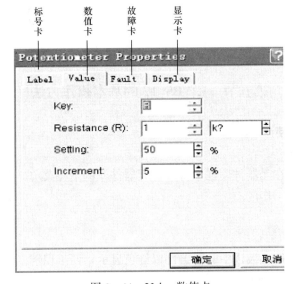

图 3－44　Value 数值卡

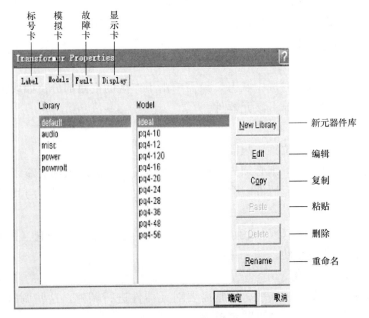

图 3－45　模拟卡

子对话框中其他的设置卡还有：标号（Label）卡（见图 3-46），用于对元器件的 Label（标号）和 Reference ID（编号）进行设置，Reference ID 由 EWB 自动给出，也可由用户设定，但必须保持其唯一性；故障（Fault）卡（见图 3-47）可人为设置元器件的隐含故障，用于电路故障分析；显示（Display）卡（见图 3-48），用于设置 Label、Models、Reference ID 的显示方式；分析设置（Analysis Setup）卡（见图 3-49），用于设置电路的工作温度等参数；节点（Node）卡，用于设置与节点有关的参数。

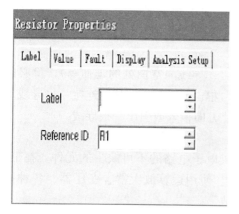

图 3-46　标号卡

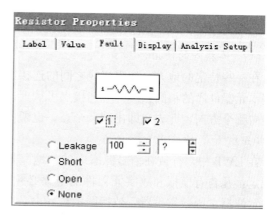

图 3-47　故障卡

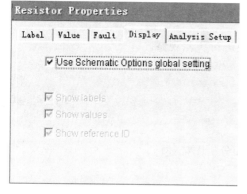

图 3-48　显示卡

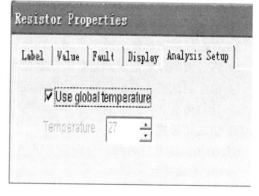

图 3-49　分析卡

二、导线的操作

（一）连接

连接电路时，把光标指向器件的连接端，这时出现一个小黑点，按住鼠标左键，移动鼠标，使光标指向另一个器件的接线端，此时又出现一个小黑点，放开鼠标左键，两个器件的接线端就连接起来了。

值得注意的是如果为了排列电路而移动其中一个器件，接线是不断开的。为了断开连接线可用光标指向器件的连接点，这时出现一个小黑点按下鼠标左键，拖动鼠标，连接线脱离连接点，放开鼠标左键，完成操作。

（二）导线的删除与改动

将鼠标移到连接点使其出现一个黑点，按住左键拖拽该黑点，使连线离开元器件端点，放开鼠标左键，即可删除连线；或者将拖拽离开端点的连线拉到另一个连接点，实现连线的

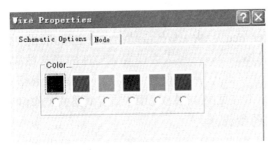

图 3 - 50　颜色对话框

改动；还可以单击，选中连线后右击，弹出对话框，选择 Delete（删除）即可。

（三）改变连线颜色

当电路图较复杂，且连线很多难以辨别时，为清楚起见，可以改变连线颜色。双击连线，出现颜色设置对话框，如图 3 - 50 所示，连线的颜色有六种，选择合适的颜色即可。

（四）连接点的使用

在一些特定的地方（如限于线之间的连接、交接、导线向空白处的延伸等），都必须使用基本元器件库的小圆点。一个连接点可从上、下、左、右四个方向分别连接一根导线。鼠标指向哪个方向，此方向即出现一个点，也即可从此方向接入或引出一根导线。

（五）"地"的使用

在 EWB 中，存放在信号源库中的"地"是组成电子电路的不可缺少的元件。在 EWB 中规定：凡含有模拟和数字元器件的电路必须接地。使用运算放大器、变压器、各种控制源、示波器、函数发生器、波特图示仪等也必须接地。

三、测试仪器的使用步骤

（1）从仪器库中拖动仪器图标到电路工作区。

（2）把仪器图标连接到电路中的测试点。

（3）双击仪器图标使之放大成展示面板，以便进行实验观察。

（4）将放大的仪器拖放到适合的观察位置。

（5）根据测试要求调整仪器上的控制旋钮。

（6）开始仿真。

四、仿真结果描述

实验结果描述共分两种，分别为文字描述区和分析图描述区。

（一）文字描述区

EWB5.12 的描述窗口支持中文输入，因此，可以将电路测试的有关内容用中文方式写入描述（Description）中，如实验步骤、逻辑真值表、逻辑表达式等。只要选择菜单 Windows（窗口）下的 Description（描述）子菜单，可出现文字描述区，可以将电路测试的有关内容用中英文方式写入描述区，和电路共为一个文件。

（二）分析图描述区

EWB5.12 中可存储电路过程信息，如输入、输出波形，静态工作值，动态工作值等。选择工具栏图标中的分析图按钮 [图标]，或者选择 Analysis（分析）菜单下的 Display graphs（图表）选项，则会弹出分析描述图框。实验的输入、输出波形等都显示在分析图框中，并可单独作为一个文件保存。

第六节　EWB5.12 的分析功能

EWB 软件对电路有六种基本分析方法，分别为直流（静态）工作点分析、交流频率分析、瞬态分析、傅里叶分析、蒙特卡罗分析等五种高级分析功能。

1. 直流（静态）工作点分析

在进行直流（静态）工作点分析（DC Operating Point Analysis）时，电路中的交流源将被置零，电感短路，电容开路，电路中的数字元器件将被视为高阻接地。这种分析方法对模拟电路非常适用。

下面举例说明直流（静态）工作点分析方法的应用。

举例一：已知图 3 - 51（a）所示为一单管共射放大电路，求各个节点直流电压。

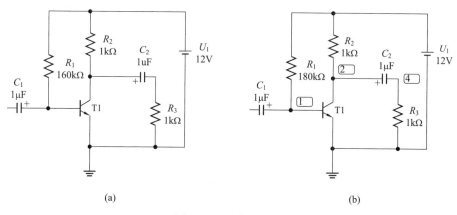

(a)　　　　　　　　　　　　　　(b)

图 3 - 51　举例一示图

(a) 节点标志前；(b) 节点标志后

该例的分析步骤如下：

（1）打开一个新文件，在电子工作区上创建如图 3 - 51（a）所示电路。选择菜单栏 Circuit（电路）中的 Schematic Options（作图选项），选定 Show Node 选项为选中状态，则电路中的节点标志显示在电路中，如图 3 - 51（b）所示。

（2）选择菜单栏 Analysis（分析）中的 DC Operating Point Analysis（直流工作点分析）选项，则软件会自动把电路中所有的节点电压数值和电源支路的电流数值显示在菜单栏 Analysis（分析）中的 Display Graph（显示图）中。

（3）选择菜单栏 Analysis（分析）中的 Display Graph（显示图），或单击工具栏图标中的分析图快捷按钮，可看到分析结果，如图 3 - 52 所示。在进行直流工作点分析时，电路中的数字元器件将被视为高阻接地。

由图 3 - 52 可知各节点电压值分别为

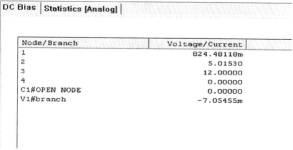

图 3 - 52　单管共射放大电路各节点直流电压的分析结果

$U_1 = 824.48118\text{mV}$，$U_2 = 5.0153\text{V}$，$U_3 = 12\text{V}$，$U_4 = 0\text{V}$

则电源支路的电流数值为

$$I = -7.05455\text{mA}$$

2. 交流频率分析

交流频率分析（AC Frequency Analysis）即分析电路中某一节点的频率特性。分析时，

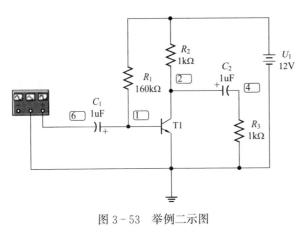

图 3-53 举例二示图

电路中的直流源将自动置零,交流信号源、电容、电感等均处于交流模式,输入信号也设定为正弦波形式。无论输入是何交流信号,在进行交流频率分析时,会自动把它作为正弦信号输入。因此,输出响应也是该电路的交流频率的函数。

举例二:已知图 3-53 所示同样为一单管共射放大电路,求节点 2 的交流频率特性,即节点 2 的幅频特性和相频特性。

该例的分析步骤如下:

(1)创建如图 3-53 所示电路,确定输入信号的幅度为 5V、相位为 0,选择菜单栏 Analysis(分析)中的 AC frequency(交流频率),则弹出图 3-54 所示对话框,其各参数说明如表 3-26 所示。

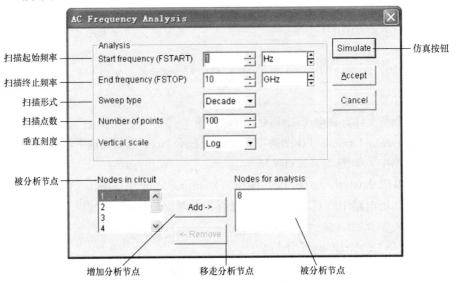

图 3-54 交流频率对话框

表 3-26 图 3-54 中各参数说明表

交流频率分析	缺省设置	含义和设置要求
扫描起始频率	1Hz	起始频率
扫描终止频率	10GHz	终止频率
扫描形式	10 倍	10 倍/线性/8 倍
扫描点数	100	对线性而言,起始至终止间的点数
垂直刻度	log(对数)	线性/对数/十进制
被分析节点		被分析的节点

(2)选择需分析的电路节点 1,确定分析的起始频率(Start Frequency)、终点频率(End frequency)、扫描方式(Sweep type)、显示点数(Number of points)、垂直尺度

（Vertical scale）。

（3）点击 Simulate（仿真）按钮，可得到如图 3－55 所示节点 2 的幅频特性和相频特性波形。

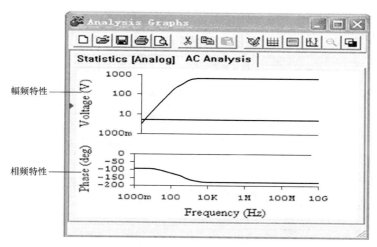

图 3－55　节点 2 的幅频特性和相频特性

3. 瞬态分析

瞬态分析（Transient Analysis）也称为时域暂态分析，是指电路中某一节点的时域响应，即该节点在整个显示周期中每一时刻的电压波形。在进行瞬态分析时，直流电源保持常数，交流信号源随着时间而改变，电容和电感都是能量储存模式元件。瞬态分析对话框和各参数说明如图 3－56 和表 3－27 所示。

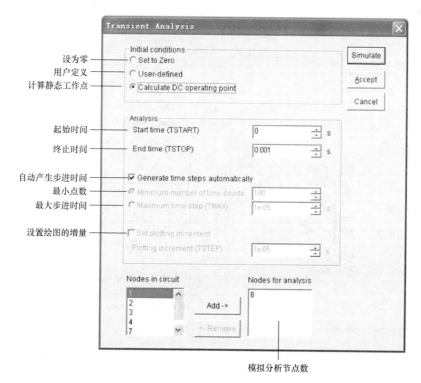

图 3－56　瞬态分析对话框

表 3 - 27　　　　　　　　　　　　　**瞬态分析参数说明表**

参　数	缺省设置	含义和设置要求
设为零	不选	如果从零初始状态起始则选择此项
用户定义	不选	用户定义的初始状态进行分析
计算静态工作点	选	如果从静态工作点起始分析，则选择此项
起始时间	0s	瞬态分析的终止时间必须大于起始时间，而小于终止时间
终止时间	0.001s	瞬态分析的终止时间必须大于起始时间
自动产生步进时间	选	自动选择一个较合理的或最大的步进时间
最小点数	100 点	自起始至终止之间模拟输出的点数
设置绘图的增量	(1e-05)s	输出的时间间隔
最大步进时间	(1e-05)s	模拟的最大步进时间
模拟分析节点数		观看电路分析结果的节点数

举例三：已知图 3 - 57 所示微分电路，试分析输入信号选择 1kHz、5V 的方波时该电路输出节点 4 的瞬态波形。

该例的分析步骤如下：

（1）创建进行分析的电路如图 3 - 57 所示，选择菜单栏 Analysis（分析）中的 Transient（瞬态分析）。根据对话框的要求，设置参数。

（2）单击 Simulate（仿真）按钮，得到如图 3 - 58 所示节点 4 的瞬态波形（矩形波为输入波形）。

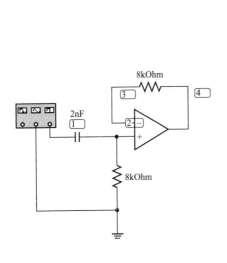

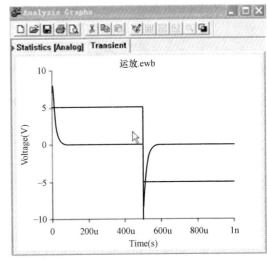

图 3 - 57　举例三示图　　　　　　图 3 - 58　举例三中节点 1 和 4 的瞬态波形

注意：在对选定的节点作瞬态分析时，可以以直流分析的结果作为瞬态分析的初始条件。瞬态分析也可以通过连接示波器来实现。瞬态分析的优点是通过设置，可以更好、更仔细地观察起始波形的变化情况。

4. 傅里叶分析（Fourier Analysis）

在给定的频率范围内，对电路的瞬态响应进行傅里叶分析，计算出该瞬态响应的 DC 分量、基波分量以及各次谐波分量的幅值及相位。

5. 蒙特卡洛分析（Monte Carlo Analysis）

在给定的误差范围内，计算当元器件参数随机变化时，对电路的 DC、AC 与瞬态响应的影响。可以对元器件参数容差的随机分布函数进行选择，使分析结果更符合实际情况。通过该分析可以预测由于制造过程中元器件的误差，而导致所设计的电路不合格的概率。

第七节　EWB5.12 在电子电路实验中的示例

示例一　负反馈放大电路

一、要求

（1）学会负反馈放大电路电压放大倍数、输入电阻、输出电阻和频率特性的测试方法。

（2）熟悉用示波器观察输入输出波形。

二、环境

（1）586 以上计算机。

（2）Windows95 以上操作系统。

（3）EWB5.12 软件。

三、步骤

（一）测量静态工作电压

（1）分别从基本元器件库中拖出电阻、电容、可调电位器，从晶体管库中拖出三极管，从信号源库中拖出直流电压源、接地点，按图 3－59 连线。（连线方法可参考本章第五节内容。）

（2）双击图 3－59 中相应元器件（或右击），修改参数。

（3）从显示器件库中拖出六个电压表分别接于两只三极管的基极、集电极、发射极处与地之间。双击电压表，弹出对话框，设定相应的标号为 VB1、VC1、VE1、VB2、VE2、VC2。

（4）打开仿真开关开始仿真。双击电位器弹出对话框，调节比例设定，使得 VC1、VC2 为 7V，测量 VB1、VE1、VB2、VE2。结果填入表 3－28 中。

（二）测量开环与闭环电压放大倍数

1. 开环空载时

（1）去除电压表，从测试仪器库中拖出示波器、数字式电压表、信号发生器。按图 3－60 所示接线。双击信号发生器，弹出对话框，调节输入信号为 1kHz、5mV（幅值）的正弦波。

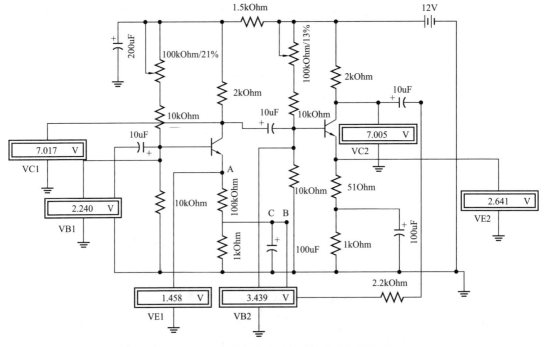

图 3-59　负反馈放大电路静态工作点测试电路

表 3-28　　　　　　　　　　**反馈放大电路静态工作电压的测试结果**

测量项目	VB1	VE1	VC1	VB2	VE2	VC2
测量值（V）	2.093	1.436	7.097	2.578	1.912	7.087

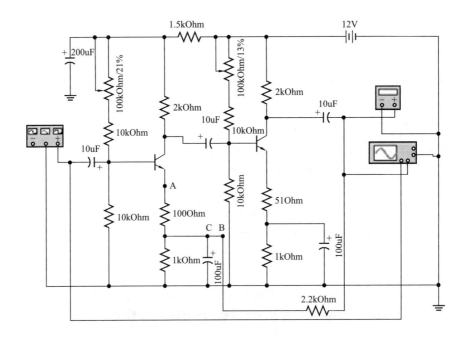

图 3-60　开环空载时的电压放大倍数测量电路

（2）双击数字式电压表及示波器观察输出波形及测量输出电压，如图 3 - 61 所示。

(a)

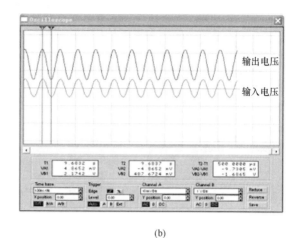
(b)

图 3 - 61　开环空载时的输出电压及波形

（a）数字式电压表显示的电压值；（b）示波器显示的输出电压波形

2. 开环有载时

如图 3 - 62 所示，将输出端接入负载，测量输出端电压。测试结果如图 3 - 63 所示。

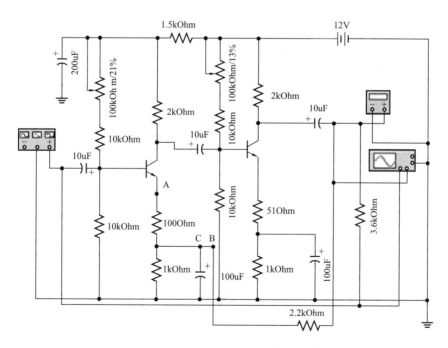

图 3 - 62　开环有载时的输出电压测试电路

3. 闭环空载时

如图 3 - 64 所示，断开 BC 连线，将 A、B 端相连，此时电路处于闭环状态，断开负载，测量输出端电压并观察波形。测试结果如图 3 - 65 所示。

 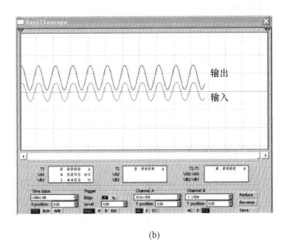

(a)　　　　　　　　　　　　　　　　(b)

图 3 - 63　开环有载时的测试结果

（a）输出电压值；（b）波形图

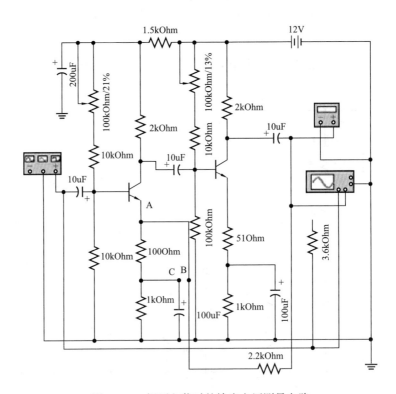

图 3 - 64　闭环空载时的输出电压测量电路

4. 闭环有载时

在输出端接入负载，测量结果如图 3 - 66 所示。将上述测试结果填入表 3 - 29 中。

根据 $r_{\mathrm{o}} = \left(\dfrac{U_{\mathrm{o}}}{U_{\mathrm{o}}^{\prime}} - 1 \right) R_{\mathrm{L}}$ 可算出 r_{o}，如表 3 - 29 所示。

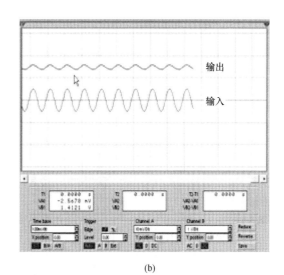

(a)　　　　　　　　　　　　　　　(b)

图 3 - 65　闭环空载时的测试结果

（a）输出电压值；（b）波形图

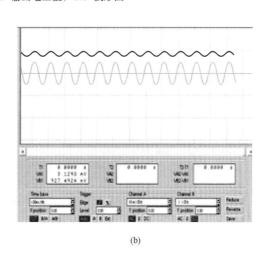

(a)　　　　　　　　　　　　　　　(b)

图 3 - 66　闭环有载时的输出电压测量电路

（a）输出电压值；（b）波形图

表 3 - 29　　　　　　　　反馈放大电路的输出电压及输出电阻的测试结果

		U_o（V）	U_i（mV）	A_V	r_o
开环	$R_L = \infty$	0.6071	3.54mV（有效值）1kHz	171.5	
	$R_L = 3.6\text{k}\Omega$	0.4803		135.7	0.95kΩ
闭环	$R_L = \infty$	0.07233		20.4	
	$R_L = 3.6\text{k}\Omega$	0.07034		19.9	0.102kΩ

（三）测量输入电阻

（1）开环时：按图 3 - 67 所示，在输入端串联 2kΩ 电阻。增大信号发生器电压值直到基极电压恢复为 3.54mV，测量信号发生器的电压值，如图 3 - 68 所示。

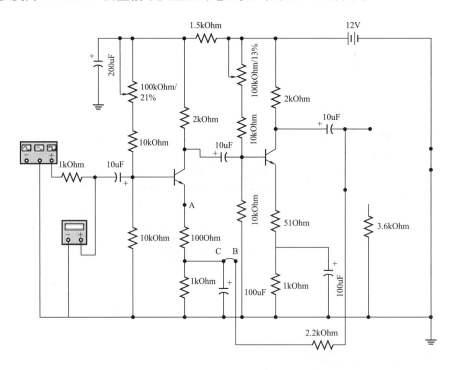

图 3 - 67　开环时输入电阻测量电路

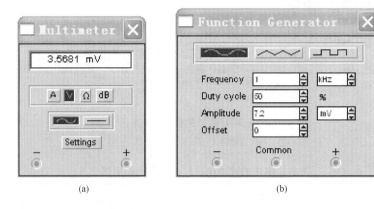

(a)　　　　　　　　　　　　(b)

图 3 - 68　图 3 - 67 的测试结果

(a) 基极电压；(b) 输入电压值

（2）闭环时：将 BC 断开，连接 AB，依照上面（1）的内容重复实验，测试结果如图 3 - 69所示。

根据 $r_i = \dfrac{U_i}{I_i} = \dfrac{U_i}{U_s - U_i} R$，可算出输入电阻的值，如表 3 - 30 所示。

 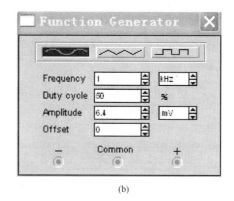

(a) (b)

图 3-69　闭环时输入电压的测量结果

(a) 基极电压值；(b) 输入电压值

表 3-30　　　　　　　　　　　　输 入 电 阻 测 量 结 果

方式	U_s (mV) (幅值)	U_i (mV) (幅值)	r_i
开环	7.2	5mV	4.54kΩ
闭环	6.4	1kHz	7.14kΩ

（四）频率特性的测量

1. 开环空载时

注意：这里是用波特图示仪测量电压放大倍数的幅频特性 $A_V(f)=U_o(f)/U_i(f)$，所以应将其输入端 in＋接输入信号，输出端 out＋接输出信号。测量电路如图 3-70 所示。双击波特图示仪，在波特图示仪的控制面板上，选择"Magnitude"，设定垂直轴的终值 F 为 60dB，初值 I 为 −60dB，水平轴的终值 F 为 100GHz，初值 I 为 25mHz，且垂直轴和水平

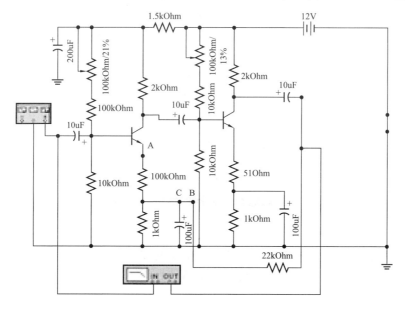

图 3-70　频率特性测量电路

轴的坐标全设为对数方式（log），观察到的幅频特性曲线如图 3-71 所示。用控制面板上的右移箭头将游标移到 1kHz 处，测出电压放大倍数为 44.66dB（$20\log A_V = 44.66$dB，$A_V = 171$ 与开环空载所得结果放大倍数接近），然后再用左移、右移箭头移动游标找出电压放大倍数下降 3dB 时所对应的两处频率——下限截止频率和上限截止频率，这里测得下限截止频率为 159.8Hz，上限截止频率为 1.179MHz，两者之差即为电路的通频带 BW，这里 BW 约为 1.178MHz。

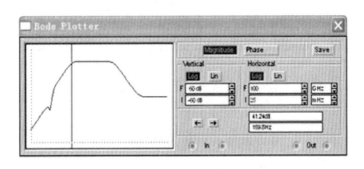

图 3-71　幅频特性曲线（开环时）

2. 闭环空载时

测量电路如图 3-70 所示，只需将 BC 断开，A、B 相连使电路处于闭环状态。这时，测得 A_u 为 26.16dB，下限截止频率 f_H 为 18.75Hz，上限截止频率 f_L 为 1.54MHz，如图 3-72 所示。BW 约为 1.54 MHz，比空载时大，可见闭环展宽了通频带 BW，但电压放大倍数减小，这是由于负反馈的影响造成。

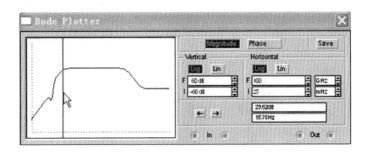

图 3-72　幅频特性（闭环时）

从上述实验可见对于电压串联负反馈提高了放大器的输入阻抗；使放大器的输出阻抗降低；提高了放大器增益的稳定性，展宽了通频带。

示例二　集成运算放大器的线性、非线性应用

一、要求

（1）熟悉集成运算放大器构成基本运算放大电路的方法。

（2）熟悉集成运算放大器构成非线性放大电路的方法。

二、环境

（1）586 以上计算机。

（2）Windows95 以上操作系统。

（3）EWB5.12 软件。

三、实验内容

（1）反相比例运算电路如图 3-73 所示。

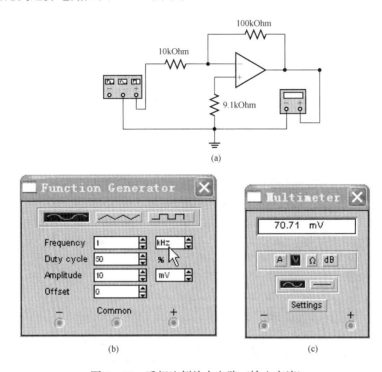

图 3-73　反相比例放大电路（输入交流）

（a）测试电路图；（b）信号发生器对话框；（c）数字式万用表所测电压

从模拟集成电路库 中拖出运算放大器；基本元器件库中拖出电阻；测试仪器库中拖出信号发生器及数字式万用表。双击拖出的元器件，弹出对话框，依照图 3-73 所示修改相应的参数。测量结果填入表 3-31 中。

表 3-31　　　　　　　　　　　反相比例放大电路测试结果

U_i（mV）	10	20	40	60	80	100	120	…
U_o（mV）	70.71	141.42	282.84	424.26	565.68	707.10	848.52	…

（2）已知输入电压 $U_{i1}=2V$，$U_{i2}=7V$，根据逻辑表达式 $U_o=1.2U_{i1}-0.6U_{i2}$，利用两个运算放大器设计测试电路并测试其结果。

从逻辑表达式可知为减法器，测试电路及结果如图 3-74 所示，$U_{o1}=7.2V$，$U_{o2}=6V$。

（3）反相积分电路。反相积分电

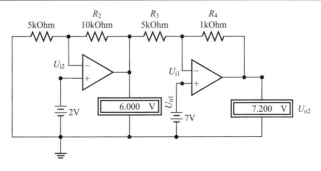

图 3-74　$U_o=1.2U_{i1}-0.6U_{i2}$ 的测试电路

路如图 3 - 75 (a) 所示，按图接线，输入信号由信号发生器产生，双击信号发生器，弹出参数对话框如图 3 - 75 (b) 所示，选择频率为 33.3Hz，幅值为 5V 的方波。将示波器接于输出端，开始仿真，可观察到图 3 - 75 (c) 所示波形。

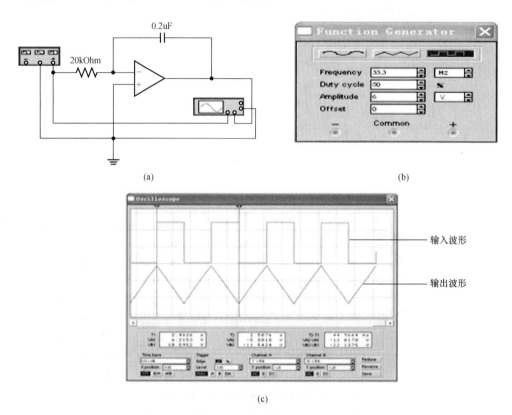

(a)

(b)

(c)

图 3 - 75　反相积分电路

(a) 电路图；(b) 信号发生器；(c) 输入输出波形

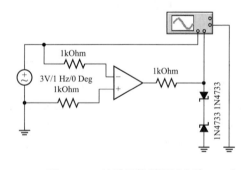

图 3 - 76　过零比较器测试电路

(4) 过零比较器。从二极管库中拖出稳压二极管，选择型号为 IN4733。按图 3 - 76 所示接线，双击示波器选择示波器的工作方式为 B/A，即可观察到图 3 - 77 所示结果。

由实验可见，当输入电压大于零时，输出为负向饱和电压，反之，输入为负电压，输出则为正向饱和电压。

(5) 方波发生器。按图 3 - 78 (a) 接线，图中第一个运算放大器组成了迟滞比较器，第二个运算放大器组成了积分电路。迟滞比较器输出端矩形波加在积分电路的反相输入端，而积分电路输出的三角波又接到迟滞比较器的同相输入端，控制迟滞比较器输出端的状态发生跳变，从而在第二个运算放大器输出端得到三角波，如图 3 - 78 (b) 所示。

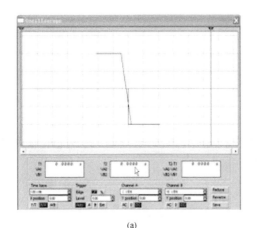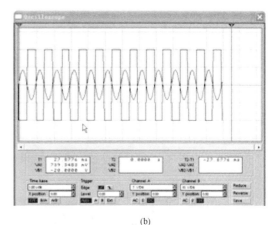

(a)　　　　　　　　　　　　　　　　　(b)

图 3 - 77　过零比较器的输出波形

(a) 示波器在 B/A 方式下；(b) 示波器在 Y/T 方式下

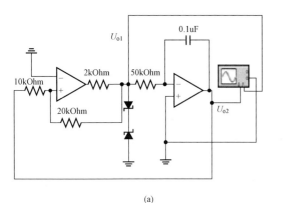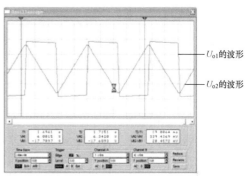

(a)　　　　　　　　　　　　　　　　　(b)

图 3 - 78　三角波—方波发生器

(a) 实验测试电路；(b) 输出波形

示 例 三　组 合 逻 辑 电 路

一、要求

(1) 熟悉组合逻辑电路的特点和一般分析方法。

(2) 验证半加器、全加器电路的逻辑功能。

二、实验环境

(1) 586 以上计算机。

(2) Windows95 以上操作系统。

(3) EWB5.12 软件。

三、实验内容

1. 测试用已或门和与非门组成的半加器的逻辑功能

(1) 分别从逻辑门器件库 ⊐ 中拖出已或门 TV0、与非门 TV1、TV2，从信号源库 ⫤ 中拖出电源，从基本元件库中拖出刀闸。参照图 3 - 79 所示连线，在输出端接入指示灯 Sn、Cn（指示灯在显示元器件库中）。点击开始仿真，通过刀闸 A、B 的转换可知表 3 - 32 所示结果。

表 3 – 32	半 加 器 真 值 表				
输入端	被加数（A）	0	0	1	1
	加数（B）	0	1	0	1
输出端	半加数（Sn）	0	1	1	0
	进位（Cn）	0	0	0	1

（2）半加器逻辑功能的测试还可直接利用半加器来完成，方法是：从数字器件库 ⚏ 中拖出半加器，按图 3 – 80 所示连线，所测结果与表 3 – 32 雷同。

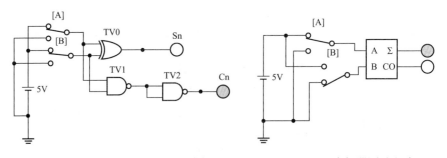

图 3 – 79　已或门和与非门组成的半加器　　　　　图 3 – 80　半加器测试电路

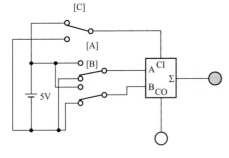

图 3 – 81　全加器测试电路

2. 全加器的逻辑功能测试

图 3 – 81 为全加器测试电路图，全加器可从数字元器件库 ⚏ 中获得。所测结果见表 3 – 33。

另外，还可以把全加器的输入输出端接入逻辑转换器中，如图 3 – 82（a）所示。所得结果如图 3 – 82（b）所示与表 3 – 33 一样。本图输出接的是进位端，如需测全加数 Sn，则把 Σ 端接入逻辑转换器的输出端即可。

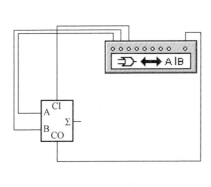

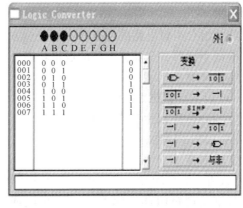

(a)　　　　　　　　　　　　　　　(b)

图 3 – 82　用逻辑转换器显示全加器

(a) 接线图；(b) 真值表

表 3 - 33　　　　　　　　　　　　　　　全加器逻辑功能表

输入端	A	0	0	0	0	1	1	1	1
	B	0	0	1	1	0	0	1	1
	CI	0	1	0	1	0	1	0	1
输出端	Sn	0	1	1	0	1	0	0	1
	Cn	0	0	0	1	0	1	1	1

示 例 四　触 发 器 及 时 序 电 路

一、实验要求

（1）熟悉触发器的工作原理。

（2）熟悉触发器的功能和特性。

二、实验环境

（1）586 以上计算机。

（2）Windows95 以上操作系统。

（3）EWB5.12 软件。

三、实验内容

1. RS 触发器

从数字器件库 中拖出 RS 触发器，按图 3 - 83（a）所示连线，输入端接字符发生器（可从测试仪器库中拖出），输出端接逻辑分析仪（可从测试仪器库中拖出）。双击字符发生器，打开字符发生器的对话框如图 3 - 83（b）所示，将运行方式设为"Cycle"、频率设为 1Hz、最终地址（Final）设为 0003。开始仿真，双击逻辑分析仪，调整 Clock per-division 为 2，打开逻辑分析仪的控制面板，单击 Clock 栏中的 Set 按钮后，将 Internel clock rate 设置为 1Hz。可观察到图 3 - 83（c）所示波形。

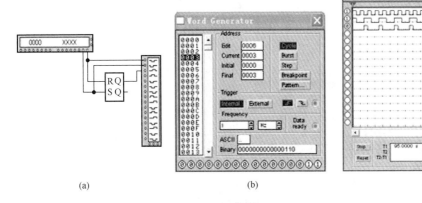

（a）　　　　　　　　　　　（b）　　　　　　　　　　　（c）

图 3 - 83　RS 触发器

（a）测试电路；（b）字符发生器对话框；（c）逻辑分析仪显示的波形

2. JK 触发器

按图 3 - 84（a）所示连线，双击字符发生器弹出对话框 ［见图 3 - 84（b）］，将运行方式设置为"Cycle"，频率为 1Hz，最终（Final）地址为 0007。开始仿真双击逻辑分析仪，调整 Clock per-division 为 1，打开逻辑分析仪的控制面板，单击 Clock 栏中的 Set 按钮后，将"Internel clock rate"设置为 1Hz。可看到图 3－84（c）所示波形。从波形图中可以看出：J＝1，K＝1 时触发器在 CP 的下降沿到来时翻转；J＝0，K＝0 时触发器处于保持状态；J＝1，K＝0 时触发器置一；J＝0，K＝1 时触发器置零。

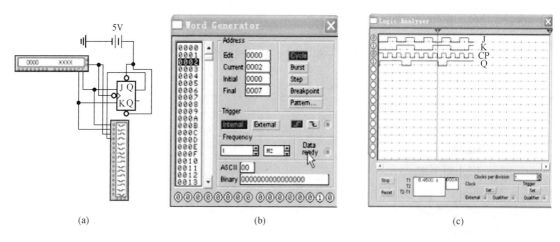

(a)　　　　　　　　　　(b)　　　　　　　　　　(c)

图 3－84　JK 触发器的测试

（a）测试电路；（b）字符发生器的对话框；（c）输入、输出波形

3. D 触发器

按图 3－85（a）所示连线，字符发生器设置同 JK 触发器一样，如图 3－85（b），逻辑分析仪设置也同 JK 触发器一样。仿真开始，可看到图 3－85（c）所示波形。从波形图中可以看出：当 CP 上升沿到来时，Q 的波形与 D 的波形一致。

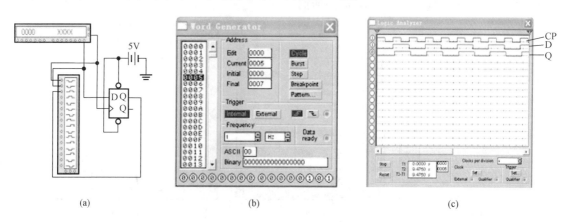

(a)　　　　　　　　　　(b)　　　　　　　　　　(c)

图 3－85　D 触发器的逻辑功能测试

（a）测试电路；（b）字符发生器对话框；（c）输入输出波形

4. 用两个 74160 级联成一百进制的计数器

从 库中选取 74160 两个， 库中选取时钟源、V_{CC} 电压源， 库中选取七段译码器，按图 3－86 连线。注意：第一个计数器的进位端连接第二个计数器的时钟端，将使能

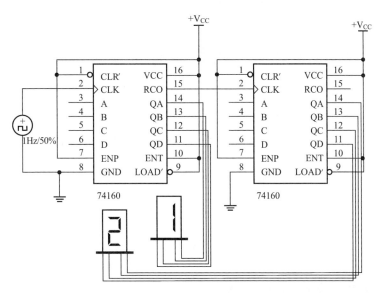

图 3-86 两个 74160 级联成一百进制计数器的电路

端以及清零端和置数端接高电位，输出端接七段译码器。可观察到输出结果从 0 一直到 99。

5. 用 74163 构成九进制计数器（清零法）

从 库中选取 74163， 库中选取时钟源、V_{CC} 电压源， 库中选取七段译码器， 中选取与非门，按图 3-87 连线。由于 74163 是同步清零，当输出端出现 1000 时，要清零并开始下一循环，所以与非门的两个输入端分别接 Q_D 和高电位。在数字显示器上会显示出 0~8 九种状态。

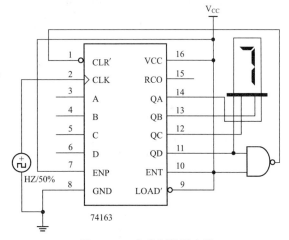

图 3-87 九进制设计电路

第四章 常用电子元器件的简介、选用及测试

电子元器件是组成电子电路最基本的单元，它们不同的组合可构成实现各种不同功能的电子电路及系统。因此要想设计出能够完成特定功能的性能优良的电路或系统，就必须清楚地了解各种元器件的特性及使用规范。电子元器件可分为无源元件和有源元件两大类。无源元件包括电阻、电容、电感；有源元件包括半导体二极管、三极管、场效应管、集成电路等。本章主要介绍无源元件。

第一节 电 阻 器

一、电阻器及电位器型号的命名方法

在选用电阻器或电位器时，需要通过查手册寻找符合电路性能要求的型号。电阻器或电位器的型号根据部颁标准规定，由四部分组成，依次为名称、材料、分类、序号。例如一个标有 RY21 0.25 5.1k Ⅰ 的电阻器，其每部分的意义如下。

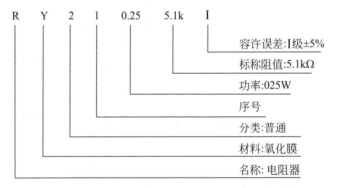

电阻器及电位器型号命名第一部分到第四部分的字母和数字代表的意义见表 4 - 1。

表 4 - 1　　　　　　　　　　　电阻器及电位器型号各部分意义

第一部分		第二部分		第三部分		第四部分
名　称		材　料		分　类		序　号
符号	意义	符号	意义	符号	意义	
R W	电阻器 电位器	T P U H I J Y S N X	碳　膜 硼碳膜 硅碳膜 合成膜 玻璃釉膜 金属膜 氧化膜 有机实心 无机实心 线　绕	1 2 3 4 5 6 7 8 9 G	普通 普通 超高频 高阻 高温 精密 精密 高压或特殊函数 特殊 高功率	

续表

第一部分		第二部分		第三部分		第四部分
名　称		材　料		分　类		序　号
符号	意义	符号	意义	符号	意义	
		R	光敏	T	可调	
		G	热敏	X	小型	
		M	压敏	L	测量用	
				W	微调	
				D	多圈	

二、电阻器的分类

电阻器通常简称为电阻，在电路中起限流、分流、降压、分压、负载及阻抗匹配等作用，还可与电容配合构成滤波器，是电子设备及仪器、电气设备中使用最多的一种元件。常用电阻器从结构上划分有实心炭质电阻器、薄膜电阻器、线绕电阻器和光敏、热敏及压敏电阻器；从使用功能上分可划分为固定电阻器、可调电阻器和半可调电阻器。可调和半可调电阻器有时归入电位器。

（一）实心炭质电阻器

由炭墨（或石墨）粉、添料（滑石粉或云母粉）、粘合剂（树脂等）按照一定比例配料后，引入引线经压制、烧固、涂漆而成。其优点是成本低，缺点是精度和稳定度较差、噪声大。

（二）薄膜电阻器

薄膜电阻器按电阻膜材料不同又分为以下几种。

1. 碳膜电阻器

碳膜电阻器（RT）是在圆柱形瓷棒（或瓷管）表面沉积一层碳膜，再涂一层保护漆而成，碳膜厚度不同，就可形成不同阻值的电阻。这种电阻器性能稳定，价格低，高频特性好，用途广泛，在一般电子设备中都能满足要求，但其允许功率损耗小，误差级别不高，温度系数为负，这些不足在选择和使用时应加以注意。

2. 金属膜电阻器

金属膜电阻器（RJ）是在圆柱形瓷棒（或瓷管）表面通过真空蒸发工艺沉积一层金属（或金属氧化物）薄膜，再涂一层保护漆而成，金属膜厚度不同，就可形成不同阻值的电阻。这类电阻器具有耐热、防潮、耐磨等优点，其稳定性优于碳膜电阻器，允许功率损耗大，误差级别高，温度系数有正有负，噪声小，可满足要求较高的电子设备使用。

3. 精密级金属膜电阻器（RJJ）

这类电阻器的精度高，误差仅±1%，其额定功率比同样大小的金属膜电阻器高一级，主要用于精密测量电路及仪器。

（三）线绕电阻器

线绕电阻器（RX）是在瓷管、瓷棒或绝缘板上用镍铬丝、锰铜丝或康铜丝绕制，外面敷以釉质或绝缘漆保护层而制成。这种电阻器阻值稳定，误差小，耐高温，允许功率损耗大；但是阻值不能做得很高，有时可根据特殊要求个别绕制。线绕电阻器主要用于低频的精密仪器仪表等电子产品中。

常见的水泥电阻是一种陶瓷绝缘功率型线绕电阻。其特点是功率大，散热好，阻值稳定，绝缘性强。它主要用于彩色电视机、计算机及精密仪器仪表等电子产品中。

（四）可调和半可调电阻器

阻值需要经常变动的电阻器，如各种仪器仪表的衰减器，家用电器的音量调节电位器等，都用可调电阻器，也称为电位器。它是一种有三个接线头的可变电阻器，其分类如下。

（1）按电阻体材料分类：线绕电位器、非线绕电位器。

1）线绕电位器（WX型）：是将康铜丝或镍铬合金丝作为电阻体，并将其绕在绝缘骨架上制成。线绕电位器优点是接触电阻小、精度高、温度系数小，其缺点是分辨力差、阻值偏低、高频特性差。它主要用作分压器、变阻器、仪器中调零和工作点等。

2）非线绕电位器：可分为实心电位器和膜式电位器。

实心电位器又可分为：有机合成（WS）、无机合成（WN）、导电塑料（WD）电位器。有机实心电位器是一种新型电位器，它是用加热塑压的方法，将有机电阻粉压在绝缘体的凹槽内。有机实心电位器与碳膜电位器相比具有耐热性好、功率大、可靠性高、耐磨性好的优点。但其温度系数大、动噪声大、耐潮性能差、制造工艺复杂、阻值准确度较差。在小型化、高可靠、高耐磨性的电子设备以及交、直流电路中，它用作调节电压、电流。无机合成电位器是用无机粘合剂（玻璃釉等）、导电物质（炭黑、石墨）和填料，经混合、压制（冷压或挤压）成型烧结而成。导电塑料电位器采用特殊工艺将DAP（邻苯二甲酸二烯丙酯）电阻浆料覆在绝缘机体上，加热聚合成电阻膜，或将DAP电阻粉热塑压在绝缘基体的凹槽内形成的实心体作为电阻体。特点是平滑性好、分辨力高、耐磨性好、寿命长、动噪声小、可靠性极高、耐化学腐蚀。它用于宇宙装置、导弹、飞机雷达天线的伺服系统等。

膜式电位器又可分为：碳膜电位器（WT）、金属膜电位器（WJ）、金属玻璃铀电位器（WI）。碳膜电位器的优点是分辨力高、耐磨性好、寿命较长；缺点是电流噪声、非线性大、耐潮性以及阻值稳定性差。金属膜电位器的电阻体可由合金膜、金属氧化膜、金属箔等分别组成，特点是分辨力高、耐高温、温度系数小、动噪声小、平滑性好。金属玻璃铀电位器是用丝网印刷法按照一定图形，将金属玻璃铀电阻浆料涂覆在陶瓷基体上，经高温烧结而成。它的优点是阻值范围宽、耐热性好、过载能力强、耐潮以及耐磨等都很好，是很有前途的电位器品种；缺点是接触电阻和电流噪声大。

（2）按调节方式分类：旋转式、推拉式、直滑式电位器。

（3）按电阻值变化规律分类：直线式、指数式、对数式电位器。

（4）按结构特点分类：单圈、多圈、单联、双联、多联、抽头式、带开关、锁紧型、非锁紧型、贴片式电位器。

（5）按驱动方式不同分类：手动调节电位器、电动调节电位器。

（6）其他分类方式：普通、磁敏、光敏、电子、步进电位器。

有时把阻值调到恰当处以后就要求固定不变，这时可采用半可调电阻器。电位器和半可调电阻器的阻值和额定功率也都有系列值，在选用时应加以注意。

三、电阻器的参数和标注方法

电阻器的主要参数有标称阻值和允许误差、额定功率、温度系数、电压系数、最大工作电压、噪声电动势、频率特性及老化系数等。

（一）标称阻值和允许误差

标称阻值是指电阻器上标注的名义阻值。而实际阻值往往与标称阻值有一定的偏差，这个偏差与标称阻值的百分比称为允许误差。误差越小，表示电阻器的准确度越高。国家标准规定了电阻器的标称阻值系列和允许误差，见表4-2。

表4-2　　　　　　　　　　　　普通电阻标称阻值系列和允许误差

系列	误差	标称阻值系列											
E24	±5%	1.0	1.2	1.5	1.8	2.2	2.7	3.3	3.9	4.7	5.6	6.8	8.2
		1.1	1.3	1.6	2.0	2.4	3.0	3.6	4.3	5.1	6.2	7.5	9.1
E12	±10%	1.0	1.2	1.5	1.8	2.2	2.7	3.3	3.9	4.7	5.6	6.8	8.2
E6	±20%	1.0		1.5		2.2		3.3		4.7		6.8	

注　表中阻值可乘以 10^n，其中 n 为整数。

标注电阻器的阻值和允许误差的方法有直标法、文字符号法、色标法三种形式。

（1）直标法：在电阻器表面直接用数字和单位符号标出标称阻值和允许误差。例如在电阻器上标有 $4.7\text{k}\Omega\pm5\%$，表示其阻值为 $4.7\text{k}\Omega$，允许误差为 $\pm5\%$。

（2）文字符号法：用数字和文字符号按一定规律组合表示电阻器标称阻值。文字符号 R、k、M、G、T 表示电阻单位。文字前面的数字表示阻值的整数部分，文字符号后面的数字表示小数部分。例如 R27 表示 0.27Ω，4k7 表示 $4.7\text{k}\Omega$，8M2 表示 $8.2\text{M}\Omega$。

（3）色标法：用不同颜色的色环表示电阻器的标称阻值和允许误差。普通电阻用四环表示，精密电阻器采用五环表示，见表4-3。电阻器的标注阻值实例如图4-1所示，图中四环电阻表示为 $3.6\text{k}\Omega$，$\pm5\%$ 的电阻；五环电阻表示为 $625\text{k}\Omega$，$\pm2\%$ 的电阻。

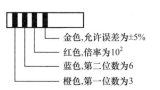

金色，允许误差为±5%
红色，倍率为 10^2
蓝色，第二位数为6
橙色，第一位数为3

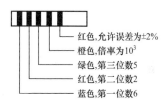

红色，允许误差为±2%
橙色，倍率为 10^3
绿色，第三位数5
红色，第二位数2
蓝色，第一位数6

图4-1　电阻器色标法示例图

表4-3　　　　　　　　　　　　电阻器色环标注法

色环	定义	色环颜色											
		黑	棕	红	橙	黄	绿	蓝	紫	灰	白	金	银
普通电阻													
第一色环	第一位数	0	1	2	3	4	5	6	7	8	9		
第二色环	第二位数	0	1	2	3	4	5	6	7	8	9		
第三色环	10的倍率	10^0	10^1	10^2	10^3	10^4	10^5	10^6	10^7	10^8	10^9		
第四色环	允许误差（%）											±5	±10
精密电阻													
第一色环	第一位数	0	1	2	3	4	5	6	7	8	9		
第二色环	第二位数	0	1	2	3	4	5	6	7	8	9		
第三色环	第三位数	0	1	2	3	4	5	6	7	8	9		
第四色环	10的倍率	10^0	10^1	10^2	10^3	10^4	10^5	10^6	10^7	10^8	10^9		
第五色环	允许误差（%）		±1	±2			±0.5	±0.25	±0.1			±5	

（二）额定功率

电阻器的额定功率为电阻器长时间工作允许耗散的最大功率。通常有 1/8、1/4、1/2、1、2、5、10W 等。

（三）温度系数

电阻器的温度系数表征电阻器的稳定性随温度变化的特性。温度系数越大，其稳定度就越差。

（四）电压系数

电压系数指外加电压每改变 1V 时，电阻器阻值的相对变化量。电压系数越大，电阻器对电压的依赖性就越强。

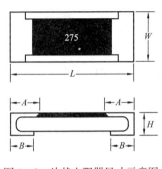

图 4-2　片状电阻器尺寸示意图

（五）最大工作电压

最大工作电压指电阻器长期工作不发生过热或电压击穿等现象的最大电压。

四、片状电阻器

片状电阻器为无引线元件，即 LL（Lead Less）电阻器，有薄膜型和厚膜型两种，使用较多的是厚膜型。厚膜片状电阻器是一种质体较坚固的化学沉积膜型电阻器，与薄膜电阻器相比，具有高频噪声小、耗散功率大等特点。常用矩形片状电阻器尺寸示意图如图 4-2 所示，其尺寸见表 4-4。

表 4-4　　　　　　　　　　　　常用矩形片状电阻器的尺寸（mm）

类　型	0402	0603	0805	1206	1210	2010	2512
L	1.00±0.10	1.60±0.10	2.00±0.15	3.10±0.15	3.10±0.15	5.00±0.10	6.35±0.10
W	0.50±0.05	$0.80^{+0.15}_{-0.10}$	$1.25^{+0.15}_{-0.10}$	$1.55^{+0.15}_{-0.10}$	2.60±0.15	2.50±0.15	3.20±0.15
H	0.35±0.05	0.45±0.10	0.55±0.10	0.55±0.10	0.55±0.10	0.55±0.10	0.55±0.10
A	0.20±0.10	0.30±0.20	0.40±0.20	0.45±0.20	0.45±0.20	0.60±0.25	0.60±0.25
B	0.25±0.10	0.30±0.20	0.40±0.20	0.45±0.20	0.45±0.20	0.50±0.20	0.50±0.20

片状电阻器通常有三种标注方法，下面分别给予介绍。

（一）三位数字标注法

三位数字标注法中，第一位数字表示该电阻值的第一位有效数字，第二位数字表示该电阻值的第二位有效数字，第三位数字表示该电阻值前两位数字后零的个数。片状电阻器三位数字标注法如图 4-3 所示。

图 4-3（a）中前两位数字为 27，第三位数字为 3，即在 27 后加 3 个 0，其阻值为 27000Ω，即 27kΩ。图 4-3（b）中前两位数字为 12，第三位数字为 0，即 12 后不需要加 0，其阻值为 12Ω。

（二）两位数字中间加 R 标注法

两位数字中间加 R 标注法中，第一位数字表示该电阻值的第一位有效数字，中间 R 字母表示该电阻值前后两个数字之间的小数点，末尾数字表示该电阻值小数点后的有效数字。

图 4-4（a）中前一位数字为 8，R 表示小数点，末尾数字为 2，其阻值为 8.2Ω。图 4-4（b）中前一位数字为 6，R 表示小数点，末尾数字为 8，其阻值为 6.8Ω。

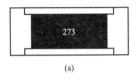
(a)

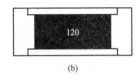
(b)

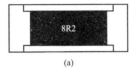
(a)

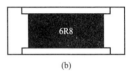
(b)

图 4-3　片状电阻器三位数字标注法　　　图 4-4　片状电阻器两位数字中间加 R 标注法
(a) 示例一；(b) 示例二　　　　　　　　　(a) 示例一；(b) 示例二

（三）两位数字后加 R 标注法

两位数字后加 R 标注法中，第一位数字表示该电阻值的第一位有效数字，第二位数字表示该电阻值的第二位有效数字，末尾字母 R 表示该电阻值前两个数字之间的小数点。

图 4-5 (a) 中前两位数字为 47，R 表示数字 4 与数字 7 之间的小数点，其阻值为 4.7Ω。图 4-5 (b) 中前两位数字为 22，R 表示数字 2 与数字 2 之间的小数点，其阻值为 2.2Ω。

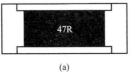
(a)

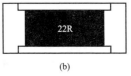
(b)

图 4-5　片状电阻器两位数字后加 R 标注法
(a) 示例一；(b) 示例二

五、电阻器的选用

（一）电阻值

在选用电阻器时，首先要选择电阻器的标称阻值，然后还要考虑电阻器的工作温度、过电压以及使用环境等，这些都会使其阻值发生漂移。不同结构、不同工艺水平及不同材料的电阻器，其电阻值的精度及漂移值不同。在选用时，应特别注意这些影响电阻值的因素。

（二）额定功率

电阻器的额定功率必须满足电路设计所需电阻器的最小额定功率。在直流状态下，电阻器 R 在电路中耗损功率为 $P = I^2 R$，其中 I 为流过电阻器的电流，R 为电阻器阻值。选用时，电阻器的额定功率应大于这个值。在脉冲条件或间歇负载情况下，电阻器能承受的瞬时最大功率可以大于额定功率，但需注意以下几点：

（1）电阻器在电路中的平均功率不能超过其额定功率值；

（2）不允许连续过负载；

（3）电阻器两端最高电压不应超过允许值；

（4）电位器的额定功率是考虑整个电位器阻值在电路中的加载情况，对部分阻值加载情况下的额定功率值应相应下调。

（三）高频特性

在高频情况下，电阻器阻值会随频率变化而变化。线绕电阻器的高频特性最差，合成电阻器次之，薄膜电阻器具有最好的高频特性。绝大多数薄膜电阻器在频率高达 100MHz 时还能保持其有效直流电阻值基本不变，但频率进一步升高时，其阻值随频率变化而变化的情况会很明显。

六、选用电阻器时应注意的问题

（一）电阻器的安装

电阻器安装于电路板上时，需充分考虑其散热问题，应注意以下几点：

（1）功率型电阻器应尽可能水平位置安装；

（2）不能在没有散热器的情况下，将功率型电阻器直接安装在印制电路板上；

（3）大型功率电阻器应安装适当的金属散热器，以便散热；

（4）引线长度应短一些，使其与印制电路板的接点能起散热作用。但不能太短，且最好稍微弯曲，以便允许热胀冷缩；

（5）当电阻器成行或成排安装时，要充分考虑其通风及相互散热的影响。

（二）降额使用

对电阻器或电位器而言，影响其可靠性的最主要因素为电压、功率和环境温度，在选用时要充分考虑这些因素，留有足够的逾量以减小这些因素对电阻器可靠性的影响。

（三）防静电

准确度较高（如±0.1％）的金属膜电阻器，很容易受静电损伤；对于体积小、电阻率高的薄膜电阻器，静电可使其阻值发生显著变化（一般变小），温度系数也会发生相应变化。

（四）脉冲峰值电压

在脉冲工作时，即使平均功率小于额定值，脉冲峰值电压和瞬时峰值功率也不允许太高，应满足下列要求：

（1）线绕电阻器可以承受比通常工作电压高得多的脉冲电压，但在使用中要相应地降额；

（2）碳膜电阻器峰值电压不宜超过额定值的 2 倍，瞬时峰值功率不宜超过额定值的 3 倍；

（3）金属膜电阻器峰值电压不宜超过额定值的 1.4 倍，瞬时峰值功率不宜超过额定值的 4 倍。

（五）辅助绝缘

当电阻器或电位器与地之间的电位差大于 250V 时，需要采用辅助绝缘措施加以保护，以防绝缘击穿。

第二节　电　容　器

电容器是一种存储电能的元件，由两个金属电极中间夹一层绝缘材料介质构成，电容器在电子线路中的作用一般概括为：通交流、阻直流。电容器通常起隔直、滤波、旁路、耦合、退耦、移相、温度补偿、计时、调谐等电气作用，是电子线路必不可少的组成部分。

隔直流：作用是阻止直流通过而让交流通过。旁路（去耦）：为交流电路中某些并联的元器件提供低阻抗通路。耦合：作为两个电路之间的连接，允许交流信号通过并传输到下一级电路而隔断直流。滤波：将整流以后的锯齿波变为平滑的脉动波，接近于直流，或与电感、电阻配合构成电路滤除不需要的频率成分。温度补偿：针对其他元器件因不完全适应性温度带来的影响，而进行补偿，改善电路的稳定性。计时：电容器与电阻器配合使用，确定电路的时间常数。调谐：对与频率相关的电路进行系统调谐，如手机、收音机、电视机。储能：储存电能，用于必要的时候释放，如相机闪光灯、加热设备等。在集成电路、超大规模集成电路已经大行其道的今天，电容器作为一种分立式无源元件仍然大量使用于各种功能的电路中，其在电路中所起的重要作用可见一斑。

电容量的单位为 F（法拉）。在实际使用时，F 作为单位太大，不便于使用，工程中常用 mF、μF、nF、pF 等单位。换算关系为

$$1F＝10^3\,mF＝10^6\,\mu F＝10^9\,nF＝10^{12}\,pF$$

一、电容器型号的命名方法

电容器种类繁多，型号命名由四部分组成（不适用于真空电容器、可调电容器）。第一部分用字母 C 表示电容器；第二部分用字母表示介质材料；第三部分用数字或字母表示结构类型和特征；第四部分用数字表示序号以区别产品的外形尺寸和性能指标。具体参看表 4-5 和表 4-6。

表 4-5　　　　　　　　　　　　　　　电　容　器　的　型　号

第一部分	第二部分介质材料		第三部分结构类型		第四部分序号
	符号	含义	符号	含义	
主称 C	A	钽（电解电容器）	C	高功率	数字
	B	聚苯乙烯等非极性有机薄膜电容器	W	微调	
	C	高频陶瓷	1	见表 4-6	
	D	铝（电解电容器）	2	见表 4-6	
	E	其他材料（电解电容器）	3	见表 4-6	
	G	金属（电解电容）	4	见表 4-6	
	H	纸膜复合介质	5	见表 4-6	
	I	玻璃釉	6	见表 4-6	
	J	金属化纸介质	7	见表 4-6	
	L	涤纶等有极性有机薄膜	8	见表 4-6	
	N	铌（电解电容器）	9	见表 4-6	
	O	玻璃膜			
	Q	漆膜			
	T	低频陶瓷			
	Y	云母			
	Z	纸介质			

表 4-6　　　　　　　　　　　电容器第三部分用数字表示的意义

名称 ＼ 类别数据	1	2	3	4	5	6	7	8	9
瓷介电容器	圆片	管型	叠片	独石	穿心	支柱管		高压	
云母电容器	非密封	非密封	密封	密封				高压	
有机电容器	非密封	非密封	密封	密封	穿心			高压	特殊
电解电容器	箔式	箔式	烧结粉液体	烧结粉固体		无极性			特殊

二、电容器的分类

电容器按介质分可分为有机介质（包括复合介质）电容器、无机介质电容器、空气介质电容器以及电解电容器等；按结构分可分为固定电容器、可变电容器以及微调电容器；按有无极性分可分为有极性电容器和无极性电容器。

（一）固定电容器

1. 有机介质电容器

有机介质电容器按所用介质材料不同，可分为三大类：第一类是以天然纤维材料为介质的电容器，如各种纸介和金属化纸介电容器；第二类是以人工合成的高分子化合物材料为介质的电容器，如聚酯膜、聚丙烯等各种有机薄膜电容器；第三类是以复合材料为介质的电容器，如纸-膜、膜-膜复合介质、漆膜电容器等。

（1）纸介电容器。纸介电容器是用带状的两层铝箔或锡箔中间夹一层浸过石蜡的纸，卷成圆筒状，再装入纸壳、玻璃管、陶瓷管或金属管中，两端用沥青或火漆等绝缘材料封装而成。纸介电容器的容量范围在几十皮法到零点几微法之间，耐压值有 250、400、630V 等几种，误差有 ±5%，±10%，±20% 三种。通常纸介电容器有一端画有黑色标记，表示这一端的电极与电容器外壳连接，可以起到保护和屏蔽作用，不易造成对地击穿。

纸介电容器生产工艺简单、成本低、容量范围宽、工作电压高，应用较广泛。但其损耗大、体积大、稳定性也差，主要应用在低频或直流电路中。现在相当大一部分应用被合成膜电容器取代，但高压纸介电容器仍然占有很大比例。目前大量生产的各类纸介电容器的额定电压在 630V～30kV 之间，电容量在几百皮法到几十微法之间。

金属化纸介电容器是纸介电容器的一种，其结构和纸介电容器结构相似，但其电极不是铝箔或锡箔，而是通过真空蒸发工艺在纸介质上沉积的一层极薄的金属膜，厚度只有 0.001mm 左右，因而其体积和质量都比纸介电容器小得多。金属化纸介电容器的耐压从几十伏到几千伏，电容量从零点几微法到几十微法。而且金属化纸介电容器在一定条件下具有自愈功能。但其化学稳定性较差，损耗角正切值随频率增加而急剧升高，因此不宜在高频电路中使用，其工作频率一般不超过几十千赫。

（2）聚酯薄膜电容器。聚酯薄膜电容器结构与纸介电容器结构相同，只是用聚酯薄膜代替纸介层作为介质材料的电容器。它也有两种类型：一种是由铝箔和聚酯薄膜卷绕而成；另外一种是金属化聚酯薄膜电容器。金属化聚酯薄膜电容器也具有自愈功能。同时可通过工艺制作无感金属化聚酯薄膜电容。聚酯薄膜电容器的性能优于纸介电容器性能，其容量可从几皮法到几百微法，容量范围宽，耐压等级有 63，100，160V 几种。金属化聚酯薄膜电容器容量范围更宽，耐压等级有 250，400，630V 及上万伏等多种。聚酯薄膜电容器的优点是介电常数较大，耐热性好，工作温度可达 120～130℃；缺点是损耗角正切值较大。聚酯薄膜电容器可代替纸介电容器，一般应用于低频、直流或脉动电路中，不宜用于高频电路中。聚酯薄膜电容器产量是有机薄膜电容器中最大的一种。

（3）聚苯乙烯电容器。聚苯乙烯电容器是用聚苯乙烯作介质的电容器，其容量范围一般为几十皮法到几微法之间；耐压等级范围很宽，从几百伏到几千伏；其精度可达 ±5%。它的最大优点是绝缘电阻高，一般在 10000MΩ 以上；其高频损耗小、电容量稳定、精度高，应用相当广泛。其缺点是工作温度范围窄，最高上限温度为+70℃，因此焊接时要注意与电烙铁的接触时间不宜过长。

（4）聚丙烯电容器。聚丙烯电容器是无极性有机介质电容器中优秀品种之一。它具有优良的高频绝缘性能，损耗角正切值在很大频率范围内与频率变化无关、与温度变化关系很小，而介电强度随温度上升而有所增加，该类产品一般多用于电视机、仪器仪表的高频电路中，在很多场合有取代纸介电容器和聚苯乙烯电容器的趋势。

（5）聚四氟乙烯电容器。聚四氟乙烯电容器是用聚四氟乙烯薄膜作介质的电容器。其优点是工作温度范围宽，绝缘电阻高，高频损耗小，耐化学腐蚀性好；缺点是耐电压性差，成本高。它常用于高温、高绝缘、高频场合。

（6）聚碳酸酯薄膜电容器。该电容器的电性能比聚酯薄膜电容器的好些，可替代纸介电容器和聚酯薄膜电容器，广泛应用于低频、直流及脉动电路中。

（7）聚亚胺酸薄膜电容器。它与聚酯薄膜电容器的电性能相似，但其耐热性与耐寒性与聚四氟乙烯电容器相似，并且耐辐射、耐燃烧。它能在有辐射等恶劣环境下使用。

（8）复合薄膜电容器。这种电容器选择了两种不同的薄膜经复合作介质，如用聚苯乙烯薄膜和聚丙烯薄膜复合介质制作的复合电容器。与聚苯乙烯电容器相比，提高了抗电强度和工作温度的上限，减小了体积，但其温度稳定性和损耗角正切值较差。

（9）漆膜电容器。漆膜电容器最突出特点是体积小，容量大。其温度稳定性和容量稳定性都优于聚酯薄膜电容器，在部分电路中可取代电解电容器，性能比电解电容器性能好得多，但是其缺点是耐压度不高，一般只有40V。

（10）叠片型金属化聚碳酸酯电容器。它是一种新型无感有机介质电容器，特点是高频损耗小、耐脉冲性高、自愈能力强、无感、容量大。它广泛应用于收音机、录音机、电视机等产品中。

2．无机介质电容器

无机介质电容器主要有瓷介电容器、云母电容器、玻璃釉电容器、独石电容器气体介质电容器等。

（1）瓷介电容器。瓷介电容器是用陶瓷材料作介质，并在介质表面烧结上银层作为电极的电容器。由于陶瓷材料来源丰富，价格低廉，并具有优越的电气性能，因此瓷介电容器是无机介质电容器中发展最快、产量最大、用途最广、品种最多的一种电容器。

瓷介电容器按介质特性不同可分为：CC型瓷介电容器、CT型瓷介电容器和CS型瓷介电容器。CC型瓷介电容器为高频瓷介电容器；CT型瓷介电容器为低频强介电容器；CS型瓷介电容器为半导体瓷介电容器，也称为边界层瓷介电容器。

瓷介电容器按使用性能及其特点又大致划分为七类。

1）CC型低压小功率高频瓷介电容器。其额定电压小于等于500V，其主要特点为损耗角正切值小，电容量对温度、频率、电压和时间的稳定度较高。该类电容器主要用于对电容器要求较高的电路中，如谐振电路、高频旁路、积分电路等。

2）CT型低压低频瓷介电容器。其额定电压不大于500V，具有体积小、容量大的特点。这类电容器主要用于对电容器稳定性要求不是很高的低频电路中，如低频电路中的耦合、旁路、滤波、退耦等。

3）CS型半导体瓷介电容器。其特点是介电参数 ε 很大（7000～100000），色散频率高，温度特性较好，损耗角正切值较大，额定电压较低（12～50V）。这类电容器主要用于甚高频（VHF）、超高频（UHF）等电路作宽带耦合及旁路。

4）CC型高压高功率高频瓷介电容器。其额定电压小于等于 1kV，其损耗角正切值较小，介质厚度大。

5）中高压瓷介电容器。该电容器包括 CC 型中高压高频瓷介电容器和 CT 型中高压低频瓷介电容器，其额定电压范围为大于 0.63kV 小于等于 50kV，无功功率不作规定。其特点是介质厚度较大，电极留边量大，采用较厚的阻燃型外包封装。该类电容器主要用于不通过大电流的频率较低的高压谐振回路、高压旁路、高压滤波、整流等电路中。

6）CT 型低频交流瓷介电容器。其主要特点是损耗角正切值小，容量电压特性好，绝缘性能优良，阻值达 10^5 MΩ，比一般 CT 型低频瓷介电容器阻值高两个数量级，耐压系数大（为额定电压的 10 倍），能承受大电流冲击。该类电容器主要用于防止无线电波干扰、防止家用电器等设备的电源噪声、防止设备出现故障时产生触电的等电子产品中。

7）贴片式瓷介电容器。这类电容器为无引线裸体芯式结构，额定电压 U_R 为 25～1000V，电感小，频率特性好，体积小，容量范围宽。该类电容器主要用于表面组装技术和混合集成电路的外围元件。

瓷介电容具有介电常数大、介质损耗角正切值小、电容温度系数范围宽、可靠性高、寿命长、老化速度慢等诸多优点；其缺点是机械强度低、易碎、易裂。

（2）云母电容器。云母电容器是用云母作为介质，用金属箔或在云母上喷银构成电极，按所需容量叠片后，经浸渍后压塑到胶木壳内构成的电容器。其主要特点是介电强度高、介电常数大、损耗角正切值小、化学稳定度高、很小的电容温度系数、固有电感小、容量稳定以及精度高等。云母电容器广泛应用于收音机、录音机、电视机等通信设备中。在高电压大功率场合下，云母电容器得到广泛应用。

（3）玻璃釉电容器。采用钠、钙、硅等粉末按一定比例混合压制成薄片作为介质，并在各薄片上涂覆银膏，将若干薄片叠放在一起焙烧，从断面上引出引线，在涂覆防潮绝缘漆而成的电容器，称为玻璃釉电容器。由于介质材料成分配比不同，介质性能也会不同，从而可通过改变介质成分混合比制作出不同性能的玻璃釉电容器。其特点是介质介电常数大，损耗角正切值小，体积小，能在较高环境温度下工作。

（4）独石电容器。独石电容器又称片式多层陶瓷电容器，是世界上用量最大、发展最快的片式元件品种。根据所使用的材料，可分为三类：一类为温度补偿类，二类为高介电常数类，三类为半导体类。独石电容器主要用于电子整机中的振荡、耦合、滤波、旁路电路中。它是以电子陶瓷材料作介质，将预制好的陶瓷浆料通过流延方式制成厚度小于 $10\mu m$ 陶瓷介质薄膜，然后在介质薄膜上印制内电极，并将印有内电极的陶瓷介质膜片交替叠合热压，形成多个电容器并联，在高温下一次烧结成为一个不可分割的整体芯片，然后在芯片的端部涂敷外电极浆料，使之与内电极形成良好的电气连接，再经复温还原，形成独石电容器的两极。其发展趋势是：①片式化率迅速增长；②尺寸不断缩小；③厚度不断变薄变轻；④生产规模不断扩大；⑤复合度不断提高；⑥技术不断更新。

当前，低失真率和冲击噪声小、寿命长、高安全性和高可靠性、低成本的独石电容器不断涌现。

3. 电解电容器

电解电容器用铝、钽或铌金属箔作阳极，并在其上面附着一层通过特殊工艺处理后生成的极薄的具有单向导电性的金属氧化物膜的介质材料，其阴极侧附着液体、半液体或胶状体的电解液，因而电解电容器的特性主要取决于氧化膜和电解液，且一般都有极性。接入电路时，电解电容器的正极必须接直流电源的正极，负极接直流电源的负极，这样电解电容的介质才能起到绝缘的作用，具有电容的效应；否则，其氧化膜会因漏电流过大发热而被裂解，失去电容器的作用而损坏。常见电解电容器有以下几种。

（1）铝电解电容器。铝电解电容采用铝箔作电极，在正极板生成一层氧化铝作介质，负极铝箔附着一层抗拉性强、吸水性好的衬纸，衬纸上吸附电解液，然后与正极板一起卷绕起来，引出电极，并用环氧树脂密封而成。铝电解电容器的型号为"CD××"，其容量、耐压及正负极性都在外壳上标明。它的主要特点是耐压强度高、比容量大，被广泛应用于滤波、旁路和耦合电路中。但它的损耗较大，温度、频率特性较差，限制了其在交流电路中的应用。

（2）钽电解电容器。铝电解电容器的氧化铝膜介质容易被腐蚀，其寿命和可靠性受到很大影响。而钽电解电容器用金属钽为阳极，五氧化钽膜为介质，其耐压性和耐腐蚀性极好，且其漏电流小，有较大的介电常数，因而其性能比铝电解电容器性能优越得多。另外，其体积相对更小，能满足大多数应用的高要求。钽电解电容器型号为"CA××"。

（3）铌电解电容器。铌电解电容器是继钽电解电容器之后出现的另外一种固体电解电容器，其性能与钽电解电容器相似，但其体积更小。铌电解电容器常以"CN"标志。

（4）双极性电解电容器。双极性电解电容器又被称为无极性电解电容器，在结构上是将负极箔也换成正极箔而构成，相当于两个电解电容器背靠背串联而成。

（二）可调电容器

1. 微调电容器

微调电容器也称为半可调电容器，其容量值在 5～45pF 之间可调，一般用于收音机和录音机中的输入调谐回路和振荡回路中，起补偿作用，调整好后就固定在某个电容值。其种类很多，常见的有管形微调电容器（或称拉线微调电容器）、筒形微调电容器、瓷介微调电容器、云母微调电容器以及薄膜介质微调电容器等几种。

2. 可调电容器

可调电容器又称可变电容器，按介质不同分为空气介质和有机薄膜介质两种。在收音机中，它主要起选择电台作用。空气介质可变电容器体积大、制造方便、损耗小、稳定性高、高频性能好；有机薄膜介质的可变电容器体积小、质量小、防尘、损耗小，但容易发生碰片而出现噪声，寿命不如空气介质的长。

三、电容器的主要参数

表征电容器性能的参数很多，较常用的主要参数有电容器的标称容量、误差、额定工作电压、绝缘电阻、频率特性、温度系数、功率损耗和固有电感等。

（一）标称容量

电容器的标称容量指标注在电容器外壳上的容量大小。其标称值按照 IEC 标准系列进行分级，普通电容器主要采用 E6，E12，E24 系列，精密电容器采用 E48，E96，E192 系列。常用固定电容器的标称容量系列参照表 4-2 及表 4-7。

表 4 - 7   **常用固定电容器的标称容量系列**

电容器类别	允许误差	容量范围	标称容量系列
纸介电容器、金属化纸介电容器、纸膜复合介质电容器、低频（有极性）有机薄膜介质电容器	±5% ±10% ±20%	100pF～1μF	1.0, 1.5, 2.2, 3.3, 4.7, 6.8
		1～100μF	1, 2, 4, 6, 8, 10, 15, 20, 30, 50, 60, 80, 100
高频（无极性）有机薄膜介质电容器、瓷介电容器、玻璃釉电容器、云母电容器	±5%		1.1, 1.2, 1.3, 1.5, 1.6, 1.8, 2.0, 2.4, 2.7, 3.0, 3.3, 3.6, 3.9, 4.3, 4.7, 5.1, 5.6, 6.2, 6.8, 7.5, 8.2, 9.1
	±10%		1.0, 1.2, 1.5, 1.8, 2.2, 2.7, 3.3, 3.9, 4.7, 5.6, 6.8, 8.2
	±20%		1.0, 1.5, 2.2, 3.3, 4.7, 6.8
铝、钽、铌、钛电解电容器	±10% ±20% +50%/−20% +100%/−10%		1.0, 1.5, 2.2, 3.3, 4.7, 6.8（容量单位μF）

注 标称容量为表中数值或表中数值乘以 10^n，其中 n 为正整数或负整数。

（二）误差

电容器的实际容量和标称容量存在一定的偏差，这一偏差相对于标称容量的百分数称为电容器的误差。电容器误差最大允许范围称为电容器的允许误差。常用电容器允许误差的等级划分如表 4 - 8 所示。

表 4 - 8   **常用固定电容器允许误差的等级**

允许误差	±0.5%	±1%	±2%	±5%	±10%	±20%	（−30%～+20%）	（−20%～+50%）	（−10%～+100%）
级别	005	01	02	I	II	III	IV	V	VI

（三）电容器的额定工作电压、击穿电压及试验电压

电容器的额定工作电压 U_N 是指电容器在规定的条件下及规定的时间内能可靠工作的最高工作电压，也称为电容器的耐压。击穿电压是当电容器上施加的电压达到击穿电压 U_b 时漏电流急剧增加到某一规定值时的电压。试验电压 U_{exp} 是在电容器批量生产中验证批电容器承受电压是否符合要求而抽样试验所施加的电压，一般按标准加 1min 直流电压。

额定工作电压 U_N 与击穿电压 U_b 的关系式为

$$U_b/U_N = K_2 \tag{4-1}$$

式中：K_2 为额定工作电压对击穿电压的安全系数；不同介质的老化程度不同，K_2 值也不相同。

有机介质电容器，由于介质的介质强度随时间迅速降低，通常取 $U_b = 3U_N$。气体和固体无机介质电容器，由于介质老化缓慢，通常取 $U_b = (1.5～2)U_N$。试验电压 U_{exp} 与击穿电压 U_b 的关系式为

$$U_{exp} \leqslant U_b/K_1 \tag{4-2}$$

式中：K_1 为安全系数；对于介质厚度较小和面积较小的电容器，K_1 值应不低于 2。

为了保证电容器能长期可靠的工作，既要保证在瞬时过电压时不发生击穿，又要保证在长期工作条件下不发生击穿，在选用电容器时，应正确选用电容器的三种电压。

固定电容器的耐压等级分为 6.3，10，16，25，32，50，63，160，250，400V 等。一般情况下，耐压与电容器结构、介质材料以及介质厚度有关，对结构、介质和容量都相同的电容器，耐压越大，其体积也就越大。

（四）电容器的绝缘电阻及漏电流

绝缘电阻是电容器绝缘性能的一项重要质量指标。在直流电压下，绝缘电阻是电容器两个引出电极之间的电阻，一般取决于介质电阻和绝缘子漏电阻的并联电阻。在一般情况下，绝缘子电阻比较大，所以主要取决于介质种类、温度、电压及充电时间。潮湿可降低电容器的绝缘电阻，在沿海一带使用的电子设备，除了选择介质高的绝缘材料电容器外，最好选择全密封结构的电容器。

对于电解电容器，其绝缘性能一般用漏电流来表示。这主要是因为电解电容器的介质是金属氧化膜，根据其漏电流值的大小，来评价绝缘电阻。电解电容器的漏电流与容量和施加的电压有关。漏电流的计算公式为

$$i = KCU \qquad\qquad (4-3)$$

式中：K 为常数，由介质类型决定，是电容器时间常数的倒数；C 为电容器的容量；U 为施加于电容器的端电压。

电容器的漏电流主要是由于所使用的原材料中存在孔洞、疵点、裂缝等缺陷引起的。

对大容量的有机介质电容器，如纸介、有机薄膜、聚碳酸酯等介质的电容器，通常用时间常数 $\tau = rc$ 表示其绝缘质量；对小容量电容器，如瓷介、云母介质的电容器，可直接用绝缘电阻来表示；电解电容器用漏电流表示。

用相同材料制成的不同容量的电容器的体积电阻 R_V 不同，容量愈大，其体积电阻 R_V 愈小。若用测试大容量与小容量的绝缘电阻数值来评价其绝缘性能，显然是不合理的。

（五）频率特性

在评价电容器的性能时，除以上介绍的几项质量指标外，还应考虑阻抗频率特性。阻抗除与容量大小有关外，也与等效串联电阻及电容器的固有电感有关。要使通过电容器的纹波电流不引起极大的功率损耗，电容器的等效串联电阻也必须足够小。电容器的阻抗 Z、固有电感 L 和等效串联电阻 R_s、固有谐振频率 f_0 统称为电容器的高频参数。在应用时，所用频率应低于电容器的谐振频率，使电路呈现容性阻抗。电容器的阻抗频率特性既可表征电容器在电路中的作用，同时也反映了电容器的工艺和结构的合理程度。

电容器的大多数特性在某种程度上受频率的影响，主要是与电容器的分布参数有关。图 4-6 所示为电容器的简化等效电路。图中，R_s 是等效串联电阻，L 是分布电感，C 是电容量，R_p 是并联电阻。在直流或低频条件下，R_s 和 L 与 C 相比可以忽略不计。随着频率的增高，R_s 和 L 都要随之增大，电路中的容抗 X_C 的值将减小，而感抗 X_L 值则增加。这表明 $(X_C - X_L)^2$ 随频率的增加而减小，当频率增加到某个数值时，$(X_C - X_L)^2 = 0$ 时，电容器将出现谐振即阻抗 $Z = R_s$，此时的频率 f_0 为电容器的谐振点。如果使用的电容器在谐振频率以上，对电路来讲电容器已变成电感。

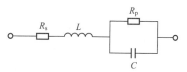

图 4-6　电容器的等效电路

由于大多数材料的介电常数随频率变化，因此，电容量也要受频率影响。所以，所有电容器都受最高工作频率的限制，因此可分为高频电容器和低频电容器。

不同类型的电容器，其最高使用频率的范围不同。例如，小型云母电容器在 250MHz 以内；圆片形瓷介电容器最高工作频率为 300MHz；圆管形瓷介电容器最高工作频率为 200MHz；圆盘形瓷介电容器最高工作频率为 3000MHz；小型纸介电容器最高工作频率为 80MHz；中型纸介电容器最高工作频率只有 8MHz。

（六）温度系数

由于介质材料和结构的原因，电容器的电容量会随温度的变化而变化，这种变化用电容器的温度系数来表示。温度系数指当温度每变化 1℃时，电容器容量的相对变化值。在实际使用时，总是希望电容器温度系数越小越好。

（七）功率损耗

电容器在电场作用下要消耗一定的能量。电容器在单位时间内因发热而消耗的能量称为电容器的损耗。但是，只考虑损耗有功功率的大小，而不考虑电容器储存无功功率的能力，就不能全面评价电容器的品质。

损耗角正切值用有功功率 P 与无功功率 P_q 之比来表示，即

$$\tan\delta = \frac{P}{P_q} = \frac{UI\sin\delta}{UI\cos\delta} \tag{4-4}$$

损耗角正切的大小是衡量电容器品质的一项重要指标。损耗愈大，电容器发热愈严重，表明电容器传递能量效率愈差，失效率愈高。

对高频电容器的评价，有时采用品质因数 Q 作为评价质量的指标。其定义是电容器在电场中的无功功率与损失的有功功率之比，即

$$Q = \frac{U^2\omega C}{U^2/R} = \omega CR = \frac{1}{\tan\delta} \tag{4-5}$$

显然，Q 值越大越好。电容器在高频条件下工作，频率愈高，损耗愈大，温升愈快，不仅使有效电容量减小，而且有导致电容器击穿的危险。

（八）固有电感

电容器的固有电感包括极片电感和引线电感。尽管电容器的固有电感数值很小，但在高频情况使用时影响很大，应引起人们的足够重视。

四、电容器的标志方法

电容器的容量、误差和耐压都标注在电容器的外壳上，其标注方法有直标法、文字符号法、数字法和色标法。

（一）直标法

直标法就是直接将容量、误差、耐压等参数直接标注在电容器外壳上，常用于电解电容器参数的标注。

（二）文字符号法

使用符号法标注时，容量的整数部分写在容量单位符号前面，容量的小数部分写在容量单位符号的后面。例如，4n7 表示 4.7nF，47p 表示 47pF。

允许误差用字母 D 表示 ±0.5%，F 表示 ±1%，G 表示 ±2%，J 表示 ±5%，K 表示 ±10%，M 表示 ±20%。

（三）数字法

在一些瓷片电容器上，常用三位数字表示标称电容，单位为 pF。其中前两位为有效数

字，最后一位表示倍率，及有效数字后 0 的个数。例如，473 表示其标称容量为 $47×10^3$ pF；472J 表示其标称容量为 $47×10^2$ pF，允许误差为 $±5\%$。

（四）色标法

色标法类似于电阻器的色标法，前两条色环（或色点）为有效数字；第三环（或色点）表示倍乘因数，单位为 pF；第四环表示允许偏差；第五环（或色点）表示标称电压。电容器的电容量五色环（或色点）表示法见表 4 - 9。

表 4 - 9　　　　　　　　　　电容器的电容量五色环（或色点）表示法

颜　色	第一环	第二环	第三环	第四环	第五环（V）
无色				$±20\%$	5000
银			10^{-2}	$±10\%$	2000
金			10^{-1}	$±5\%$	1000
黑		0	10^0		
棕	1	1	10^1	$±1\%$	100
红	2	2	10^2	$±2\%$	200
橙	3	3	10^3		300
黄	4	4	10^4		400
绿	5	5	10^5	$±0.5\%$	500
蓝	6	6	10^6		600
紫	7	7	10^7		700
灰	8	8	10^8		800
白	9	9	10^9		900

五、电容器在电路中的正确选用

在电子电路中，电容器使用量几乎占到 1/4，其故障率占到 1/7，而电容器损坏或失效的原因很多是因为选择或使用不当造成。因此在电子电路设计中，正确选用电容器显得非常重要。

选择电容器时应从以下几个方面考虑。

（一）选择适当的电容器型号

各类电容器的主要应用场合见表 4 - 10。用于低频电路中耦合、旁路、去耦等电路中的电容器，要求不很严格时可选用纸介电容器或电解电容器；中频电路多选用纸介、金属化纸介、有机薄膜电容器；高频则多选用瓷介、云母电容器。

表 4 - 10　　　　　　　　　　各类电容器的主要应用场合

电容器类型	应　用　范　围							
	隔直	脉冲	旁路	耦合	滤波	调谐	温度补偿	储能
空气微调电容器				○	○	○		
微调陶瓷电容器				○		○		
Ⅰ类陶瓷电容器				○		○	○	
Ⅱ类陶瓷电容器			○	○	○			

续表

电容器类型	应 用 范 围							
	隔直	脉冲	旁路	耦合	滤波	调谐	温度补偿	储能
玻璃电容器	○		○	○		○		
穿心电容器			○					
密封云母电容器	○	○	○	○	○	○		
小型云母电容器			○	○		○		
密封纸介电容器	○	○	○	○	○			
小型纸介电容器	○			○				
金属化纸介电容器	○		○	○	○			○
薄膜电容器	○	○	○	○	○			
铝电解电容器			○	○	○			○
钽电解电容器	○		○	○	○			○

注　"○"表示可应用的场合。

（二）选取合理的电容器精度

在旁路、耦合、去耦电路中，对电容器一般没有很严格的要求，选用时可根据设计值选取相近容量或容量稍微大一些的电容器；在振荡电路、延时电路、音调控制等电路中，对电容量精度要求较高，选取电容器容量应尽量与计算值一致；在滤波器电路、定时等电路中对电容器精度要求更高，应选取高准确度电容器以满足电路的要求。

（三）充分考虑电容器的耐压

为了使电容器在电路中能长期安全可靠地工作，以防因电压波动而损坏电容器，一般情况下，应使电路工作电压低于电容器耐压的 $10\%\sim20\%$。在特殊情况下，电压波动范围更大时，应留有更大的余量。使用时应尽量使电容器远离发热元件，如环境温度较高时，应留更大的余量使用电容器。

（四）选择电容器的绝缘电阻要尽可能大

电容器的绝缘电阻越小，其漏电流就越大，而漏电流大，会使电容器损耗增大，从而电容器发热，而温度升高会产生更大的漏电流，形成恶性循环，容易使电容器损坏。因此应选用绝缘电阻足够大的电容器，特别是高温高压下的电容器更是如此。在测量及运算电路中，绝缘电阻不够高，就会影响电路的精度。在振荡电路、选频电路、滤波电路等电路中，绝缘电阻应尽可能高，以便提高电路的品质因数，改善电路的性能。

（五）适当考虑电容器的频率特性

电容器在高频下使用，流过电容器的电流与频率成正比例的增加。由于集肤效应，施加的信号频率过高，等效电感将增加，将使电容器失去效应，并导致电容器过热，因此电容器不能在超过标准规定的频率和电压下工作。不同频率场合选用电容器可参考表 4 - 11。

（六）适当考虑电容器的温度系数

电容器工作环境条件的好坏，直接影响电容器的性能和寿命。工作环境温度较高时，电容器的漏电流将增加并加速老化，这时应尽可能选用温度系数小的电容器，并远离热源，改善散热条件；工作环境温度较低时，普通电解电容器会因为电解液结冰而失效，因此必须选用耐寒的电容器。

表4-11　　　　　　　不同频率场合电容器选用

适用频率范围	电容器名称	电容量范围	耐热温度（℃）
高频 （1MHz以上）	空气电容器	甚小	85～125
	陶瓷电容器	小、中、大	85～150
	云母电容器	小、中	70～150
	玻璃釉电容器	小、中	85～125
	聚苯乙烯电容器	小、中	70～85
	聚四氟乙烯电容器	小、中	200
	云母电容器	小、中	125～300
音频 （1～20kHz）	铁电陶瓷电容器	小	85～125
	氧化膜电容器	小、中	85～125
	纸介（包括金属化）电容器	小、中、大	70～125
	聚碳酸酯电容器	小、中、大	125
	涤纶电容器	小、中、大	125
低频（几百赫）	铝电解电容器	大、甚大	70～125
	钽电解电容器	大、甚大	85～125
	液体钽电解电容器	大、甚大	85～200
	固体钽电解电容器	大、中、甚大	85～125

第三节　电　感　器

电感器是用漆包线、纱包线或镀银铜线等在绝缘管、铁心或磁心上绕上一定圈数而构成的电子元件，电感器广泛应用于电子电路的调谐、振荡、耦合、匹配、滤波等电路中。

一、电感器的分类

（一）电感器的分类

常用的电感器有固定电感器、微调电感器、色码电感器等。例如，变压器、阻流圈、振荡线圈、偏转线圈、天线线圈、中周、继电器以及延迟线和磁头等都属于电感器种类。电感器按其作用分为具有自感作用的电感线圈和具有互感作用的变压器线圈；按磁导体可分为空心线圈和磁心线圈；按其结构的不同可分为线绕式电感器和非线绕式电感器（多层片状、印刷电感等），还可分为固定式电感器和可调式电感器；按其结构外形和引脚方式还可分为立式同向引脚电感器、卧式轴向引脚电感器、大中型电感器、小巧玲珑型电感器和片状电感器等；其中，固定式电感器又分为空心电感器、磁心电感器、铁心电感器等；可调式电感器又分为磁心可调电感器、铜心可调电感器、滑动节点可调电感器、串联互感可调电感器和多抽头可调电感器。图4-7所示为几种电感器

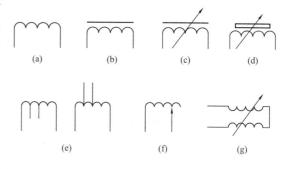

图4-7　几种电感器的电路图形符号

（a）空心电感器；（b）磁心或铁心电感器；（c）磁心可调电感器；（d）铜心可调电感器；（e）多抽头可调电感器；（f）滑动节点可调电感器；（g）串联互感可调电感器

的电路图形符号。

电感器还可按其工作频率分为高频电感器、中频电感器和低频电感器。空心电感器、磁心电感器和铜心电感器一般为中频或高频电感器，而铁心电感器多数为低频电感器。

电感器按用途可分为振荡电感器、校正电感器、显像管偏转电感器、阻流电感器、滤波电感器、隔离电感器、补偿电感器等。阻流电感器（也称阻流圈）又分为高频阻流圈、低频阻流圈、电子镇流器用阻流圈、电视机行频阻流圈和电视机场频阻流圈等。滤波电感器分为电源（工频）滤波电感器和高频滤波电感器等。

变压器按工作频率分类，可分为高频变压器、中频变压器和低频变压器；按用途分类，可分为电源变压器、音频变压器、脉冲变压器、恒压变压器、耦合变压器、自耦变压器和隔离变压器等多种；按铁心（磁心）形状分类，可分为 E 形变压器、C 形变压器和环形变压器。图 4-8 为变压器的分类图。

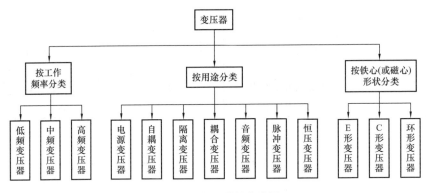

图 4-8　变压器的分类图

（二）几种常见的电感器

1. 固定电感器

固定电感器是一种小型电感器，其电感量较小，常用色带标示电感器的数值，又称色码电感。其结构主要有立式和卧式两种，其线圈有单层线圈、多层线圈、蜂房线圈及带磁心的线圈等形式。

固定电感器大部分采用将电感量直接标注在外壳上的方法。小型固定电感器的电感量一般在 $0.1\mu H \sim 100mH$ 之间，公差等级有 I 级（±5%）、II 级（±10%）、III 级（±20%），品质因素（Q）值范围一般在 $30 \sim 80$ 之间，工作频率为 $10kHz \sim 200MHz$，最大工作电流常用 A，B，C，D，E 等字母表示，A 表示最大工作电流为 50mA、B 为 150mA、C 为 300mA、D 为 700mA、E 为 1600mA。这类产品的工作频率受磁性材料和本身线匝分布电容的影响，在高频使用时容易产生自谐，线圈电感量越大，圈数越多，自谐频率越低，电感器使用频率必须低于自谐频率。

2. 天线线圈

收音机输入调谐回路用电感器称为天线线圈。天线线圈常用空心式或加可调磁心式。空心线圈是用导线直接在绝缘骨架上绕制而成的线圈。中波波段用的天线线圈常用多股丝包线在绝缘骨架上绕成蜂房线圈，短波波段的天线线圈常用较粗的单股绝缘线在绝缘骨架上绕成单层线圈。

3. 振荡线圈

振荡线圈是收音机、收录机、电视机等不同振荡电路中的电感元件，由骨架、线圈、调节杆或螺纹磁心及屏蔽罩等组成。其骨架为耐热、阻燃材料，线圈用高强度漆包线绕制，磁心一般为铁氧体磁心。

4. 扼流圈

限制交流电流通过的线圈称为扼流圈（阻流圈），分为高频扼流圈和低频扼流圈。高频扼流圈是用漆包线在绝缘骨架上绕成蜂房式结构的线圈，它在高频电路中的作用是阻止高频信号通过，而让低频及直流信号通过。其电感量较小，一般只有几毫亨。要求其分布电容和介质损耗要小；低频扼流圈是用漆包线在铁心或磁心上通过多层绕制而成的大电感量的电感器，一般电感量在几亨到几十亨。也有的是将线圈绕制到骨架上，再插入铁心或硅钢片而成。低频扼流圈经常与电容器组成电源滤波（滤波扼流圈）和音频滤波（音频扼流圈）。

5. 可调电感器

可调电感器是电感量可在较大范围内进行调节的电感器。它是在线圈中插入磁心，并通过调节磁心在线圈中的位置来改变电感量。其特点是体积小、损耗小、分布电容小以及电感量可在所需范围内调节。

6. 微调电感器

微调电感器电感量调节范围较小，其结构是在线圈中间装入磁帽或磁心，通过旋转磁帽或磁心可调节其在线圈中的位置，从而改变电感量。微调的目的在于满足整机调试时的需要，以及补偿电感器生产中存在的误差。微调电感器按磁心结构不同分为多种形式，如螺纹磁心微调电感器、罐形磁心微调电感器及中频变压器等。

7. 平面电感器

为缩小电感器体积，用薄膜或厚膜电路技术在绝缘基片（陶瓷基片或玻璃基片等）制出金属平面螺线的电感器称为平面电感器，又称为膜电感器。

二、电感器的型号命名及标志方法

（一）电感器的型号命名

电感器的型号命名采用字母及数字来表示，电感器的型号命名包括以下四个部分。

第一部分：主称，用字母表示（如 L 为线圈、ZL 为扼流圈）。

第二部分：特征，用字母表示（如 G 为高频）。

第三部分：类型，用字母表示（如 X 为小型），也有用数字表示的。

第四部分：区别代号，用 A、B、C 等字母表示。

（二）电感器的标志方法

为了便于在维修和使用时方便识别，常在电感器的外壳上将电感器的一些参数标志出来，其标志方法有直标法和色标法两种。目前我国生产的电感器一般用直标法，而国外电感器常用色标法。

直标法是指直接将电感器的电感量、误差等级、最大直流工作电流等用文字标注在电感器的外壳上。例如，B Ⅱ 390μH 表示，该电感器最大直流工作电流为 150mA、误差为 $\pm10\%$、电感量为 390μH。

色标法是指在电感器的外壳上涂上各种不同颜色的色环，用来标示其主要参数。电感器色标一般为四环色标：第一环表示电感量有效数字第一位，第二环表示电感量有效数字第二位，第三环表示 10^n 倍乘因素，第四环表示偏差。电感量单位为 mH，电感器色标含义见表 4 - 12。

表 4 - 12   电 感 器 色 标 含 义

颜　　色	棕	红	橙	黄	绿	蓝	紫	灰	白	黑	金	银	无
有效数字第一位	1	2	3	4	5	6	7	8	9	0			
有效数字第二位	1	2	3	4	5	6	7	8	9	0			
倍乘因素	10^1	10^2	10^3	10^4	10^5	10^6	10^7	10^8	10^9	10^0	10^{-1}	10^{-2}	
允许偏差（±%）	1	2			0.5	0.25	0.1	20～50				5	10	20

三、电感器的主要技术指标

(一) 电感量

在没有非线性导磁物质存在的条件下，一个载流线圈的磁通量与线圈中的电流成正比，其比例常数称为自感系数，用 L 表示，简称为电感，其表达式为

$$L = \frac{\varphi}{I} \tag{4 - 6}$$

式中：φ 为磁通量；I 为电流强度。

电感量的大小与线圈匝数、绕制方式及磁心材料等有关。

(二) 固有电容

电感器的线圈各层、各匝之间、绕组与底板之间都存在着分布电容，统称为电感器的固有电容。

(三) 品质因数

电感线圈的品质因数定义为

$$Q = \frac{\omega L}{R} \tag{4 - 7}$$

式中：ω 为工作角频率；L 为线圈电感量；R 为线圈的总损耗电阻。

品质因素的大小表明了电感器损耗的大小，Q 值越高，表明电感器的功率损耗越小。

(四) 额定电流

线圈中允许通过的最大电流。若工作电流大于其额定电流，电感器就会发热而改变其原有参数及特性，严重时会烧毁。

(五) 线圈的损耗电阻

线圈的直流损耗电阻。

(六) 允许偏差

电感器在生产时，由于工艺技术等原因，电感量与其标称值之间往往存在一定的误差。一般而言，误差越小，精度就越高，生产工艺及技术的难度也越高，成本也会相应增加，应根据不同电路对精度的要求合理地选用电感器。例如，振荡电路对电感器精度要求较高，偏差范围一般要求在 $\pm 0.2\% \sim 0.5\%$ 之间，而耦合、扼流的电感器要求其精度较低，偏差范围一般要求在 $\pm 10\% \sim 20\%$ 之间。

四、电感线圈的一般检测

在选择和使用电感线圈时，首先要对线圈进行检测，判断其质量的优劣。要准确测量电

感线圈的电感量及品质因素 Q，一般要用专用仪器进行测量。在实际工作中，一般仅检测线圈的通断和 Q 值的大小。可先用万用表测量线圈的直流电阻，再与标称阻值相比较，如果所测阻值比标称阻值大许多，甚至阻值为无穷大，则可断定线圈开路；如果所测阻值比标称阻值小很多，则可断定线圈短路（局部短路很难判断出来）；如果所测阻值和标称阻值相差不大，则判定该线圈是好的。

对电源滤波器中使用的低频扼流圈，其 Q 值大小并不重要，电感量的大小对滤波效果影响较大。低频扼流圈在使用时多通过较大电流，为防止磁饱和，其铁心要顺插，使其具有较大的间隙。为防止线圈和铁心之间发生击穿现象，二者之间的绝缘要满足技术要求。因此在使用前还应检测线圈与铁心之间的绝缘电阻。

对于高频线圈，电感量测试起来更加麻烦，一般都根据电路中的使用效果作适当的调整，以确定其电感量是否合适。

对于多绕组线圈，要用万用表检测各绕组之间是否短路，对于具有铁心和金属屏蔽罩的线圈，要检测其绕组与铁心或金属屏蔽罩之间是否短路。

五、电感器的使用注意事项

为了在电路设计中正确使用电感器，防止接线错误和损坏，提高电路性能，电感器在使用时须注意以下几个问题。

（一）品质因数

品质因数 Q 是反映线圈质量的重要参数，在自制电感线圈时，应把提高 Q 值、降低损耗作为重点来考虑。可根据使用频率选用线圈的导线实现上述目的。工作于 20kHz 以内的低频线圈，一般采用漆包线等带绝缘的导线绕制；工作于 20kHz～2MHz 之间的线圈，宜采用多股绝缘线绕制，这样可增加导体的有效截面积，从而可克服集肤效应的影响；工作于 2MHz 以上频率的线圈，宜采用单根粗导线绕制，导线直径一般为 0.3～1.5mm。

除了合理选择线圈导线外，骨架质量、线圈大小、绕制方法等也会影响 Q 值。应选用优质的线圈骨架以减小线圈的介质损耗。尤其在高频情况下，需选用高频介质材料，如高频瓷、聚四氟乙烯、聚苯乙烯等作为骨架，并采用间绕法绕制。

（二）导线直径

为减小线圈功率损耗，在可能的条件下，宜采用直径大一些的导线。对于一般线圈，单层线圈直径取 12～20mm，多层线圈取 6～13mm，但从体积考虑不宜超过 25mm。

另外，选择合适的线圈尺寸对减小损耗也很重要。对单层线圈，当绕组长度 L 与线圈外径 D 的比值 $L/D=0.7$ 时，损耗最小；对多层线圈，$L/D=0.2～0.5$，且绕组厚度 H 与线圈外径 D 的比值 $H/D=0.25～0.1$ 时，损耗最小；绕组厚度 H 和绕组长度 L 与线圈外径 D 之间满足 $3H+2L=D$ 的情况下，损耗最小。采用屏蔽罩的线圈，屏蔽罩会使线圈损耗增加，Q 值降低。因此屏蔽罩尺寸不宜过小，但过大会增大体积，根据经验，当屏蔽罩直径 D_S 与线圈直径 D 的比值 $D_S/D=1.6～2.5$ 时，Q 值降低不大于 10%。另外，采用磁心可使线圈匝数大大减少，从而减小了线圈电阻，使线圈损耗大大减小，同时也大大提高了线圈的 Q 值。

（三）工作频率

选用电感器一定要考虑其工作频率，工作于不同频率的电感器特性区别很大。在音频段工作的电感器，通常采用硅钢片为磁心材料；在 20kHz～2MHz 之间的电感器，一般选用铁氧体磁心，并用多股绝缘线绕制；工作于 2MHz 以上频率的电感器，宜选用高频铁氧体磁心，也可用空气心线圈，且宜采用单股粗镀银铜线绕制；工作于 100MHz 以上频率的线圈，一般选用空气心线圈，如需微调，可选用带铜心的线圈。

（四）分布电容

在高频使用的线圈，还要注意其分布电容的影响。分布电容影响电感器的自谐频率，分布电容越小，自谐频率越高，使用时工作频率应不大于线圈的自谐频率。

（五）静电屏蔽

电感器在使用时还应注意屏蔽问题。在实际使用时，应当防止外界电磁场对电感器产生影响及电感器本身电磁场的泄漏。最好的屏蔽办法就是将电感器置于密闭的金属盒内。电感线圈的屏蔽有两种情况：一种是低频电感器的屏蔽，低频情况下主要是磁屏蔽，采用磁性材料作屏蔽盒，通常采用较厚而导磁性能良好的铁磁材料或坡莫合金；另一种是高频线圈的屏蔽，高频时由于容易产生涡流现象，因此屏蔽盒宜采用导电良好的金属材料，如铜、铝等。

在实际使用中电感器需注意的问题还很多，具体情况可参考相关资料。

第五章 模拟电子技术基础实验

本章主要介绍模拟电子技术基础实验内容，旨在加深学生对理论知识的理解，并在掌握基本仪器的正确使用方法基础上，通过元器件参数和电路性能的测试，电路的设计与估算，电路的调试及故障排除，实验数据的记录、处理、分析、综合及实验报告的撰写，培养学生的实验实践能力，为专业课的学习打下坚实的基础。在实验教学安排中，实验教师可以根据有关实验项目安排设计任务，按照要求自行设计并调试相关电路。

随着科学技术的发展，尤其是微电子技术的发展，模拟电路的实验手段不断得到更新和完善，借助计算机辅助分析与设计可以有效地提高实验效率。因此，本书的每一个实验都可以利用虚拟软件进行计算机仿真测试，学生可以在实操前进行仿真试验；每个实验的内容及时间可根据专业教学要求进行合理选择和安排，对于内容多的实验可以分次进行。

实验一 常用电子仪器的使用练习

一、预习要求

（1）熟悉本书第二章中有关仪器功能及使用方法的说明。

（2）了解 EWB5.12 电子仿真软件的安装和使用方法。

二、实验目的

（1）掌握 EWB5.12 的使用方法，可运用此软件进行仿真实验。

（2）了解双踪示波器、低频信号发生器、晶体管毫伏表及万用表的原理和主要技术指标。

（3）初步掌握用双踪示波器观察正弦信号波形和读取波形参数的方法。

（4）掌握晶体管毫伏表的正确使用方法。

（5）掌握万用表的正确使用方法。

三、实验仪器

双踪示波器，低频信号发生器，晶体管毫伏表，万用表（数字式或指针式）。

四、实验原理

在模拟电子电路实验中经常使用的电子仪器有示波器、信号发生器、交流毫伏表等，它们和万用表一起，可以完成对模拟电子电路的静态和动态工作情况的测试。

实验中要对各种电子仪器进行综合使用，可按照信号流向，以连线简捷调节顺手，观察与读数方便等原则进行合理布局。常用电子仪器与被测实验装置之间的布局与连接如图 5-1 所示。接线时应注意，为防止外界干扰，各仪器的公共接地端应连接在一起，称为共地。信号源和交流毫伏表的引线通常用屏蔽线或专用电缆线，示波器接线使用专用电缆线，直流电源的接线用普通导线。

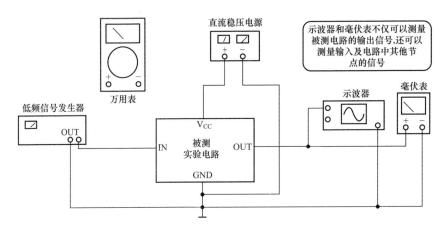

图 5-1 常用电子仪器与被测实验装置之间的布局与连接

图 5-1 中各电子仪器的作用如下。

示波器：用来观察电路中各点的波形，以监视电路是否正常工作，同时还用于测量波形的周期、幅度、相位差及观察电路的特性曲线等。

低频信号发生器：为被测电路提供不同频率和幅度的输入信号。

晶体管毫伏表：用于测量电路的输入、输出信号的有效值。

万用表：用于测量电路的静态工作点和直流信号值等。

直流稳压电源：为电路提供直流电源。

五、实验内容及步骤

（一）低频信号发生器与晶体管毫伏表的使用

1. 低频信号发生器输出频率的调节方法

按下"频率范围"波段开关，配合面板上的"频率调节"旋钮可使信号发生器输出频率在所选的范围内连续可调。

2. 低频信号发生器输出幅度的调节方法

在 0dB 时测出信号发生器最大输出范围。调节仪器"输出衰减"（20dB/40dB）波段开关和"输出调节"电位器，便可在输出端得到所需的电压。

3. 低频信号发生器与晶体管毫伏表的使用

将低频信号发生器频率旋钮调至 1kHz，分贝衰减开关置于 0dB，调节"输出调节"旋钮，使输出电压为 3V 左右的正弦波，然后将分贝衰减开关置于 20dB/40dB 挡，用晶体管毫伏表分别测出相应的电压值，填入表 5-1 中。

表 5-1 低频信号发生器输出电压测量数据记录表

分贝衰减开关	0dB	20dB	40dB
低频信号发生器输出（V）	3		

（二）示波器的使用

1. 使用前的检查与校准

开启电源，示波器稳定显示后，将示波器面板上各键置于如下位置："触发方式"位于

"内触发"，"DC，GND，AC"开关位于"AC"，"常态，自动"开关位于"自动"位置。然后用同轴电缆将校准信号输出端与 CH1 通道的输入端相连接，读出面板会显示幅度为 0.5V、周期为 1ms 的方波。调节"亮度"和"聚焦"旋钮使屏幕上观察到的波形细而清晰，调节亮度旋钮于适中位置。

2. 交流信号的测量

令信号源输出的频率分别为 100Hz，1kHz，10kHz，有效值分别为 3V，300mV，30mV（交流毫伏表测量值）。改变示波器扫速开关及 Y 轴灵敏度开关位置，测量信号源输出电压频率及峰—峰值，记入表 5 - 2 中。

表 5 - 2 　　　　　　　　　　交流信号的测量数据记录表

信号源输出频率	实 测 值		信号电压毫伏表读数（V）	实测值峰—峰值（V）
	周期（ms）	频率（Hz）		
100Hz			3	
1kHz			0.3	
10kHz			0.03	

注意：若使用 10：1 探头电缆时，应将探头本身的衰减量考虑进去。

（三）万用表的使用

万用表的基本使用参阅本书第二章有关部分。利用万用表测量电阻、二极管、晶体管、估测电容等方法见第一、四章有关内容。

（四）仿真软件

EWB5.12 软件的使用练习，参阅第三章。

六、实验报告

（1）认真记录数据并填写相应表格。

（2）分析测量结果与理论的误差，讨论其产生原因。

（3）回答思考题。

七、思考题

（1）应调节哪些旋钮和开关才能在使用示波器时若要达到如下要求：①波形清晰，亮度适中；②波形稳定；③移动波形位置；④改变波形的显示个数；⑤改变波形的高度；⑥同时观察两路波形。

（2）在使用示波器、晶体管毫伏表、万用表、低频信号发生器等仪器时，有关注意事项有哪些？

实验二　共射极单管交流放大电路

一、预习要求

（1）复习共发射极单管交流放大电路的工作原理。

（2）分析影响放大电路静态工作点的因素及静态工作点的调整方法。

（3）复习放大电路电压放大倍数的理论计算公式，了解放大电路的电压增益、通频带技术指标的测量方法。

（4）复习仿真软件的相关内容。

二、实验目的

（1）学习利用仿真软件进行共射极单管交流放大电路仿真实验。

（2）掌握放大电路静态工作点的测量及调试方法。

（3）进一步观察电路电阻参数的变化对静态工作点、输出电压及其波形的影响。

（4）学习放大电路动态参数的测试方法。

（5）进一步掌握示波器、毫伏表、万用表、信号发生器等仪器的使用方法。

三、实验仪器

双踪示波器，低频信号发生器，晶体管毫伏表，万用表（数字式或指针式），电子技术实验台。

四、实验原理

任何组态放大器的基本任务都是不失真地放大信号。在晶体管放大器的三种组态中，共集放大电路只放大电流不放大电压，因输入电阻高而常作为多级放大电路的输入级，因输出电阻低而常作为多级放大电路的输出级，因电压放大倍数接近于1而用于信号的跟随。共基放大电路只放大电压而不放大电流，输入电阻小，高频特性好，适用于宽频带放大电路。共射放大电路既有电流放大作用又有电压放大作用，输入电阻居三种电路之中，输出电阻较

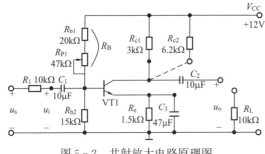

图 5-2　共射放大电路原理图

大，适用于一般放大，所以在以信号放大为目的时，一般用共射放大器。分压式电流负反馈偏置是共射放大器广为采用的偏置形式，图 5-2 所示的共射单管交流放大电路原理图即采用了此偏置电路。它的分析计算方法、调整技术和性能的测试方法等都带有普遍意义，并适用多级放大器。

（一）静态工作点的设置与测量

合理选取静态工作点是实现不失真地放大信号的前提。若工作点选得太高或太低，可能引起饱和失真或截止失真。如工作点偏高，放大器在加入交流信号以后易产生饱和失真，此时 u_o 的负半周将被削底，如图 5-3（a）所示；如工作点偏低则易产生截止失真，即 u_o 的正半周被缩顶（一般截止失真不如饱和失真明显），如图 5-3（b）所示；图 5-3（c）则表示输入信号过大所致。所以工作点"偏高"或"偏低"也不是绝对的，应该是相对信号的幅度而言。确切地说，产生波形失真是信号幅度与静态工作点设置配合不当所致。如需满足较大信号幅度的要求，一般来说，静态工作点最好尽量靠近交流负载线的中点（见图 5-4），以获得最大动态范围。对于小信号放大器来说，由于输出交流信号的幅度很小，非线性失真往往不是主要问题，因此工作点 Q 可按其他要求灵活考虑。如在不失真前提下，工作点选得高一点有利于提高放大倍数；工作点选得低一点有利于降低直流损耗和提高晶体管的输入电阻 r_{be}。

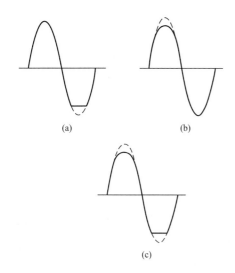

图 5-3　放大电路输出电压波形

（a）饱和失真；（b）截止失真；（c）输入信号过大引起的失真

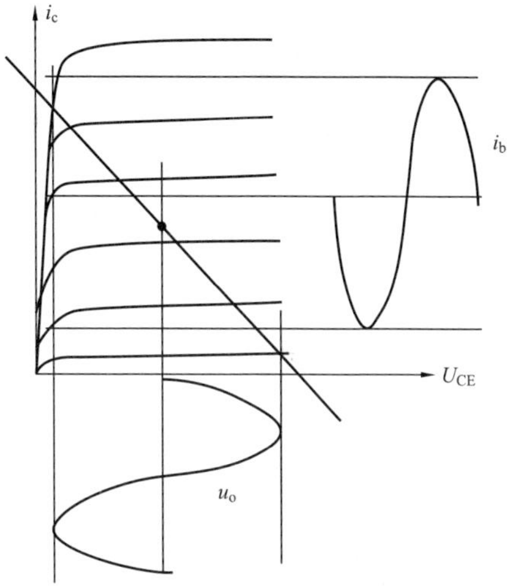

图 5-4　放大电路最大输出范围

测量放大器的静态工作点，应在输入信号 $u_i = 0$ 的情况下进行，即将放大器输入端与地端短接，然后选用量程合适的直流毫安表和直流电压表，分别测量晶体管的集电极电流 I_C 以及各电极对地的电压 U_B、U_C 和 U_E。一般实验中，为了避免断开集电极，所以采用测量电压，然后算出 I_C 的方法。例如，只要测出 U_E，即可用 $I_C \approx I_E = \dfrac{U_E}{R_E}$，算出 I_C（也可根据 $I_C = \dfrac{E_C - U_C}{R_C}$，由 U_C 确定 I_C），同时也能算出 U_{BE}、U_{CE}。为了减小误差，提高测量准确度，应选用内阻较高的直流电压表。当改变电路参数 V_{CC}、R_C、R_B 时，会引起静态工作点的变化，通常多采用调节偏置电阻 R_B 的方法来改变静态工作点，如减小 R_B，则可使静态工作点提高等。

当选定工作点以后还必须进行动态调试，即在放大器的输入端加入一定的 u_i，检查输出电压 u_o 的大小和波形是否满足要求。如不满足，则应调节静态工作点的位置。

（二）放大电路动态指标的测试

放大电路动态指标测试包括电压放大倍数、输入电阻、输出电阻、最大不失真输出电压（动态范围）和通频带等。

1．电压放大倍数 A_V 的测量

调整放大器到合适的静态工作点，然后加入输入电压 u_i，在输出电压 u_o 不失真的情况下，用晶体管毫伏表测出 u_i 和 u_o 的有效值 U_i 和 U_o，则

$$A_V = \frac{U_o}{U_i}$$

2．低频放大电路输入电阻 r_i 的测量

放大电路输入电阻 r_i 的定义是从放大电路输入端看进去的等效电阻，即 $r_i = \dfrac{U_i}{I_i}$。测量 r_i 的方法颇多，可直接用仪器（电桥）测量，也可用换算法和替代法测量。下面介绍替代法测量的两种方法，如图 5-5 所示。

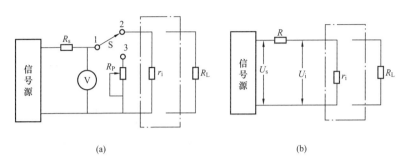

图 5-5 替代法测量放大电路输入电阻

(a) 方法一；(b) 方法二

如图 5-5 (a) 当开关 S 置于 2 时，记下晶体管毫伏表的电压读数；再将开关 S 置于 3，调节 R_P，使电压的读数仍为原来值，则 R_P 的阻值即为 r_i 的值，测量时输出端要接上负载电阻 R_L，在输出波形不失真的条件下进行测量。测量前应对毫伏表校零，U_s 和 U_i 最好用同一量程测量。为了测量放大器的输入电阻，也可在电路输入端与信号源间串入一已知电阻 R，如图 5-5 (b) 所示。在放大器正常工作的情况下，用晶体管毫伏表测出 U_s 和 U_i，则由下式可求得

$$r_i = \frac{U_i}{I_i} = \frac{U_i}{U_s - U_i} R$$

式中：U_s 为信号源电压；U_i 为放大器的输入电压。

测量时应注意：由于电阻 R 两端没有电路公共接地点，所以测量 R 两端电压 U_R 时必须分别测出 U_s 和 U_i，然后接 $U_R = U_s - U_i$ 求出 U_R 值；另外，电阻 R 的值不易取得过大或过小，以免产生较大的测量误差，通常取 R 与 r_i 为同一数量级为好。

3. 低频放大输出电路 r_o 的测量

放大电路输出电阻 r_o 的定义是输入电压源短路（但保留内阻），从放大器输出端看进去的等效电阻，即

$$r_o = \frac{U_o}{I_o} \bigg|_{R_L = \infty} \quad (U_s = 0)$$

测量输出电阻的方法也很多，这里仅介绍用换算法测量输出电阻的原理，如图 5-6 所示。

在图 5-6 中，放大器输入端加一固定信号电压，分别测量 R_L 开路和接上时的输出电压 U_o 和 U_o'，输出电阻 r_o 的计算式为

$$r_o = \left(\frac{U_o}{U_o'} - 1 \right) R_L$$

在测试中应注意，必须保持 R_L 接入前后输入信号的大小不变。

4. 低频放大器幅频特性的测量

维持输入信号 u_s 电压幅值不变，改变输入信号频率，测量频率改变时的电压放大倍数（要求输出信号不失真），即可得到放大器幅频特性。增益下降到中频段增益的 0.707 倍（或 -3dB）时所对应的频率就是上限截

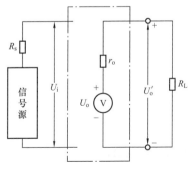

图 5-6 换算法测量放大
电路输出电阻

止频率 f_H 和下限截止频率 f_L，两者之差称为放大器的通频带或 3dB 带宽，即 $BW=f_H-f_L$，如图 5-7 所示。

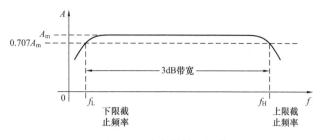

图 5-7　放大器的通频带

5. 最大不失真输出电压（最大动态范围）的测试

为了得到最大动态范围，应将静态工作点调在交流负载线的中点。为此在放大器正常工作情况下，逐步增大输入信号的幅度，并同时调节 R_P（改变静态工作点）。用示波器观察 u_o，当输出波形同时出现削底和缩顶现象时，说明静态工作点已调在交流负载线的中点。然后反复调整输入信号，使波形输出幅度最大，且无明显失真时，用晶体管毫伏表测出 U_o（有效值），则动态范围等于 $2\sqrt{2}U_o$。

五、实验内容及步骤

在实操前先利用虚拟软件进行相关内容的仿真测试，下面介绍实操内容及步骤。

（1）观察电阻参数的变化对静态工作点、电压放大倍数及输出波形的影响。

1）按图 5-2 接线，接通电源前，先将 R_{P1} 调到最大，集电极电阻接 3kΩ，交流输入端 u_i 短接接地。接线无误后，方可接通电源。

调节 R_{P1}，使 $U_C=7V$ 左右，用直流电压表测量 U_B、U_E（均对地），此时，R_B 的值称为合适值，测之并记录。在此静态条件下，将信号源调制出的 5mV、1kHz 的正弦交流信号加在单管放大电路的交流输入端 u_i（注意将刚才的输入端短接线去掉），用示波器观察输出端的波形。在波形不失真的情况下，用晶体管毫伏表测量输出的电压值，记入表 5-3 中。

表 5-3　　　R_B 为合适值时的静态工作点、输出电压波形及输出电压大小记录表

电阻参数	U_i	测量值					计算值			
		U_B (V)	U_C (V)	U_E (V)	U_o (V)	u_o 波形	U_{CE}	I_B	I_C	A_V
R_B 为合适值 $R_C=3kΩ$ $R_L=∞$	5mV 1kHz									

2）在完成"步骤 1）"后，只改变负载电阻，使 $R_L=10kΩ$，观察此时的静态工作点、输出电压波形及输出电压大小的变化，在输出波形不失真的情况下，用晶体管毫伏表测量输出的电压值，填入表 5-4 中。

表 5-4　　　R_L 改变后的静态工作点、输出电压波形及输出电压大小记录表

电阻参数	U_i	测量值					计算值			
		U_B (V)	U_C (V)	U_E (V)	U_o (V)	u_o 波形	U_{CE}	I_B	I_C	A_V
R_B 为合适值 $R_C=3kΩ$ $R_L=10kΩ$	5mV 1kHz									

3) 在完成"步骤2)"后，仍将负载电阻开路，只将电阻 R_C 从 3kΩ 改变为 6.2kΩ，同样观察此时的静态工作点、输出电压波形及输出电压大小的变化，在输出波形不失真的情况下，用晶体管毫伏表测量输出的电压值，填入表 5-5 中。

表 5-5　　　　　R_C 改变后的静态工作点、输出电压波形及输出电压大小记录表

电阻参数	U_i	测　量　值					计　算　值			
		U_B (V)	U_C (V)	U_E (V)	U_o (V)	u_o 波形	U_{CE}	I_B	I_C	A_V
R_B 为合适值	5mV 1kHz									
$R_C=6.2$kΩ										
$R_L=∞$										

4) 在完成"步骤3)"后，仍将 R_C 调为 3kΩ，当把 R_{P1} 调为最小（左旋到头）或调为最大（右旋到头）时，将观察到 R_B 的改变对静态工作点、输出电压波形及输出电压大小的影响，将测量值填入表 5-6 中。

表 5-6　　　　　R_B 改变后的静态工作点、输出电压波形及输出电压大小记录表

电阻参数		U_i	测　量　值					计　算　值			
			U_B (V)	U_C (V)	U_E (V)	U_o (V)	u_o 波形	U_{CE}	I_B	I_C	A_V
$R_C=3$kΩ	R_B 最小	5mV									
$R_L=∞$	R_B 最大	1kHz									

(2) 电路动态参数的测量。

1) 测定放大电路的输入电阻和输出电阻。置 $R_C=3$kΩ，$R_L=10$kΩ，参考图 5-7 (b)、图 5-8。从 u_s 端输入 1kHz 的正弦波信号，在输出电压 u_o 不失真的情况下，用晶体管毫伏表测出 U_s、U_i、U_L，并在 U_s 保持不变的情况下，断开 R_L，测量空载输出电压 U_o，记入表 5-7 中。然后按实验原理中所提的方法求出 r_i 和 r_o。

表 5-7　　　　　　　　放大电路的输入、输出电阻测量数据记录表

U_s (mV)	U_i (mV)	r_i (kΩ) 计算值	U_L (V)	U_o (V)	r_o (kΩ) 计算值

表 5-8　　最大不失真输出电压数据记录表

U_i (mV)	U_o (V)	u_{opp} (V)

2) 测量最大不失真输出电压。置 $R_C=3$kΩ，$R_L=10$kΩ，按照实验原理中所述方法，同时调节输入信号的幅度和电位器 R_{P1}，用示波器和晶体管毫伏表测量 u_{opp} 及 u_o，记入表 5-8 中。

3) 测量幅频特性。置 $R_C=3$kΩ，$R_L=10$kΩ，首先输入 1kHz 的正弦波信号，调节其幅值，使输出波形不发生失真，然后保持输入信号幅值不变，改变输入信号频率，按照实验原理中所述方法用示波器观察其波形，测量时应注意取点要恰当，在低频段与高频段应多测几点，在中频段可以少测几点，将测量值记录在表 5-9 中，并绘制放大电路幅频特性曲线。

表 5-9 　　　　　　　　　　　　　　　　幅频特性数据记录表

测量量				f_L		f_O		f_H					
f													
U_o													
$A_V=U_o/U_i$													

六、实验报告

（1）列表整理测量结果，并把实测的静态工作点、电压放大倍数、输入电阻、输出电阻值与理论计算值相比较（取一组数据进行比较），分析产生误差原因。

（2）总结电阻参数的变化对静态工作点及放大器电压放大倍数、输入电阻、输出电阻的影响，讨论静态工作点变化对放大器输出波形的影响。

（3）分析讨论在调试过程中出现的问题。

（4）回答思考题。

七、思考题

（1）调试电路的静态工作点时，电阻 R_B 为什么需要用一只固定电阻与可调电阻相串联？静态工作点设置偏高（或偏低）是否一定会出现失真现象？

（2）当调节偏置电阻，使放大器输出波形出现饱和或截止失真时，晶体管的管压降 U_{CE} 怎样变化？改变负载 R_L 时会对电路的输入电阻和输出电阻产生影响吗？

（3）测试中，如果将信号源、晶体管毫伏表、示波器中任一仪器的两个测试端子接线换位（即各仪器的接地端不再连在一起），将会出现什么问题？

实验三　两级交流放大电路

一、预习要求

（1）复习多级放大电路内容及其中关于放大倍数、频率响应特性等的测量方法。

（2）了解放大电路的失真原理及消除方法。

（3）复习仿真软件的相关内容。

二、实验目的

（1）利用仿真软件进行两极交流放大电路的仿真测试。

（2）熟悉两级阻容耦合放大电路静态工作点的调试方法。

（3）学习两级放大电路电压放大倍数的测量方法。

（4）学习放大电路频率特性的调试方法。

三、实验仪器

双踪示波器，低频信号发生器，晶体管毫伏表，数字式（或指针式）万用表，电子技术实验台。

四、实验原理

在实际应用中，为了满足电子设备对放大倍数和其他性能方面的要求，常需要把若干个放大单元电路串接起来，将它们合理连接，构成多级放大电路。组成多级放大电路的每一个基本放大电路称为一级，级与级之间的连接称为级间耦合。多级放大电路有四种常见的耦合方式：直接耦合、阻容耦合、变压器耦合和光电耦合。直接耦合放大电路存在温度漂移问题，但因其低频特性好，能够放大变化缓慢的信号，便于集成化，而得到越来越广泛的应用。阻容耦合放大电路利用耦合电容隔离直流，较好地解决了温漂问题，但其低频特性差，不便于集成化，因此仅在分立元件电路情况下被广泛采用。变压器耦合放大电路低频特性差，但能够实现阻抗转换，常用作调谐放大电路或输出功率很大的功率放大电路。光电耦合放大电路具有电气隔离作用，使电路具有很强的抗干扰能力，适用于信号的隔离及远距离传送。

　　对于多级放大电路，其电压放大倍数等于组成它的各级电路电压放大倍数之积；其输入电阻是第一级的输入电阻，输出电阻是末级的输出电阻。在求解某一级的电压放大倍数时，应将后级输入电阻作为负载。多级放大电路输出波形失真时，应首先判断从哪一级开始产生失真，然后再判断失真的性质。在前级所有电路均无失真的情况下，末级的最大不失真输出电压就是整个电路的最大不失真输出电压。

　　图 5-8 所示为两级阻容耦合共射放大电路，级间通过电容 C_2 将前级的输出电压加在后级的输入电阻上（即构成前级的负载电阻），因此称为阻容耦合放大电路。

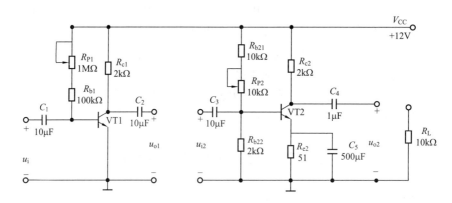

图 5-8　两级阻容耦合共射放大电路原理图

（一）静态工作点的分析

　　由于电容的隔直作用，两级放大电路的静态工作点互不相关，各自独立。因此求静态工作点可分级进行，分析与计算同单管放大电路。静态工作点的设置要求第二级在输出波形不失真的前提下幅值尽可能大，第一级为增加信噪比点尽可能低。

　　注意：如发现有寄生振荡，可采用以下措施消除：

　　（1）重新布线，尽可能走线短；

　　（2）可在三极管基极与发射极之间加几皮法到几百皮法的电容；

　　（3）信号源与放大器用屏蔽线连接。

（二）电压增益的计算

　　在多级放大电路中，前一级的输出信号就是后一级的输入信号，因此，多级放大电路的电压放大倍数 A_V 等于各级放大电路的电压放大倍数的乘积，即 $A_V = A_{V1}$，A_{V2}，…，A_{Vn}。多级放大电路的输入电阻就是输入级的输入电阻，而多级放大电路的输出电阻就是输出级的输出电阻。

（三）放大器的频率响应特性

放大器对不同频率信号的放大能力称为放大器的频率响应。有关它的下限频率 f_L 和上限频率 f_H 在本章实验二中已作介绍，通频带 $BW = f_H - f_L$。当两个相同的单级放大器组成一个两级放大器时，其总的下限截止频率 $f_L > f_{L1} = f_{L2}$，上限截止频率 $f_H < f_{H1} = f_{H2}$，即总通频带比单级通频带窄，而且级数越多，f_L 越高，f_H 越低，总通频带越窄。

五、实验内容及步骤

在实操前先利用虚拟软件进行相关内容的仿真测试，下面介绍实操内容及步骤。

按电路原理图核实实验电路及外部接线无误后，方可合上电源开关进行实验。

（1）调整静态工作点。测量两级放大电路的静态工作点时，必须保证放大器的输出波形不失真，若电路产生自激振荡，应加消振电容消振。接通电源后，调节 R_{P1} 即可调整第一级静态工作点，一般可使 $U_{C1} = 10V$ 左右。调整 R_{P2} 可调节第二静态工作点 Q，大致使 $U_{C2} = 8V$ 左右。测量时，应断开交流输入信号。

（2）测量两级放大电路的电压放大倍数：

1）从低频信号发生器引出 $u_i = 5mV$，$f = 1kHz$ 的输入信号，首先调整最佳静态工作点。用示波器观察第一、二级输出电压波形，同时调整 R_{P1} 及 R_{P2} 使输出的幅度最大不失真，此时静态工作点即为最佳静态工作点。

2）在输出不失真的情况下，分别测量并记录空载和负载情况下的第一、二级的静态工作点 Q_1，Q_2 以及第一、二级输出电压 u_{o1} 和 u_{o2}，计算 A_{V1}，A_{V2}，A_V，填入表 5-10 中，并将两种情况下的值进行比较。

表 5-10　　　　　　　　　两级交流放大电路测量数据记录表

静态工作点					输出电压		电压放大倍数		
第一级（V）		第二级（V）					第一级	第二级	两级
U_{B1}	U_{C1}	U_{B2}	U_{C2}	U_{E2}	u_{o1}	u_{o2}	A_{V1}	A_{V2}	A_V

（3）将放大电路第一级的输出与第二级的输入断开，使两级放大电路变成两个彼此独立的单极放大电路，分别测量输入、输出电压，并计算每级的放大倍数。将测量值填入表 5-11 中。此时的静态工作点同前，输出端皆空载。

表 5-11　　　　　两级交流放大电路每级的电压放大倍数测量数据记录表

第一级			第二级			A_V
U_i	u_{o1}	A_{V1}	u_{i2}	u_{o2}	A_{V2}	$A_V = A_{V1} A_{V2}$

（4）测量放大器的频率特性。在上面输入信号 $U_i = 5mV$，$f = 1kHz$ 测得中频增益的基础上，改变输入信号频率。注意，在改变的过程中始终要保持 $U_i = 5mV$。当频率由低向高调整时，使输出电压为中频时的 0.707 倍，此时所对应的频率即为上限截止频率，再由中频

向低频段调整，即减小输入信号频率，并保持 $U_i = 5\text{mV}$，当输出电压等于中频时的 0.707 倍，此时对应的频率即为下限截止频率。改变输入信号频率，输出基本不变部分只测几点即可，而在输出变化区间要多测量几点。将测量结果填入表 5 - 12 中，最后求出通频带。

表 5 - 12　　　　　　　　　两级交流放大电路的频率特性数据表

f（Hz）														
U_o（V）														

六、实验报告

（1）认真记录数据并填写相应表格。

（2）画出实验电路的频率特性简图，标出 f_H 和 f_L。

（3）回答思考题。

七、思考题

（1）如何将多个单级放大电路连接成多级放大电路？各种连接方式有什么特点？

（2）多级放大电路的动态参数与组成它的各个单级放大电路有什么关系？

（3）增加频率范围的方法是什么？

实验四　负反馈放大电路

一、预习要求

（1）预习反馈放大电路的基本内容及负反馈对放大电路性能的影响。

（2）认真阅读实验原理及实验内容，估计待测量的变化趋势。

（3）深入理解负反馈放大电路产生自激振荡的条件，了解在负反馈放大电路中接入校正网络以消除振荡的方法。

（4）复习仿真软件的相关内容。

二、实验目的

（1）使用仿真软件进行负反馈放大电路的仿真测试。

（2）加深了解电压串联负反馈对放大器性能的影响。

（3）掌握负反馈放大器性能指标的测量方法。

（4）掌握两级电压串联负反馈放大电路开环、闭环电压放大倍数、输入电阻和输出电阻的计算方法。

三、实验仪器

双踪示波器，低频信号发生器，晶体管毫伏表，数字式（或指针式）万用表，电子技术实验台。

四、实验原理

在电子电路中，将输出量的一部分或全部通过一定的电路形式作用到输入回路，用来影响其输入量的措施称为反馈。在分析反馈放大电路时，"有无反馈"决定于输出回路和输入回路是否存在反馈通路；"直流反馈或交流反馈"决定于反馈通路存在于直流通路还是交流通路；"正负反馈"的判断可采用瞬时极性法，反馈的结果使净输入量减小的为负反馈，使净输入量增大的为正反馈。

引入交流负反馈后，虽然电路放大倍数有所降低，但是可以使放大器的某些性能大大改善。例如可以提高放大倍数的稳定性，可以根据需要灵活地改变输入电阻和输出电阻、展宽频带、减小非线性失真等。因而，负反馈在电子电路中有着非常广泛的应用。交流负反馈有四种组态：电压串联型、电压并联型、电流串联型和电流并联型。若反馈量取自输出电压，则称之为电压反馈；若反馈量取自输出电流，则称之为电流反馈。输入量、反馈量和净输入量以电压形式相叠加，称为串联反馈；以电流形式相叠加，称为并联反馈。为判断交流负反馈放大电路中引入的是电压反馈还是电流反馈，可令输出电压等于零，若反馈量随之为零，则为电压反馈；若反馈量依然存在，则为电流反馈。

由于负反馈放大电路的级数越多，反馈越深，其产生自激振荡的可能性就越大，因此实用的负反馈放大电路以三级最常见。当产生自激振荡时，必须在放大电路合适的位置加小容量的电容或电阻和电容的串联电路消振。

（一）负反馈降低了放大倍数

如图 5-9 所示，如果原放大器输入为 X_s，加入负反馈后放大器输入信号为 X_i，反馈信号为 X_f。则 $X_i = X_s - X_f$。$X_s = X_i + X_f$、$X_f = FX_o$。式中，$F = X_f/X$，称为反馈系数。若原放大器的放大量为 $A = X_o/X_i$，加入负反馈后的放大量为

$$A_f = X_o/X_s = A/(1+AF)$$

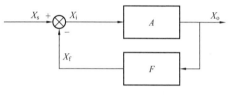

图 5-9 反馈放大电路原理框图

式中：A 称为基本放大器放大倍数，即开环放大倍数；A_f 称为闭环放大倍数；AF 称为回路增益；$1+AF$ 称为反馈深度，它的大小决定了负反馈对放大器性能的改善程度。

通过上面的分析可知，引入负反馈会使放大器放大倍数降低，但却改善了放大器的其他性能，因此负反馈在放大器中仍获得广泛的应用。

（二）负反馈提高了放大器增益的稳定性

在输入信号一定的情况下，当电源电压波动、电路参数或负载发生变化时，将会引起放大器的增益发生变化，加入负反馈后可使这种变化相对变小，即负反馈可以提高放大器增益的稳定性。其原理如下：如果 $AF \gg 1$，则 $A_f \approx 1/F$，由此可知，强负反馈时放大器的放大量是由反馈网络确定的，而与原放大器的放大量无关。为了说明放大器放大量随着外界变化的情况，通常用放大倍数的相对变化量来评价其稳定性。

对式 $A_f = A/(1+AF)$ 进行微分可得

$$\frac{\mathrm{d}A_f}{A_f} = \frac{1}{1+AF} \frac{\mathrm{d}A}{A}$$

这表示有负反馈使放大倍数的相对变化减小为无负反馈时的 $1/(1+AF)$，因此，负反馈提高了放大器增益的稳定性，而且反馈深度越深，放大倍数稳定性越好。

（三）负反馈展宽了放大器的通频带

如图 5-10 所示，引入负反馈后，放大器频响曲线的上限频率 f_H 和下限

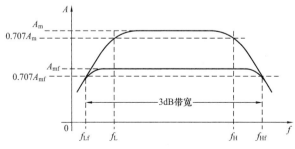

图 5-10 负反馈对通频带和放大倍数的影响

频率 f_L 分别为

$$f_H = (1+AF)f_H, \quad f_L = f_L/(1+AF)$$

通频带展宽为 $BW_f = f_H - f_L = (1+AF)BW$，即通频带比无反馈加宽（$1+AF$）倍。

（四）负反馈使放大器的输入、输出阻抗发生变化

由于串联反馈是在原放大器的输入回路串接了一个反馈电压，因而提高了放大器的输入阻抗；而并联反馈增加了原放大器的输入电流，因而降低了放大器的输入阻抗。电压反馈使放大器的输出阻抗降低；而电流反馈使放大器的输出阻抗变大。此外，负反馈对输入电阻和输出电阻影响的程度与反馈深度有关，反馈深度越深，影响越大。

（五）负反馈还可以减小非线性失真和抑制干扰

由于放大器件特性曲线的非线性，当输入信号为正弦波时，输出信号可能产生或多或少的非线性失真，如果把非线性失真看成在输出波形中除了基波成分以外，增加了某些谐波成分，则引入负反馈后，在保持基波成分不变的情况下（为此，需增大输入信号），降低了谐波成分，从而减小了非线性失真。可以证明，在非线性失真不太严重时，输出波形中的非线性失真近似减小为原来的 $1/(1+AF)$。根据同样的道理，采用负反馈也可以抑制由载流子热运动所产生的噪声，由于可以将噪声看成是放大电路内部产生的谐波电压，因此也可以大致被抑制为原来的 $1/(1+AF)$。

当放大电路受到干扰时，也可以利用负反馈进行抑制。但是，如果干扰是同输入信号同时混入的，则引入负反馈将无济于事。

如图 5-9 所示，本实验采用两级电压串联负反馈电路，通过有关指标的测试来帮助读者进一步理解负反馈对放大电路性能的影响。

五、实验内容及步骤

在实操前先利用虚拟软件进行相关内容的仿真测试，下面介绍实际操作内容及步骤。

熟读原理图 5-11，并按要求进行连线。

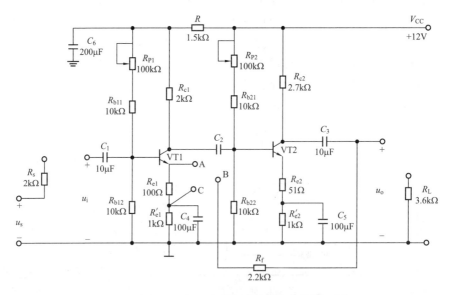

图 5-11　两级电压串联负反馈放大电路原理图

（1）调整各级静态工作点。分别调节 R_{P1}、R_{P2}，使 U_{C1} 与 U_{C2} 为 7V 左右（B、C 端相连），测量并记录各级静态工作点的值，填入表 5-13 中。

表 5-13　　　　　　　　　　　　各级静态工作点测量数据表

测量项目	U_{B1}	U_{E1}	U_{C1}	U_{B2}	U_{E2}	U_{C2}
测量值（V）						

（2）测定两级电压串联负反馈电路开环（B 连 C，可近似认为得出了基本放大器）与闭环（A 连 B）时中频段电压放大倍数。

调节信号发生器，使之输出 1kHz、5mV 的正弦波信号，加在负反馈放大电路的 U_i 输入端，观察输出波形。在无明显失真情况下，分别测出空载和负载时开环与闭环的输出电压，填入表 5-14 中。并根据本章实验二中输出电阻的计算方法计算输出电阻。

表 5-14　　　　　　　　负反馈对中频电压放大倍数及输出电阻的影响

状　态		u_o（V）	u_i（mV）	A_V	r_o
开　环	$R_L=\infty$				
	$R_L=3.6k\Omega$				
闭　环	$R_L=\infty$	5mV，1kHz			
	$R_L=3.6k\Omega$				

（3）输入电阻的测量。信号发生器从 u_s 端接入（即将电阻 $R_s=2k\Omega$ 接入电路），保持其频率 $f=1kHz$，加大信号源电压，在电路开环或闭环时，使 u_i 端被测值为 5mV，根据本章实验二中输入电阻的计算方法，测量有关参数，填入表 5-15 中，并计算输入电阻（输出端要接入负载电阻）。

（4）负反馈对放大电路失真的改善作用。

1）将电路开环（输出端空载），在 u_i 输入端加入频率为 1kHz 的信号，逐步加大信号源电压，使输出信号出现非线性失真（不要过分失真），记录此时的输出波形，并用晶体管毫伏表测量 u_i、U_{be}。

2）接着，将电路闭环（输出端空载），适当调节信号源电压，使此时的 U_{be} 接近开环时的 U_{be}，观察并记录此时的输出波形，用晶体管毫伏表测量 u_i，将结果填入表 5-16 中。

表 5-15　　负反馈对输入电阻的影响

状态	u_s（mV）	u_i（mV）	r_i
开环		5mV	
闭环		1kHz	

表 5-16　　　负反馈对失真的改善

状态	u_o 波形	u_i	U_{be}
开环			
闭环			

（5）测放大电路频率特性。

1）将电路先开环，选择 u_i 适当幅度（频率为 1kHz）使输出信号在示波器上有正弦波显示，保持输入信号幅度不变逐步增加频率，直到波形减小为原来的 70%，此时信号频率即为放大电路 f_H。

2）条件同上，但逐渐减小频率，测得 f_L。

3）将电路闭环，重复 1）～2）步骤，并将结果填入表 5-17 中。并绘出开环、闭环的幅频特性曲线（在转折处多测几点）。

表 5 - 17　　　　　　　　　　　　负反馈对放大电路频率特性的影响

开环	f（Hz）										
	u_o（V）										
闭环	f（Hz）										
	u_o（V）										

六、实验报告

（1）认真记录数据并填写相应表格。

（2）将实验值与理论值比较，分析误差原因。

（3）根据实验内容总结负反馈对放大电路的影响。

（4）回答思考题。

七、思考题

（1）图 5 - 11 中，B 接 C 为什么能近似得到基本放大器？

（2）怎样判断放大器是否存在自激振荡？如何进行消振？

实验五　射极跟随器

一、预习要求

（1）预习教材中有关射极跟随器的原理及特点。

（2）写出射极跟随器静态工作点及动态性能指标的计算公式。

（3）根据图 5 - 12 电路参数，估算被测量的变化范围。

（4）复习仿真软件的相关内容。

二、实验目的

（1）利用仿真软件进行射极跟随器的仿真测试。

（2）掌握射极跟随器的特性及测量方法。

（3）进一步学习放大器参数的测量方法。

三、实验仪器

双踪示波器，低频信号发生器，晶体管毫伏表，数字式（或指针式）万用表，电子技术实验台。

四、实验原理

图 5 - 12 为射极跟随器原理图。射极跟随器具有良好的温度稳定性、输入电阻高、输出电阻低、电压放大倍数接近于 1 和输出电压与输入电压同相等特点且输出电压能够在较大的范围内跟随输入电压作线性变化，因而具有优良的跟随特性，因此又称跟随器。由于这些

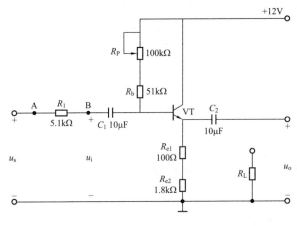

图 5 - 12　射极跟随器原理图

特点，射极跟随器常被用作测量放大器的输入级，以减小对被测电路的影响，提高测量的精度；另外，如果放大电路的输出端是一个变化的负载，那么为了在负载变化时保证放大电路的输出电压比较稳定，要求放大电路具有很低的输出电阻，则此时可以采用射极跟随器作为放大电路的输出级。

所谓电压跟随范围，是指跟随器输出电压与输入电压作线性变化的区域。但在输入电压超过一定范围时，输出电压便不能跟随输入电压作线性变化，失真急剧增加，所以在管子、电路参数、使用条件（如电源电压、负载、环境温度等）确定以后，则电路的跟随范围也就确定了。

五、实验内容及步骤

在实操前先利用虚拟软件进行相关内容的仿真测试，下面介绍实际操作内容及步骤。

（一）接线

按图 5-12 电路接线。

（二）直流工作点的调整

将直流电源+12V 接上，在 A 点加 $f=1\text{kHz}$ 的正弦波信号，输出端用示波器监视，调整 R_P 及信号源输出幅度直至示波器屏幕上得到一个最大不失真输出波形，然后断开输入信号，用万用表测量晶体管各极对地电位，即为放大器的静态工作点，将所测数据填入表5-18 中。

（三）测量电压放大倍数 A_V

接入负载 $R_L=1\text{k}\Omega$，在 A 点加入 $f=1\text{kHz}$ 的信号，调输入信号幅度（此时电位器 R_P 不能再旋动），用示波器观察，在输出最大不失真情况下测量输入电压 U_i、负载电压 U_o 值，将所测数据填入表 5-19 中。

表 5-18	放大器静态工作点数据表		
U_B（V）	U_C（V）	U_E（V）	$I_E=U_E/R_E$

表 5-19	放大器电压放大倍数数据表	
U_i（V）	U_o（V）	$A_V=U_o/U_i$

（四）测量输入电阻 R_i（采用换算法）

在 A 点加入 $f=1\text{kHz}$ 的信号，用示波器观察输出波形，用晶体管毫伏表分别测 A、B 点对地电位 U_s、U_i。则 $R_i=\dfrac{U_i}{U_s-U_i}R=\dfrac{R}{\dfrac{U_s}{U_i}-1}$，将测量数据填入表 5-20 中。

（五）测量输出电阻 R_o

在 B 点加入 $f=1\text{kHz}$ 的信号，$U_i=100\text{mV}$ 左右，接上负载 $R_L=2.2\text{k}\Omega$，用示波器观察输出波形，用毫伏表测量空载输出电压 U_o，有负载时输出电压 U_L，则 $R_o=\left(\dfrac{U_o}{U_L}-1\right)R_L$，将所测数据填入表 5-21 中。

表 5-20	放大器输入电阻数据表	
U_s（V）	U_i（V）	R_i

表 5-21	放大器输出电阻数据表	
U_o（mV）	U_L（mV）	R_o

（六）测射极跟随器的跟随特性

接入负载 $R_L = 2.2\text{k}\Omega$，在 B 点加入 $f = 1\text{kHz}$ 的信号，逐渐增大输入信号幅度 U_i，用示波器监视输出端，在波形不失真时，用晶体管毫伏表测量对应的 U_L，计算出 A_V。并用示波器测量输出电压的峰—峰值 U_{pp}，与电压表读测的对应输出电压有效值比较，将所测数据填入表 5-22 中。

表 5-22　　　　　　　　　　　　射极跟随器的跟随特性表

测量量	1	2	3	4
U_i				
U_L				
U_{pp}				
A_V				

六、实验报告

（1）认真记录数据并填写相应表格，画出必要的波形及曲线。

（2）将实验结果与理论计算比较，讨论误差产生原因。

（3）回答思考题。

七、思考题

（1）射极跟随器的电压放大倍数小于 1，对电流和功率有无放大作用？为什么？

（2）测量 $U_o = f(U_i)$ 曲线时，用一只晶体管毫伏表先后测量 U_o 和 U_i 好，还是用两只晶体管毫伏表分别测量？

（3）R_B 电阻的选择对提高放大器输入电阻有何影响？

实验六　差分放大电路

一、预习要求

（1）复习差分放大器工作原理及性能分析方法等有关内容。

（2）了解差分放大电路常见的三种电路形式：基本形式、长尾式和恒流源式。

（3）了解差分放大电路输入、输出的四种接法及各自特点。

（4）复习仿真软件的相关内容。

二、实验目的

（1）掌握仿真实验的有关操作，利用仿真软件进行差分放大电路的仿真测试。

（2）通过实验，加深对差分放大器性能特点的理解。

（3）了解直流差分放大器的组成、调零方法以及如何构成不同的输入输出方式。

（4）掌握对差分放大器电路的调整及其性能指标的测试方法。

三、实验仪器

双踪示波器，低频信号发生器，晶体管毫伏表，数字式（或指针式）万用表，直流稳压电源，电子技术实验台。

四、实验原理

前面介绍的多极直接耦合放大电路因其低频特性好，能够放大变化缓慢的信号，便于集成化，而得到广泛的应用。但直接耦合放大电路却存在零点漂移现象，即输入电压为零而输出电压不为零且缓慢变化的现象。产生零点漂移现象的原因很多，如电源电压的波动、元器件的老化、半导体器件参数随温度变化而产生的变化，都将产生输出电压的漂移，其中由于温度变化所引起的半导体器件参数的变化是产生零点漂移现象的主要原因，因而也称零点漂移现象为温度漂移，简称温漂。抑制温度漂移的方法很多，如在电路中引入直流负反馈；采用温度补偿的方法，利用热敏元件来抵消放大管的变化；采用特性相同的管子，构成差分放大电路，使它们的温度漂移相互抵消。

差分放大电路抑制温度漂移的措施有两种：一是通过电路的对称性，消除温度漂移；二是通过发射极电阻 R_E 降低每个电路的温度漂移。根据输入端与输出端接地情况不同，差分放大电路有四种接法，分别为双端输入、双端输出；双端输入、单端输出；单端输入、双端输出；单端输入、单端输出。这四种接法各自都有其特点和适用范围，详见课本有关内容。

在差分放大电路中，由于两边电路是对称的，因此输出是两个单端输出的差值，因此对于像温度变化、电源波动等共模信号，只能造成单端输出的漂移，而不会影响双端输出电压的数值。电路原理图如图 5-13 所示。其中 VT1，VT2 组成了差分放大器，它由两个元件参数相同的基本共射放大电路组成。当端子 1 和 2 相连时，构成典型差动放大器。调零电位器 R_P 用来调节 VT1，VT2 的静态工作点，使得输入信号 $U_i=0$ 时，双端输出电压 $U_o=0$。R_E 为两管共用的发射极电阻，对于差模信号，由于电路是对称的，一只管子电流上升，另一只管子电流则下降，流过 R_E 的总电流 $2I_E$ 是不变的，所以对差模信号来说，R_E 不起负反馈作用，因而不影响差模电压放大倍数；但它对于由共模信号造成的单端输出的漂移则具有强烈的负反馈和抑制作用，因此可以有效地抑制零漂，稳定静态工作点。当端子 1 和 3 相连时，构成具有恒流源的差动放大器，用晶体管恒流源代替发射极电阻 R_E，可以进一步提高差动放大器抑制共模信号的能力。

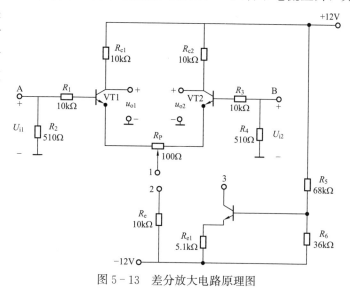

图 5-13　差分放大电路原理图

五、实验内容及步骤

在实操前先利用虚拟软件进行相关内容的仿真测试，下面介绍实际操作内容及步骤。

（一）典型差动放大器性能测试（1、2 端相连）

仔细阅读实验原理图，按照要求进行连线。接线完毕，检查无误后，方可操作。

1. 测量静态工作点

（1）调零。将输入端 U_{i1}、U_{i2} 短路并接地，接通直流电源，调节电位器 R_P 使双端输出

电压 $U_o=0V$（为了准确，当 U_o 接近于 0V 时，要用万用表的小电压量程测）。

（2）测量静态工作点。零点调好以后，用数字式电压表测量 VT1、VT2 各电极电位及射极电阻 R_E 的压降 U_R，记入表 5 - 23 中。

表 5 - 23　　　　　　　　　　　　　各级静态工作点数据表

测量项目	U_{B1} (V)	U_{C1} (V)	U_{E1} (V)	U_{B2} (V)	U_{C2} (V)	U_{E2} (V)	U_R
测量值							

2. 双端输入

（1）加差模信号。调节电子实验台直流电压源一路为 +0.1V，另一路为 -0.1V，分别加到 U_{i1} 和 U_{i2} 上，测出 U_{o1}、U_{o2}、U_o 并填入表 5 - 24 中，并由测量数据算出单端和双端输出的电压放大倍数。（$U_i=U_{i1}-U_{i2}$）

（2）加共模信号。将 U_{i1} 和 U_{i2} 短接，即 A、B 相连，调节电子实验台直流电压源输出（分别为 +0.1V 和 -0.1V），加到 A（或 B）上，即两输入端加上极性相同大小相等的共模信号，测出不同输入（+0.1V 和 -0.1V）下的 U_{o1}、U_{o2}、U_o 并填入表 5 - 24 中，并由测量数据算出单端和双端输出的电压放大倍数。进一步算出共模抑制比 $CMRR=A_d/A_c$。

表 5 - 24　　　　　　　　　　　　　双端输入测量数据表

输入信号	差模输入						共模输入						共模抑制比
	测量值			计算值			测量值			计算值			计算值
	U_{o1}	U_{o2}	U_o	A_{d1}	A_{d2}	A_d	U_{o1}	U_{o2}	U_o	A_{c1}	A_{c2}	A_c	A_d/A_c
+0.1													
-0.1													

3. 单端输入

在图 5 - 13 中，将 U_{i2} 接地，组成单端输入差分放大器，从 U_{i1} 输入直流信号 ±0.1V，测量不同输入下的单端及双端输出，填表 5 - 25 记录电压值。由测量数据算出单端输入时的单端和双端输出的电压放大倍数，并与双端输入时的单端和双端差模电压放大倍数进行比较。

表 5 - 25　　　　　　　　　　　　　单端输入测量数据表

输入信号	电 压 值			放大倍数 A_V
	U_{o1}	U_{o2}	U_o	
+0.1				
-0.1				

注意：为使测量结果准确，每改变一次工作状态都要核对一下其零点，即在没加信号时，看输出是否为零，如不为零则应加以调整。

（二）恒流源式差动放大器性能测试（1、3 端相连）

将电路接成恒流源式差动放大电路，重复 1. 中步骤，将结果填入相应的表中。表格请读者自拟，可参照表 5 - 23～表 5 - 25。

六、实验报告

（1）认真记录数据并填写相应表格。

（2）分析测量结果与理论的误差，讨论其产生原因。

（3）总结差分放大器的特点。

（4）回答思考题。

七、思考题

（1）电路中的 R_P 起什么作用？直流差动放大器是用什么方法来抑制零点漂移的？

（2）差动放大器中 R_e 和恒流源起什么作用？提高 R_e 阻值受到什么限制？

（3）如何组成单端输入、单端输出电路？放大倍数与双端输入、双端输出有何不同？

实验七　集成运算放大器的指标测试

一、预习要求

（1）复习集成运算放大器（以下简称运放）组件的常用技术指标和定义，了解有关的技术指标产生的原因及测量原理。

（2）查阅 μA741 型运放典型指标数据及引脚功能。

二、实验目的

（1）掌握 μA741 型运放主要指标的测试方法。

（2）通过对 μA741 型运放指标的测试，了解集成运算放大组件的主要参数的定义和表示方法。

三、实验仪器

双踪示波器，低频信号发生器，晶体管毫伏表，数字式（或指针式）万用表，电子技术实验台，μA741 型运算。

四、实验原理

集成运算放大器是一种线性集成电路，与其他半导体器件一样，是用一些性能指标来衡量其质量的优劣的，为了正确使用集成运放，就必须了解它的主要参数指标。当选定集成运放的产品型号后，通常只要查阅有关的器件手册即可得到各项参数值，而不必逐个测试。但手册中给出的往往只是典型值，由于材料和制作工艺的分散性，每个运放的实际参数与给定典型值之间可能存在差异，因此仍需对参数进行测试。集成运放组件的各项指标通常是由专用仪器进行测试的，这里介绍的是一种简易测试方法。

本实验采用的 μA741 型运放型号为，其引脚排列如图 5 - 14 所示。它是八脚双列直插式组件，2 脚和 3 脚为反相输入端和同相输入端；6 脚为输出端；7 脚和 4 脚为正电源端和负电源端；1 脚和 5 脚为失调调零端，在 1 脚和 5 脚之间可接入一只几十千欧的电位器进行调零，并将电位器滑动触头接到负电源端；8 脚为空脚。

（一）输入失调电压 U_{os}

理想运放输入信号为零时，其输出直流电压也应为零。但实际上，如果没有外界调零的措施，由于运放内部差动输入级参数的不完全对称，输出电压往往不为零。这种零输入时输出不为零的现象称为集成运放的失调。输入失调电压 U_{os} 是指输入信号为零时，输出端出现的电压折算到同相输入端的数值。失调电压测试电路如图 5 - 15 所示。

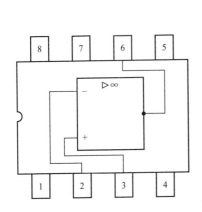

图 5-14　μA741 型运放引脚排列图

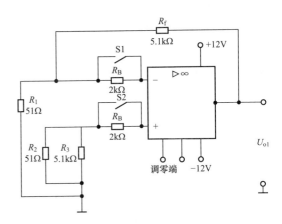

图 5-15　失调电压（电流）测试电路

闭合开关 S1 及 S2，使电阻 R_B 短接，测量此时的输出电压 U_{o1} 即为输出失调电压，则输入失调电压为

$$U_{os} = \frac{R_1}{R_1 + R_f} U_{o1}$$

实际测出的 U_{o1} 可能为正，也可能为负，一般运放的 U_{os} 为 $1 \sim 10mV$，高质量的在 1mV 以下。测试中应注意：将运放调零端开路；要求电阻 R_1 和 R_2、R_3 和 R_f 的参数严格对称。

（二）输入失调电流 I_{os}

输入失调电流 I_{os} 是指当输入信号为零时，运放的两个输入端的基极偏置电流之差，即

$$I_{os} = |I_{B1} - I_{B2}|$$

输入失调电流的大小反映了运放内部差动输入级两个晶体管 β 的失配度，由于 I_{B1}，I_{B2} 本身的数值已很小（微安级），因此它们的差值通常不是直接测量的。其测试电路如图 5-15 所示，测试过程分两步进行。

（1）闭合开关 S1 及 S2，在低输入电阻下，测出输出电压 U_{o1}，如前所述，这是由输入失调电压 U_{os} 所引起的输出电压。

（2）断开 S1 及 S2，两只输入电阻 R_B 接入，由于 R_B 阻值较大，流经它们的输入电流的差异，将变成输入电压的差异，因此，也会影响输出电压的大小。可见测出两只电阻 R_B 接入时的输出电压 U_{o2}，若从中扣除输入失调电压 U_{os} 的影响，则输入失调电流 I_{os} 为

$$I_{os} = |I_{B1} - I_{B2}| = |U_{o2} - U_{o1}| \cdot \frac{R_1}{R_2 + R_f} \cdot \frac{1}{R_B}$$

一般，I_{os} 在几十纳安至 100nA 之间，高质量的低于 1nA。测试中应注意：将运放调零端开路；两输入端电阻 R_B 必须准确配对。

（三）开环差模放大倍数 A_{od}

集成运放在没有外部反馈时的直流差模放大倍数称为开环差模电压放大倍数，用 A_{od}

表示。它定义为开环输出电压 U_o 与两个差分输入端之间所加信号电压 U_{id} 之比，即 $A_{od}=U_o/U_{id}$。

按定义 A_{od} 应是信号频率为零时的直流放大倍数，但为了测试方便，通常采用低频（几十赫以下）正弦交流信号进行测量。由于集成运放的开环电压放大倍数很高，难以直接进行测量，因此一般采用闭环测量方法。A_{od} 的测试方法很多，现采用交、直流同时闭环的测试方法，如图 5-16 所示。

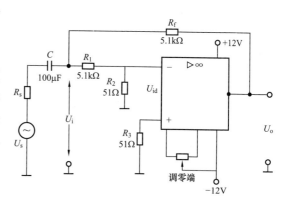

图 5-16 开环电压放大倍数测试电路

被测运放一方面通过 R_f、R_1、R_2 完成直流闭环，以抑制输出电压漂移，另一方面通过 R_f 和 R_s 实现交流闭环，外加信号 U_s 经 R_1、R_2 分压，使 U_{id} 足够小，以保证运放工作在线性区，同相输入端电阻 R_3 应与反相输入端电阻 R_2 相匹配，以减小输入偏置电流的影响，电容 C 为隔直电容。被测运放的开环电压放大倍数为

$$A_{od}=\frac{U_o}{U_{id}}=\left(1+\frac{R_1}{R_2}\right)\left|\frac{U_o}{U_i}\right|$$

测试中应注意：测试前电路应首先消振及调零；被测运放要工作在线性位；输入信号频率应较低（一般集成运放的上限频率只有几赫至几千赫），一般用 $50\sim100Hz$，输出信号幅度应较小，且无明显失真。

（四）共模抑制比

集成运放的差模电压放大倍数 A_d 与共模电压放大倍数 A_c 之比称为共模抑制比 $CMRR$，即

$$CMRR=\left|\frac{A_d}{A_c}\right| \quad 或 \quad CMRR=20\lg\left|\frac{A_d}{A_c}\right| \quad dB$$

共模抑制比在应用中是一个很重要的参数，理想运放对输入的共模信号其输出为零，但在实际的集成运放中，其输出不可能没有共模信号的成分，输出端共模信号越小，说明电路对称性越好。也就是说运放对共模干扰信号的抑制能力越强，即 $CMRR$ 越大。$CMRR$ 的测试电路如图 5-17 所示。

集成运放工作在闭环状态下的差模电压放大倍数为 $A_d=-\dfrac{R_f}{R_1}$。

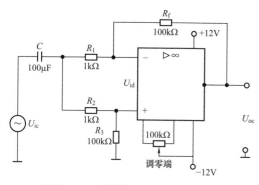

图 5-17 共模抑制比的测试电路

当接入共模输入信号 U_{ic} 时，测得 U_{oc}，则共模电压放大倍数为 $A_c=\dfrac{U_{oc}}{U_{ic}}$。

于是共模抑制比为

$$CMRR = \left| \frac{A_d}{A_c} \right| = \frac{R_f}{R_1} \cdot \frac{U_{ic}}{U_{oc}}$$

测试中应注意：消振与调零；R_1 与 R_2、R_8 与 R_f 之间阻值严格对称；输入信号 U_{ic} 幅度必须小于集成运放的最大共模输入电压 U_{icm}。

（五）共模输入电压范围 U_{icm}

集成运放所能承受的最大共模电压称为共模输入电压范围，超出这个范围，运放的 $CMRR$ 会大大下降，输出波形产生失真，有些运放还会出现"自锁"现象及永久性的损坏。U_{icm} 的测试电路如图 5-18 所示。被测运放接成电压跟随器形式，输出端接示波器，观察最大不失真输出波形，从而确定 U_{icm} 值。

（六）输出电压最大动态范围 U_{opp}

集成运放的动态范围与电源电压、外接负载及信号源频率有关。测试电路如图 5-19 所示。改变输入电压幅度，观察输出电压削顶失真开始时刻，从而确定输出电压的不失真范围，这就是运放在某一定电源电压下可能输出的电压峰—峰值 U_{opp}。

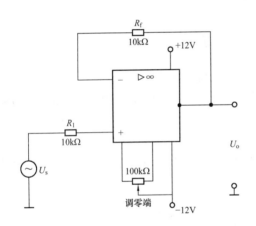
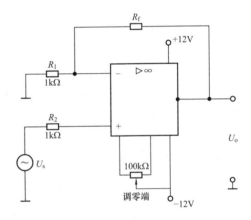

图 5-18　共模输入电压范围测试电路　　　　图 5-19　输出电压最大动态范围测试电路

五、实验内容及步骤

实验前要熟记运放引脚排列、电源电压极性及数值，切忌正、负电源接反；要谨记测试各技术指标时的注意事项。

（一）测量输入失调电压 U_{os}

按图 5-15 连接实验电路，闭合开关 S1、S2，用数字直流电压表测量输出端电压 U_{o1}，并计算 U_{os}。记入表 5-26 中。

（二）测量输入失调电流 I_{os}

实验电路如图 5-15，打开开关 S1、S2，用数字直流电压表测量输出端电压 U_{o2}，计算 I_{os}，并记入表 5-26 中。

（三）测量开环差模电压放大倍数 A_{od}

按图 5-16 连接实验电路，运放输入端加频率为 100Hz，大小为 30～50mV 的正弦信号，用示波器监视输出波形。用晶体管毫伏表测量 U_o 和 U_i，并计算 A_{od}，记入表 5-26 中。

（四）测量共模抑制比

按图 5-17 连接实验电路，运放输入端加 $f=10\text{Hz}$，$U_{ic}=12\text{V}$ 正弦信号，监视输出波形。测量 U_{oc} 和 U_{ic}，计算 A_c 及 $CMRR$，记入表 5-26 中。

表 5-26　　集成运放的指标测试数据表

测试项目	测量值	计算值	
输入失调电压 U_{os}	$U_{o1}=$	$U_{os}=$	
输入失调电流 I_{os}	$U_{o2}=$	$I_{os}=$	
开环差模电压放大倍数 A_{od}	$U_o=$	$A_{od}=$	
	$U_i=$		
共模抑制比 $CMRR$	$U_{oc}=$	$A_d=$	$A_c=$
	$U_{ic}=$	$CMRR=$	

六、实验报告

（1）认真记录数据并填写相应表格，将所测得的数据与典型值进行比较。

（2）对实验结果及实验中碰到的问题进行分析、讨论。

（3）回答思考题。

七、思考题

（1）测量输入失调参数时，为什么运放反相及同相输入端的电阻要精选，以保证严格对称？

（2）测量输入失调参数时，为什么要将运放调零端开路，而在进行其他测试时，则要求对输出电压进行调零？

（3）测试信号的频率选取的原则是什么？

（4）测量 A_{od} 与 $CMRR$ 时，输出端是否需要用示波器监视？

八、设计部分

（一）设计内容

利用集成运放构成两级并联负反馈放大器。

（二）设计技术指标要求

基本要求：放大器第一级为同相输入电路，电压放大倍数为 4；第二级为反相输入放大电路，电压放大倍数为 5。

给定条件：电源电压 $\pm12\text{V}$，第一级输入端电阻 $R_1=10\text{k}\Omega$，级间负反馈电阻 $R_f=75\text{k}\Omega$，负载电阻 $R_L=2\text{k}\Omega$。

（三）设计要求

（1）了解 μA741 型运放、LM324 型运放的引脚排列及相关使用。

（2）拟定调试内容及步骤（可以参照分立元件负反馈放大电路相关内容），画出测试电路图及测试数据记录表格。

（3）利用仿真软件进行设计并仿真。

（4）按照要求选择电路元器件，安装并调试电路。

（四）报告要求

（1）写出设计过程，画出原理图。

（2）写出调试步骤，整理所测实验数据。

（3）介绍设计方案，总结经验，列出元器件清单及有关参考书目。

附注：集成运放在使用时应考虑的一些问题：

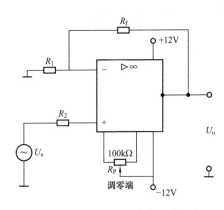

图 5-20　有外接调零端调零电路

（1）输入信号选用交、直流量均可，但在选取信号的频率和幅度时，应考虑运放的频响特性和输出幅度的限制。

（2）调零。为提高运算准确度，在运算前，应首先对直流输出电位进行调零，即保证输入为零时，输出也为零。当运放有外接调零端子时，图 5-20 可按组件要求接入调零电位器 R_P。调零时，将输入端接地，调零端接入电位器 R_P，用直流电压表测量输出电压 U_o，细心调节 R_P，使 U_o 为零（即失调电压为零）。如运放没有调零端子，若要调零，可按图 5-21 所示电路进行调零。

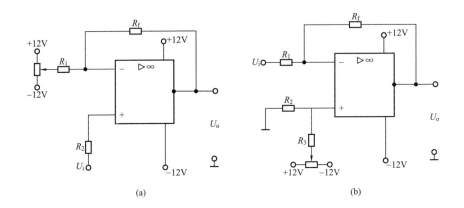

图 5-21　无外接调零端调零电路

（a）电路一；（b）电路二

一个运放如不能调零，大致有如下原因：

1）组件正常，接线有错误。

2）组件正常，但负反馈不够强（R_f/R_1 太大），为此可将 R_f 短路，观察是否能调零。

3）组件正常，但由于它所允许的共模输入电压太低，可能出现自锁现象，因而不能调零。为此可将电源断开后，再重新接通，如能恢复正常，则属于这种情况。

4）组件正常，但电路有自激现象，应进行消振。

5）组件内部损坏。应更换好的集成电路。

（3）消振。一个集成运放自激时，表现为即使输入信号为零，也会有输出，使各种运算功能无法实现，严重时还会损坏器件。在实验中，可用示波器监视输出波形。为消除运放的自激，常采用的措施为：①若运放有相位补偿端子，可利用外接 RC 补偿电路，产品手册中有补偿电路及元器件参数提供；②电路布线、元器件布局应尽量减少分布电容；③在正、负电源进线与地之间接上几十微法电解电容和 $0.01 \sim 0.1 \mu F$ 的陶瓷电容相并联以减小电源引线的影响。

实验八　集成运放的基本运算电路

一、预习要求

（1）复习集成运放线性应用部分内容，并根据实验电路参数计算各电路输出电压的理论值。

（2）了解运算放大器在实际应用时应考虑的一些问题。

（3）复习仿真软件的相关内容。

二、实验目的

（1）能够利用仿真软件进行集成运放基本运算电路的仿真测试。

（2）了解集成运放组成的比例放大、加法、减法和积分等基本运算电路的功能。

（3）掌握以上几种电路的测试和分析方法。

三、实验仪器

双踪示波器，低频信号发生器，晶体管毫伏表，数字式（或指针式）万用表，电子技术实验台。

四、实验原理

集成运算放大器是具有两个输入端、一个输出端的高增益、高输入阻抗的电压放大器，当外部接入不同的线性或非线性元器件组成负反馈电路时，可以灵活地实现各种特定的函数关系。例如反馈网络为线性电路时，运算放大器的功能有比例放大、加法、减法、微分和积分等；反馈网络为非线性电路时，可实现对数、乘和除等功能；还可组成各种波形形成电路。以下内容讨论其线性应用方面的基本运算电路。

（一）比例运算电路

1. 反相比例运算电路

反相比例运算电路如图 5-22 所示。对于理想运放，该电路的输出电压与输入电压之间的关系为

$$U_{\text{o}}=-\frac{R_{\text{f}}}{R_1}U_{\text{i}}$$

为了减小输入级偏置电流引起的运算误差，在同相端应接入平衡电阻 $R_2=R_1//R_{\text{f}}$。

2. 同相比例运算电路

图 5-23 所示为同相比例运算电路。它的输出电压与输入电压之间的关系为

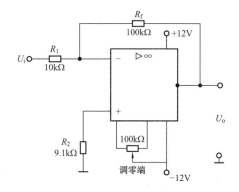

图 5-22　反相比例运算电路

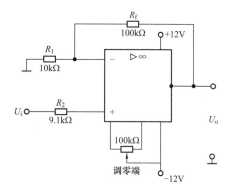

图 5-23　同相比例运算电路

$$U_o = \left(1 + \frac{R_f}{R_1}\right)U_i, \quad R_2 = R_1 /\!/ R_f$$

当 $R_1 \to \infty$，$U_o = U_i$，即得到图 5-24 所示的电压跟随器，图中，$R_2 = R_f$，用以减小漂移和起保护作用。一般 R_f 取 10kΩ，R_f 太小起不到保护作用，太大则影响跟随性。

（二）反相加法运算电路

反相加法运算电路如图 5-25 所示，输出电压与输入电压之间的关系为

$$U_o = -\left(\frac{R_f}{R_1}U_{i1} + \frac{R_f}{R_2}U_{i2}\right), \quad R' = R_1 /\!/ R_2 /\!/ R_f$$

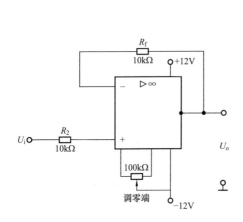

图 5-24　电压跟随器

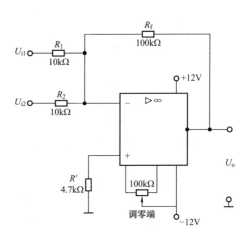

图 5-25　反相加法运算电路

（三）减法运算电路（差动放大器）

对于图 5-26 所示的减法运算电路，当 $R_1 = R_2$，$R_3 = R_f$ 时有

$$U_o = \frac{R_f}{R_1}(U_{i2} - U_{i1})$$

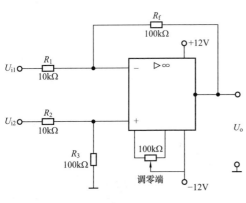

图 5-26　减法运算电路

（四）反相积分运算电路

在进行积分运算之前，首先应对运放调零。为了便于调节，将图中 S1 闭合，即通过电阻 R_2 的负反馈作用帮助实现调零。但在完成调零后，仍将 S1 断开，以免因 R_2 的接入造成积分误差。S2 的设置一方面为积分电容放电提供通路，同时可实现积分电容初始电压 $u_c(0) = 0$，另一方面，可控制积分起始点，即在加入信号 U_i 后，只要 S2 一断开，电容就将被恒流充电，电路也就开始进行积分运算。积分输出电压所能达到的最大值，受集成运放最大输出范围的限值。

五、实验内容及步骤

在实操前先利用虚拟软件进行相关内容的仿真测试，下面介绍实际操作内容及步骤。

实验前要熟记运放组件各引脚的位置，切忌正、负电源极性接反和输出端短路，否则将会损坏集成电路。

（一）反相比例运算电路

（1）按图 5-22 连接实验电路，接通 ±12V 电源，输入端对地短路，进行调零和消振。

（2）输入端 U_i 接入直流信号，测量相应的 U_o，记入表 5-27 中。

（二）同相比例运算电路

（1）按图 5-23 连接实验电路，实验步骤同上，将结果记入表 5-28 中。

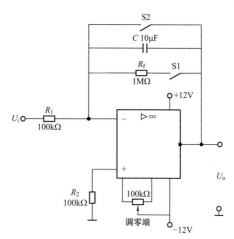

图 5-27　反相积分运算电路

表 5-27　　反相比例运算电路数据表

U_i （V）	U_o （V）	A_V 实测计算值	A_V 理论计算值
0.2			
−0.2			

表 5-28　　同相比例运算电路数据表

U_i （V）	U_o （V）	A_V 实测计算值	A_V 理论计算值
0.2			
−0.2			

（2）按图 5-24 连接实验电路，实验步骤同上，将结果记入表 5-29 中，并绘制输入、输出曲线。

（三）反相加法运算电路

（1）按图 5-25 连接实验电路，输入端对地短路，进行调零和消振。

（2）输入信号采用直流信号，实验时要注意选择合适的直流信号幅度以确保集成运放工作在线性区。用数字式电压表测量输入电压 U_{i1}、U_{i2} 及输出电压 U_{o2}，记入表 5-30 中。

表 5-29　　电压跟随电路数据表

U_i （V）	U_o （V）	A_V 实测计算值	A_V 理论计算值
1			
2			
3			
4			

表 5-30　　反相加法运算电路数据表

U_{i1} （V）			
U_{i2} （V）			
U_o 实测值（V）			
U_o 理论值（V）			

（四）减法运算电路

（1）按图 5-26 连接实验电路，输入端对地短路，进行调零和消振。

（2）输入信号采用直流信号，实验步骤同反相加法运算电路实验，记入表 5-31 中。

表 5-31　　　　　　　　　　减法运算电路数据表

U_{i1} （V）			U_o （V）实测值		
U_{i2} （V）			U_o （V）理论值		

（五）积分运算电路

实验电路如图 5-27 所示，接通±12V 稳压电源。

（1）断开 S2，闭合 S1 对运放输出进行调零；

（2）调零完成后，再断开 S1，闭合 S2，使 $u_o(0)=0$；

（3）预先调好直流输入电压 $U_i=0.5V$，接入实验电路，再断开 S2，然后用数字式电压表测输出电压 U_o，每隔 5s 读一次 U_o，记入表 5-32 中，直到 U_o 不继续明显增大为止。

表 5-32   积分运算电路数据表

t (s)	0	5	10	15	20	25	30	…	…	…	…
U_o (V)											

六、实验报告

（1）认真记录数据并填写相应表格。

（2）将理论计算结果和实测数据相比较，分析产生误差的原因。

（3）分析讨论实验中出现的现象和问题，回答思考题。

七、思考题

（1）在反相加法器中，如 U_{i1} 和 U_{i2} 均采用直流信号，并选定 $U_{i2}=-1V$，当考虑到运算放大的最大输出幅度（±12V）时，$|U_{i1}|$ 的大小不应超过多少伏？

（2）分析消振与调零的方法。

八、设计部分

（一）设计内容

利用集成运放设计一个运算电路，使其实现 $U_o=10U_{i1}+5U_{i2}-2U_{i3}$。

（二）设计技术指标

给定条件：电源电压±12V，集成运放为 μA741 型。

$$U_{i1}=50\sim100mV, \quad U_{i2}=20\sim100mV, \quad U_{i3}=50\sim200mV$$

（三）设计要求

（1）拟定调试内容及步骤，画出测试电路图及记录表格。

（2）利用仿真软件进行设计并仿真。

（3）按照要求选择电路元器件，安装并调试电路。

（四）报告要求

（1）写出设计过程，画出原理图。

（2）写出调试步骤，整理所测实验数据。

实验九　集成运放组成的文氏桥振荡电路

一、预习要求

（1）复习文氏桥振荡电路的工作原理。

（2）了解文氏桥振荡电路的组成、起振条件及振荡频率的求取。

（3）复习仿真软件的相关内容，利用仿真软件进行分立元件振荡电路的仿真测试。

二、实验目的

（1）能够利用仿真软件进行文氏桥振荡电路的仿真测试。

（2）熟悉正弦波振荡电路的调试方法。

（3）观察 R、C 参数对振荡频率的影响，学习振荡频率的测量方法。

三、实验仪器

双踪示波器，低频信号发生器，晶体管毫伏表，数字式（或指针式）万用表，电子技术实验台。

四、实验原理

图 5-28 为文氏桥振荡电路。图中，RC 串、并联电路构成正反馈支路，同时兼作选频网络；R_1、R_P 及二极管等元件构成负反馈和稳幅环节；调节电位器 R_P，可以改变负反馈深度，以满足振荡的振幅条件和改善波形。如不能起振，则说明负反馈太强，应适当加大 R_f 值；如波形失真严重，则应适当减小 R_f 值。利用两只反向并联二极管 VD1、VD2 正向电阻的非线性特性（二极管的正向电阻随外加电压的增大而减小）就使得负反馈深度随输出幅度的增大而加深，从而达到稳幅的目的。VD1、VD2 采用硅管（温度稳定性好），且要求特性匹配，才能保证输出波形正、负半周对称。如果加大与二极管相关联的电阻值，减小与二极管相串联的电阻值，则可以使二极管非线性电阻在整个反馈电阻中所占的比重增大，稳幅效果较为显著，但伴随而来的是波形失真也较为严重。

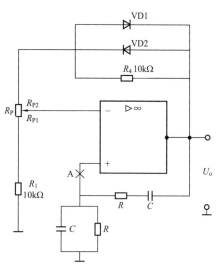

图 5-28　文氏桥振荡电路原理图

电路的振荡频率为

$$f_{\circ} = \frac{1}{2\pi RC}$$

起振的幅值条件为

$$R_f \geqslant 2R_1$$

式中：$R_f = R_{P2} + (R_4 // r_{VD})$，$r_{VD}$ 为二极管正向导通电阻。

改变选频网络的参数 C 或 R，即可调节振荡频率。一般采用改变电容 C 作为频率量程切换，而调节 R 作为量程内的频率细调。

五、实验内容及步骤

在实操前先利用虚拟软件进行相关内容的仿真测试，下面介绍实际操作内容及步骤。

（1）调测有稳幅环节的文氏桥振荡器。按图 5-28 连接实验电路（注意运放的引脚排列），接通电源，输出端接示波器。选频网络 RC 的参数可根据电路提供值进行选配。例如，$100k\Omega$，$33k\Omega$，$0.1\mu F$，$0.01\mu F$。

1）测量振荡频率。调节电位器 R_P，使输出波形从无到有，从正弦波到出现失真。描绘输出电压 $U_{\circ}$ 的波形，并用示波器（或频率计）记录 $U_{\circ}$ 幅值最大且不失真时的振荡频率 $f_{\circ}$。

2）测量运算放大器放大电路的闭环电压放大倍数 A_{Vf} 及反馈系数 F。调节电位器 R_P，在电路维持稳定的正弦振荡时，用示波器记录此时的输出电压 U_o 的幅值，断开选频网络（即图 5 - 28 中的 A 点），输入端接低频信号发生器输出的交流信号，此交流信号的频率与振荡频率 f_o 一致，幅值由其调节旋钮从小调起，直至电路输出与原来振荡输出相同，用晶体管毫伏表分别测量输出电压 U_o、反馈电压 U_+ 和 U_-，并计算 A_{Vf} 及 F。将测量结果填入表 5 - 33 中。

表 5 - 33　　　　　　　　　　　　　　文氏桥振荡器测量数据表

	R、C 参数值	测量值				计算值	
		f_o	U_o	U_+	U_-	A_{Vf}	F
有稳幅环节	$R=$　，$C=$						
	$R=$　，$C=$						
无稳幅环节	$R=$　，$C=$						
	$R=$　，$C=$						

（2）调测无稳幅环节的文氏桥振荡器。断开二极管 VD1，VD2，重复内容（1），将测试结果记入表 5 - 33 中，并进行比较，分析 VD1，VD2 的稳幅作用。

（3）改变 R，C 的取值，重做上述内容，将测试结果记入表 5 - 33 中。注意：改变参数前，必须先关断实验箱电源开关在改变参数，检查无误后再接通电源。

六、实验报告

（1）列表整理实验数据，画出波形，把实测频率与理论进行比较。

（2）总结改变负反馈深度对振荡电路起振的幅值条件及输出波形的影响。

（3）讨论二极管 VD1，VD2 的稳幅作用。

（4）回答思考题。

七、思考题

（1）为什么 R_f 大于 $2R_1$ 较多时，会引起波形失真？电路中哪些参数与振荡频率有关？

（2）在利用二极管自动稳幅的 RC 振荡器中，为什么稳幅效果与波形失真有矛盾？

实验十　集成运放组成的电压比较器和波形发生器

一、预习要求

（1）复习电压比较器、三角波及方波发生器的工作原理。

（2）掌握比较电路的构成及特点。

（3）学习用集成运放构成方波和三角波发生器。

（4）复习仿真软件的相关内容。

二、实验目的

（1）学习利用仿真软件进行电压比较器和波形发生器的仿真测试。

（2）学会测试比较电路的方法。

（3）学习波形发生器的调整和主要性能指标的测试方法。

三、实验仪器

双踪示波器，低频信号发生器，晶体管毫伏表，数字式（或指针式）万用表，电子技术实验台。

四、实验原理

集成运放组成的电压比较器是一种常用的模拟信号处理电路，也是集成运放非线性应用的一种。它将一个模拟输入电压与一个参考电压进行比较，并将比较结果输出。比较器的输出只有两种可能状态：高电平或低电平。在自动控制及自动测量系统中，常将比较器用于越线报警及各种非正弦波的产生和转换等等。此次实验将介绍通用集成运放组成的比较器和方波—三角波发生器。

（一）电压比较器

电压比较器是一种能进行电压幅度比较和幅度鉴别的电路，当它的输入电压变化经过某一个或两个比较电平时，其输出电压将发生由一个状态翻转为另一个状态的突变。电压比较器可由通用集成运放组成，也可使用专用的集成电压比较器，后者幅度鉴别的准确性及响应速度等方面均优于前者。

图 5-29 为一过零比较器。图中 VZ 是为输出电平限幅而设的双向稳压管，R_0 是稳压管限流电阻。由图可知

$$U_E \approx U_i - \left(\frac{U_i - U_o}{R_1 + R_2}\right)R_1$$

当输出电压 U_o 与输入电压 U_i 在 E 点的合成电压过零时比较器翻转，电路翻转时 $U_E = 0$，则有 $U_i = -\dfrac{R_1}{R_2}U_o$。

（二）三角波—方波发生器

如把比较器和积分器首尾相接形成正反馈闭环系统（见图 5-30），则比较器输出的方波经积分器积分可到三角波，三角波又触发比较器自动翻转形成方波，这样即可构成方波—三角波发生器。由于采用运放组成的积分电路，因此可实现恒流充电，使三角波线性大大改善。

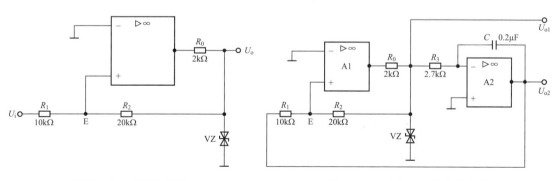

图 5-29 过零比较器　　　　图 5-30 方波—三角波发生器

方波的幅值为

$$U_{o1} = \pm U_Z$$

三角波的幅值为

$$U_{o2} = \frac{R_1}{R_2}U_Z$$

方波—三角波的振荡频率为

$$f_0 = \frac{R_2}{4R_1R_3C}$$

若要维持三角波的幅值不变，则不宜改变 R_1 和 R_2 的大小，而改变 R_3 或 C 的值则可以调节电路的振荡频率。

五、实验内容及步骤

在实操前先利用虚拟软件进行相关内容的仿真测试，下面介绍实际操作内容及步骤。

（一）电压比较器

（1）按图 5‑29 接线（注意运放的引脚排列）。

（2）若输出端 U_o 为负电压，则在其输入端加入从 0V 开始逐渐加大的正直流电压，观察并测量输出端翻转为正电压时的输入、输出电压值，将结果记入表 5‑34 中。

表 5‑34　　　电压比较器测量数据表

输入电压形式	U_i	U_o
输入正直流电压		
输入负直流电压		
输入正弦波电压（$f=1000\text{Hz}$）		

（3）再输入一负直流电压，重复上一步骤。将结果记入表 5‑34 中。

（4）输入端加入频率为 1000Hz 的正弦波电压，逐渐加大其幅值，观察并测量输出翻转时的电压值，用示波器观察输入、输出波形，比较二者相位关系。

（二）方波—三角波发生器

按图 5‑30 接线（注意运放的引脚排列），用双踪示波器观察输出端 U_{o1}，U_{o2} 的波形，在同一坐标纸上，按比例画出三角波及方波的波形，并将测出的幅值和频率（时间）在图中标出。

六、实验报告

整理实验数据，并进行分析。

（1）认真记录数据并绘出相应的波形图，把实测值与理论值进行比较。

（2）把实测值与理论值进行比较，分析误差产生的原因。

（3）回答思考题。

七、思考题

（1）绘出图 5‑29 中比较器的传输特性。

（2）分析图 5‑30 中电路参数的变化（R_1，R_2，R_3）对输出波形频率及幅值的影响。

实验十一　OTL 功率放大器

一、预习要求

（1）复习有关 OTL 工作原理的内容。

（2）了解交越失真产生的原因以及克服交越失真的方法。

（3）复习仿真软件的相关内容。

二、实验目的

（1）学习利用仿真软件进行 OTL 功率放大电路的仿真测试。

（2）加深理解 OTL 互补对称功率放大器的工作原理。

（3）学会 OTL 电路的调试及主要性能指标的测试方法。

三、实验仪器

双踪示波器，低频信号发生器，晶体管毫伏表，数字式（或指针式）万用表，电子技术实验台，功率放大器实验电路板。

四、实验原理

在一些电子设备中，常常要求放大电路的输出级能够带动某种负载，例如驱动扩音机的扬声器、驱动自动控制系统中的执行机构等，因而要求放大电路有足够大的输出功率，这一类放大电路被称为功率放大器。

图 5 - 31 所示为 OTL 低频功率放大器。其中 VT1 为推动级（也称前置放大级），VT2、VT3 是一对参数对称的 PNP 和 NPN 型晶体三极管，它们组成互补推挽 OTL 功放电路。由于每一个晶体管都接成射极输出器形式，因此具有输出电阻低、负载能力强等优点，适合于作功率输出级。它与带有变压器的乙类功率放大器一样，也会出现交越失真，消除交越失真

的方法是给放大器提供一定起始偏流，如图 5 - 31 所示的 VD1、VD2。在输入信号为零时，调节 R_P 给 VT2，VT3 提供一个合适的偏置电压，使 M 点电位为 $V_{CC}/2$，即每只晶体管的集电极、射极电压只有 $V_{CC}/2$。当输入正弦交流信号 u_i 时，经 VT1 放大、倒相后作用于 VT2、VT3 的基极，u_i 的负半周使管 VT2 导通（VT3 截止），有电流通过负载 R_L，同时向电容 C_2 充电。在 u_i 的负半周，VT3 是导通（VT2 截止），则已充好电的电容器 C_2 起着电源的作用，通过负载 R_L 放电，这样在 R_L 上就得到完整的正弦波。

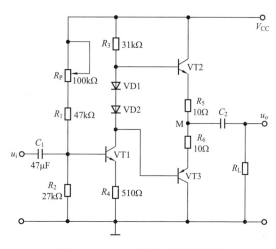

图 5 - 31 OTL 低频功率放大器

OTL 电路的主要性能指标：最大不失真输出功率和效率。

（1）理想情况下，最大不失真输出功率 $P_{om}=\frac{1}{8}\times\frac{V_{CC}^2}{R_L}$，在实验中可通过测量 R_L 两端的电压有效值，来求得实际的 $P_{om}=\frac{U_o^2}{R_L}$。

（2）效率 η 的表达式为

$$\eta=\frac{P_{om}}{P_E}\times 100\%$$

式中：P_{om} 为直流电源供给的平均功率。

理想情况下，$\eta_{max}=78.5\%$。在实验中，可测量电源供给的平均电流 I_{dc}，从而求得 $P_E=V_{CC}I_{dc}$，负载上的交流功率已用上述方法求出，因而也就可以计算实际效率了。

五、实验内容及步骤

在实操前先利用虚拟软件进行相关内容的仿真测试，下面介绍实际操作内容及步骤。

在整个实操测试过程中，电路不应有自激现象。

（一）各级静态工作点的测量

调整直流工作点，使 M 点电压为 $0.5V_{CC}$（$V_{CC}=12V$）。然后测量各级的静态工作点数

据，填入表 5-35 中。

表 5-35　　　　　　　　　　　　各级的静态工作点数据表

U_{B1} (V)	U_{E1} (V)	U_{C1} (V)	U_{B2} (V)	U_{E2} (V)	U_{C2} (V)	U_{B3} (V)	U_{E3} (V)	U_{C3} (V)

（1）测量最大不失真输出功率 P_{om} 与效率 η。

1）测量 P_{om}。输入端接 $f=1\mathrm{kHz}$ 的正弦交流信号，输出端用示波器观察输出电压波形。逐渐增大输入信号，使输出电压达到最大不失真输出，用晶体管毫伏表测出负载 R_L 上的电压 U_{om}，填入表 5-36 中，则 $P_{om}=\dfrac{U_{om}^2}{R_L}$。

2）测量效率 η。当输出电压为最大不失真输出时，测出直流电源供给的平均电流 I_{dc}，填入表 5-36 中。由此可近似求得 $P_e=V_{CC}\,I_{dc}$，再根据上面测得的 P_{om}，即可求出 $\eta=\dfrac{P_{om}}{P_e}$。

表 5-36　　　　　　　　最大不失真输出功率 P_{om} 与效率 η 数据表

测　量　值			计　算　值	
u_i (mV)	U_{om} (V)	I_{dc} (V)	P_{om}	η

（2）改变电源电压（如由 +12V 变为 +6V），测量并比较输出功率和效率。

（二）噪声电压的测试

在电子测量中，习惯上把信号电压以外的电压统称为噪声电压。噪声包括外部干扰和内部噪声两部分。外部干扰在技术上是可以消除的，因此，噪声电压的测量，主要是对电路内部产生的噪声电压的测量。由于噪声电压一般指有效值，因此可直接采用有效值电压表测量噪声电压的有效值。测量时将输入短路（$u_i=0$），观察输出噪声波形，并用晶体管毫伏表测量输出电压，即为噪声电压 U_N。本电路中若 $U_N<15\mathrm{mV}$，即满足要求。

六、实验报告

（1）认真记录数据，计算最大不失真输出功率以及效率等。

（2）分析测量结果与理论的误差，讨论其产生原因。

（3）回答思考题。

七、思考题

（1）交越失真产生的原因是什么？怎样克服交越失真？

（2）为了不损坏输出管，在调试中应注意什么问题？

实验十二　集成直流稳压电源

一、预习要求

（1）复习教材中有关集成稳压器部分内容。

（2）熟悉集成三端稳压器的型号、参数及其应用。

二、实验目的

（1）研究集成三端稳压器的特点和性能指标的测试方法。

（2）了解集成稳压器扩展性能的方法。

三、实验仪器

双踪示波器，集成三端稳压器，数字式（或指针式）万用表，电子技术实验台。

四、实验原理

随着半导体工艺的发展，稳压电路也制成了集成器件。因此具有体积小、外接线路简单、使用方便、工作可靠等优点的集成稳压器，基本上取代了由分立元件构成的稳压电路，在各种电子设备中得到了普遍应用。集成稳压器的种类很多，应根据设备对直流电源的要求来进行选择。对于大多数电子电路来说，通常是选用串联线性集成稳压器，其中以三端稳压器应用最为广泛。三端集成稳压器的输出电压是固定的，在使用中不能进行调整。W78 系列三端稳压器输出正极性电压，一般有 5，6，8，12，15，18，24V 七个档次，输出电流最大可达 1.5A（加散热片）。同类型 W78M 系列稳压器的输出电流为 0.5A，W78L 系列稳压器的输出电流为 0.1A。若要求负极性输出电压，则可选用 W79 系列稳压器。

本实验所采用集成稳压器为 W7812 型三端固定正稳压器（塑封直插式），其外形和引脚排列如图 5‐32 所示。它有三个引出端：输入端 1，公共端 2，输出端 3。其主要参数有：输出直流电压＋12V，输出电流 0.1～0.5A，电压调整率为 10mV/V，输出电阻 $R_o = 0.15\Omega$，输入电压 U_i 的范围为 14～19V。一般情况，U_i 要比 U_o 大 3～5V，才能保证集成稳压器工作在线性区，此压差也不宜太大，否则功耗太大易损坏元件。

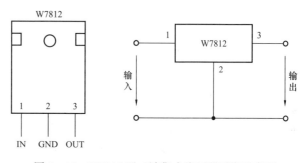

图 5‐32　W7812 型三端集成稳压器引脚示意图

图 5‐33 为用三端式稳压器 W7812 构成的单电源电压输出串联型稳压电源的实验原理图。其中整流部分采用了由四个二极管组成的桥式整流器，滤波电容 C_1，C_3 一般选取几百至几千微法。当稳压器距离整流滤波电路比较远时，在输入端必须接入电容器 C_2（数值为 0.33μF），以抵消线路的电感效应防止产生自激振荡。输出端电容 C_4（0.1μF）用以滤除输出端的高频信号，改善电路的暂态响应。

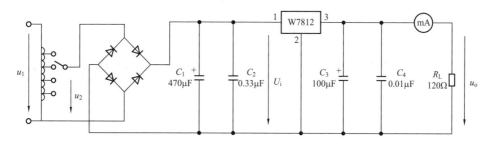

图 5‐33　由 W7812 构成的单电源电压输出串联型稳压电源

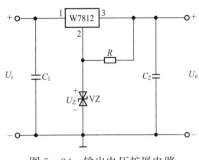

图 5 - 34　输出电压扩展电路

当集成稳压器本身的输出电压或输出电流不能满足要求时，可通过外接电路来进行性能扩展。

图 5 - 34 是一种简单的输出电压扩展电路。由于 W7812 稳压器的 3，2 端间输出电压为 12V，因此只要适当选择 R 的值，使稳压管 VZ 工作在稳压区，则输出电压 $U_o = 12 + U_Z$，可以高于稳压器本身的输出电压。

五、实验内容及步骤

（一）集成稳压器性能测试

1. 初测

接通 220V 交流电源，变压器输出交流电压 $U_2 = 14V$，测量滤波电路输出电压 U_i，集成稳压器输出电压 U_o。它们的数值应与理论值大致符合，否则说明电路出了故障，应设法查找故障并加以排除，电路经初测进入正常工作状态后，才能进行各项指标的测试。

2. 各项性能指标测试

（1）输出电压 U_o 和最大输出电流 I_{omax}。在输出端接负载电阻 $R_L = 120\Omega$，由于 W7812 输出电压 $U_o = 12V$，因此流过 R_L 的电流为 $I_{omax} = \dfrac{12}{120}A = 100mA$。这时 U_o 应基本保持不变，若变化较大则说明集成电路性能不良。

（2）测量稳压系数 S（电压调整率）。稳压系数定义为：当负载保持不变，输出电压相对变化量与输入电压相对变化量之比，即

$$S = \frac{\Delta U_o / U_o}{\Delta U_i / U_i}\bigg|_{(R_L = 常数)}$$

由于工程上常把电网电压波动 ±10% 作为极限条件，因此也有将此时输出电压的相对变化 $\Delta U_o / U_o$ 作为衡量指标，称为电压调整率。

取 $U_2 = 17V$、$U_o = 12V$、$I_o = 100mA$，改变调压器二次电压使 U_2 为 19V 和 15V（即模拟电源电压波动 ±10%）分别测出相应的输入电压 U_i 及输出直流电压 U_o，记入表 5 - 37 中。

（3）测量输出电阻 r_o。输出电阻 r_o 定义为：当输入电压 U_i（稳压电路输入）保持不变，由于负载变化而引起的输出电压变化量与输出电流变化量 ΔI_o 之比，即

$$r_o = \frac{\Delta U_o}{\Delta I_o}\bigg|_{(U_i = 常数)}$$

取 $U_2 = 17V$，$U_o = 12V$，$I_o = 100mA$，改变滑线变阻器位置，使 $I_o = 50mA$ 和 $I_o = 0$ 测量相应的 U_o 值，记入表 5 - 38 中。

表 5 - 37　　　　　　稳压系数测量数据表

测　量　值			计　算　值
U_2 (V)	U_i (V)	U_o (V)	S
15			
17		12	
19			

表 5 - 38　　　　　　输出电阻测量数据表

测　量　值		计　算　值
I_o (mA)	U_o (V)	r_o
100	12	
0		

（4）测量输出纹波电压。输出纹波电压是指在额定负载条件下，输出电压中所含交流分量的有效值（或峰值）。取 $U_2 = 17V$，$U_o = 12V$，$I_o = 100mA$，测量输出纹波电压 U_L 并记录数据。

（二）集成稳压器性能扩展

根据实验器材，选取图 5-34 中各元器件，并自拟测试方法与表格，记录实验结果。

六、实验报告

（1）整理实验数据，计算 S 和 r_o 值，并与手册上的典型值进行比较，讨论误差产生原因。

（2）在测量稳压系数 S 和内阻 r_o 时，应怎样选择测试仪表？

七、设计部分

（一）设计内容

利用集成三端可调稳压器进行集成直流稳压电源的设计。

（二）设计技术指标

（1）输出电压：$+2 \sim +15V$ 连续可调。

（2）负载电流：$0 \sim 5A$。

（3）输出电阻：$< 1\Omega$。

（4）纹波电压峰值：$< 5mV$。

（5）稳压系数：$< 1\%$。

提示：只设计稳压部分，不包括整流、滤波部分。

（三）设计要求

（1）了解集成三端可调稳压器的引脚排列及相关技术参数。

（2）拟定调试内容及步骤，画出测试电路图及记录表格。

（3）利用仿真软件进行设计并仿真。

（4）选择电路元器件的型号及参数，并列出元器件清单。

（四）报告要求

（1）写出设计过程，画出原理图。

（2）写出调试步骤，整理所测实验数据。

（3）介绍设计方案，总结经验，列出元器件清单及有关参考书目。

第六章 数字电子实验

本章主要介绍数字电子技术基础实验内容，旨在加深学生对理论知识的理解，在掌握了基本仪器的正确使用方法后，通过对电路的调试及故障排除，对实验数据的记录、处理、分析、综合以及实验报告的撰写，培养学生的实验实践能力，为专业课的学习打下坚实的基础。在实验教学安排中，加入了有关实验项目的设计部分，可以根据需要自行设计并调试。

实验一　集成 TTL 门电路主要参数的测试

一、预习要求

（1）预习 TTL 与非门有关内容，阅读 TTL 电路使用规则。

（2）与非门的功耗与工作频率和外接负载情况有关吗？为什么？

（3）测量扇出系数的原理是什么？为什么一个门的扇出系数仅由输出端低电平的扇出系数来决定？

（4）为什么 TTL 与非门的输入引脚悬空相当于接高电平？

（5）TTL 与非门电路的闲置输入端如何处理？

（6）熟悉 EWB5.12 仿真软件的相关内容。

二、实验目的

（1）学习利用仿真软件 EWB5.12。

（2）学习利用 EWB5.12 仿真软件测试门电路主要参数。

（3）掌握 TTL 集成与非门的主要参数、特性的意义及测试方法。

（4）学会 TTL 与非门电路逻辑功能的测试方法。

（5）熟悉 TTL 与非门的外形和引脚。

三、实验设备和器材

数字电子实验台或实验箱，数字式万用表、示波器、毫安表、电压表，实验用的芯片 74LS20、74LS00。

四、实验原理

TTL 集成与非门是数字电路中广泛使用的一种逻辑门，本实验采用 2－4 输入与非门 74LS20 及 4－2 输入与非门 74LS00。在 74LS20 集成电路内含有两组互相独立的与非门，每个与非门有四个输入端，一个输出端，两组的构造和逻辑功能相同，其内部逻辑图及引脚排列如图 6－1（a）、（b）所示。在 74LS00 集成电路内含有四组互相独立的与非门，每个与非门有两个输入端，一个输出端，每组的构造和逻辑功能相同，其内部引脚排列如图 6－2所示。

（一）与非门的逻辑功能

（1）4 输入与非门的逻辑表达式为 $Y = \overline{ABCD}$。其功能是：当输入端有一个或一个以上

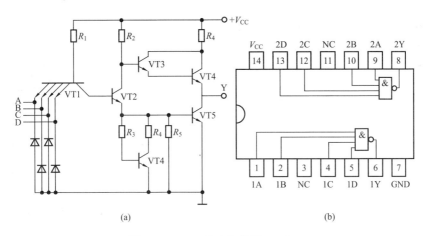

(a) (b)

图 6 - 1 4 - 2 输入与非门 74LS20

(a) 内部逻辑图；(b) 外部引脚排列

的低电平时，输出端为高电平；只有输入端全部为高电平时，输出端才是低电平。(即有"0"得"1"，全"1"得"0"。）NC 表示内部无连接。

（2）2 输入与非门的逻辑表达式为 $Y = \overline{AB}$。其功能同 4 输入与非门。

（二）TTL 与非门的主要参数

1. 空载导通电源电流（或对应的空载导通功耗）与截止电源电流（或对应的空载截止功耗）

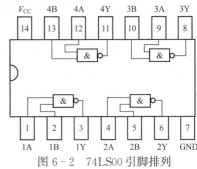

图 6 - 2 74LS00 引脚排列

（1）空载导通电源电流 I_{CCL}：是指输出端空载，所有输入端全部悬空，与非门处于导通状态，电源提供器件的电流。将空载导通电流 I_{CCL} 乘以电源电压 V_{CC} 就得到空载导通功耗 P_{CCL}。测试电路如图 6 - 3（a）。

$$P_{CCL} = I_{CCL} V_{CC} \qquad (6 - 1)$$

一般产品规定 $I_{CCL} \leqslant 14mA$，$P_{CCL} \leqslant 70mW$。

（2）截止电源电流 I_{CCH}：是指输出端空载，输入端接地，与非门处于截止状态，电源提供器件的电流。空载截止功耗 P_{CCH} 为空载截止电流 I_{CCH} 与电源电压 V_{CC} 的乘积，即 $P_{CCH} = I_{CCH} V_{CC}$。测试电路如图 6 - 3（b）所示。一般产品规定 $I_{CCH} \leqslant 7mA$，$P_{CCH} \leqslant 35mW$。

2. 低电平输入电流与高电平输入电流

（1）低电平输入电流 I_{IL} 是指被测输入端接地，其余输入端悬空时，流出被测输入端的电流，如图 6 - 4（a）所示。在多级门电路中 I_{IL} 相当于前级门输出低电平时，后级向前级门灌入的电流，希望它的值关系到前级门的灌电流负载能力，因此 I_{IL} 小些。

（2）高电平输入电流 I_{IH} 是指被测输入端接高电平，其余输入端接地，流入被测输入端的电流，如图 6 - 4（b）所示。在多级门电路中 I_{IH} 相当于前级门输出高电平时，前级门的拉电流负载，它的大小关系到前级门的拉电流负载能力，因此 I_{IH} 应小些。由于 I_{IH} 较小，难以测量，所以一般免于测试此项内容。

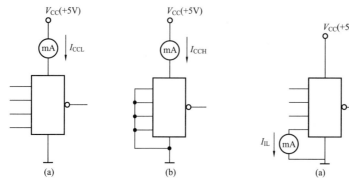
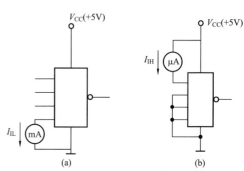

图 6-3　电源电流的测量　　　　　　　　　图 6-4　输入电流的测量

（a）空载导通电源电流；（b）截止电源电流　　　（a）低电平输入电流；（b）高电平输入电流

3. 扇出系数

扇出系数 N_O 是指门电路最多能驱动同类门的个数，是衡量门电路负载能力的一个参数。TTL 与非门有两种不同性质的负载：灌电流负载和拉电流负载。因此有两种扇出系数：低电平扇出系数 N_{OL}、高电平扇出系数 N_{OH}。低电平扇出系数 N_{OL} 测试电路如图 6-5 所示。门的输入端全部悬空，输出端接灌电流负载，调节 R_P 使 I_{OL} 增大，U_{OL} 随之增高，当 U_{OL} 达到 U_{OLm}（手册中规定低电平规范值为 0.4V）时的 I_{OL} 就是允许灌入的最大负载电流 I_{OLm}，则

$$N_{OL} = \frac{I_{OLm}}{I_{IL}}$$

N_{OL} 的大小主要受输出低电平时输出端允许灌入的最大负载电流 I_{OLm} 的限制，如灌入的负载电流超出该值，输出低电平将显著升高，以致造成下级门电路的误动作。

通常 $I_{IH} \ll I_{IL}$，因此常以 N_{OL} 作为门的扇出系数。

4. 输出高电平与输出低电平

（1）输出高电平 U_{OH}：就是电路关态输出电平，即电路输入端有一个以上接低电平的输出电平值。一般规定 $U_{OH} \geqslant 3.5V$（见图 6-6 中 ab 段所对 U_o）。

（2）输出低电平 U_{OL}：就是与非门的开态输出电平，即所有输入端接高电平时输出的电平值。一般规定 $U_{OL} \leqslant 0.4V$（见图 6-6 中 cd 段所对 U_o）。

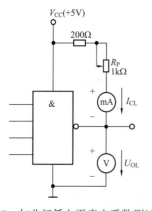
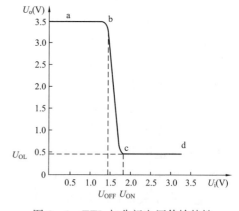

图 6-5　与非门低电平扇出系数测试电路　　　　图 6-6　TTL 与非门电压传输特性

5. 开门电平与关门电平

开门电平 U_{ON} 是指输出为额定低电平时的最小输入电平（见图 6-6 中 c 点所对的输入电压）。一般规定 $U_{ON} \leqslant 1.8V$。

关门电平 U_{OFF} 是指输出电平达到额定高电平的 90% 时的输入电平（见图 6-6 中 b 点所对的输入电压）。一般规定 $U_{OFF} \geqslant 0.8V$。

6. 电压传输特性

与非门的输出电压 U_o 随输入电压 U_i 而变化的曲线 $U_o = f(U_i)$ 称为电压传输特性，如图 6-6 所示。电压传输特性是门电路的重要特性之一，通过它可以知道与非门的逻辑关系，当输入为高电平时，输出为低电平；当输入为低电平时，输出为高电平。在输入由低电平向高电平过渡的过程中，输出也由高电平向低电平转化。另外，通过该特性还可了解一些重要参数，如输出高电平 U_{OH}、输出低电平 U_{OL}、关门电平 U_{OFF}、开门电平 U_{ON}、阈值电平 U_T 及抗干扰容限 U_{NL}、U_{NH} 等。

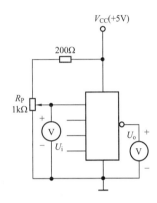

图 6-7　电压传递特性测试电路

电压传递特性的测试方法很多，最简单的方法是逐点测试法。测试电路如图 6-7 所示，调节电位器 R_P，逐点测出输入电压 U_i 及输出电压 U_o，绘成曲线。

7. 平均传输延迟时间

平均传输延迟时间 T_{pd} 是一个交流参数，它是与非门的输出波形相对于输入波形的时间延迟，是衡量开关电路速度的重要指标。如图 6-8 所示，它是指输出波形边沿 $0.5U_m$ 点相对于输入波形对应边沿 $0.5U_m$ 点的时间延迟，门电路的导通延迟时间为 T_{pdL}、截止延迟时间为 T_{pdH}，则平均时间 $T_{pd} = \dfrac{1}{2}(T_{pdL} + T_{pdH})$。$T_{pd}$ 的测试电路如图 6-9 所示。此时与非门电路作为非门电路使用，它的输出信号与输入信号是反相的，将三个门（奇数个门）首尾相接构成一个环形振荡器。由分析可知，这个电路的振荡周期 T 与门的平均延迟时间 T_{pd} 的关系为 $T_{pd} = \dfrac{T}{6}$，用示波器或频率计测出振荡波形 U_o 的周期，则可求出 T_{pd} 值（需用 50～100MHz 的示波器或频率计进行测量）。

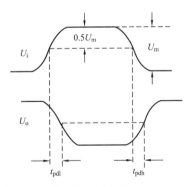

图 6-8　与非门输入输出波形对照图

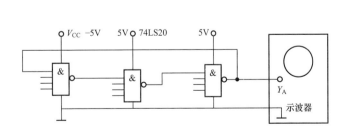

图 6-9　平均传输延迟时间的测试电路

8. 噪声容限

电路能够保持正确的逻辑关系所允许的最大抗干扰电压值，称为噪声容限。输入低电平

时的噪声容限为 $U_{OFF} - U_{IL}$，输入高电平时的噪声容限为 $U_{IH} - U_{ON}$。通常 TTL 门电路的 U_{IH} 取其最小值 2.0V，U_{IL} 取其最大值 0.8V。

（三）TTL 集成电路使用注意事项

以 TTL 与非门电路为例。

（1）接插集成电路时，要认清定位标记，不得插反。（将集成电路的正面对准使用者，以凹口侧小标点 "." 为起始脚 1，逆时针方向向前数 1，2，3，…，N 脚。）

（2）电源电压使用范围 +4.5～+5.5V 之间，实验中要求使用 $V_{CC} = +5V$。注意：电源绝对不允许接错。

（3）闲置输入端处理方法：

1）悬空，相当于正逻辑 "1"，对一般小规模电路的输入端，实验时允许悬空处理，但是输入端悬空，易受外界干扰，破坏电路逻辑功能，对于中规模以上电路或较复杂的电路，不允许悬空。

2）直接接入 V_{CC} 或串入一适当阻值的电阻（1～10kΩ）接入 V_{CC}。

3）若前级驱动能力允许，可以与有用的输入端并联使用。

（4）输出端不允许直接接 +5V 电源或直接接地，否则将导致器件损坏。

（5）除集电极开路输出器件和三态输出器外，不允许几个 TTL 器件输出端并联使用，否则不仅会使电路逻辑功能混乱，而且会导致器件损坏。

五、实验内容及步骤

使用 EWB5.12 仿真软件进行下述实操内容的仿真。

实验前仔细检查集成电路的标志和在实验台上的位置，特别是电源极性不得接反。

（一）验证 TTL 集成与非门 74LS20 的逻辑功能

取一个与非门连接实验电路，按其图 6-10 接线，输入端 1，2，4，5 分别接数据开关 A，B，C，D（数据开关向上为逻辑 "1"，向下为逻辑 "0"）输出端 6 接电平指示器（发光管亮为逻辑 "1"，不亮为逻辑 "0"）或数字式电压表。

改变输入端 A，B，C，D 的逻辑电平，逐个测试集成电路中的每个门，将测试结果记入表 6-1 中。

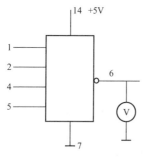

图 6-10　74LS20 逻辑功能的测试

表 6-1　　　　74LS20 的逻辑功能表

输		入		输	出
A	B	C	D	电位（V）	逻辑状态
1	1	1	1		
0	1	1	1		
0	0	1	1		
0	0	0	1		
0	0	0	0		

（二）74LS20 主要参数的测试

（1）导通电源电流 I_{CCL} 和截止电源电流 I_{CCH}。按图 6-3（a）和图 6-3（b）接线，把毫安表接在 5V 电源和 14 引脚之间，注意毫安表的量程，将测试结果记入表 6-2 中。

（2）低电平输入电流 I_{IL}。按图 6-4（a）接线，测试结果记入表 6-2 中。

表 6 - 2　　　　　　　　　　　　　　**74LS20 的部分内部参数**

I_{CCL}（mA）	I_{CCH}（mA）	I_{IL}（μA）	I_{OL}（mA）	$N_O = \dfrac{I_{OL}}{I_{IL}}$	$T_{pd} = \dfrac{T}{6}$（ns）

（3）扇出系数 N_O。按图 6 - 5 接线，把毫安表接在电位器和 6 脚之间，注意毫安表的量程，电压表接在 6 脚和接地之间，注意电压表的量程。调节电位器，使电压表的数字慢慢从低到高，当电压表的数字到达 0.4V，测量此时的 I_{OLm}，计算 N_O，记入表 6 - 2 中。

（4）平均传输延迟时间 T_{pd}。按电路图 6 - 9 接线，用 74LS20 的三个与非门组成环形振荡器，从示波器读出振荡周期 T。具体方法是：将示波器的扫描速度调到底，处于最大速度，观测门电路输出端的波形，并测量波形的周期。（如观察不到波形时可以将示波器的"扫描速度倍程开关"压下或拉出。）然后估算出该与非门的平均传输延迟时间 T_{pd}，记于表 6 - 2 中。（注：本实验如在示波器中读不到结果，可在仿真实验中进行。）

（5）电压传输特性。按图 6 - 7 接线，把电压表接在电位器和 1 脚与地之间，注意电压表的量程，将另一个电压表接在 6 脚和地之间，调节电位器，使输入电压表的数字慢慢从低到高，逐点测量 U_i 和 U_o 的对应值，记入表 6 - 3 中。

表 6 - 3　　　　　　　　　　　　　　**74LS20 的电压传输特性**

U_i(V)	0	0.2	0.4	0.6	0.8	0.9	1.0	1.2	1.6	2.0	2.4	3.0	…
U_o(V)													

（三）电路的逻辑功能测试

利用芯片 74LS00 搭建实验电路如图 6 - 11、图 6 - 12 所示，并记录输出端的逻辑状态于表 6 - 4、表 6 - 5 中。求出真值表，根据真值表写出逻辑表达式。

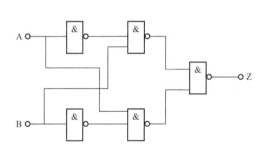

图 6 - 11　用与非门构成其他门电路　　　　　图 6 - 12　用与非门构成其他门电路

表 6 - 4　　　**图 6 - 11 的真值表**

输入端		输出端
A	B	Z
0	0	
0	1	
1	0	
1	1	

表 6 - 5　　　**图 6 - 12 的真值表**

输入端		输出端
A	B	Z
0	0	
0	1	
1	0	
1	1	

（四）与非门的转换（选用 74LS00 集成芯片）

（1）组成与门电路。用两个与非门组成与门，与门的逻辑表达式为 Z＝AB。将与门及其测试电路画在下面空白处，并自行设计表格，将测试结果填入表中。

（2）根据逻辑表达式 Z＝$\overline{A}$＋$\overline{B}$＋$\overline{C}$，用三个与非门组成电路，给出电路图并自行设计表格，将测试结果填入表中。

六、实验报告

（1）记录和整理实验结果。

（2）把测得的 74LS20 与非门各参数与其规范值进行比较。

（3）画出实测电压传输特性曲线，并从中读出各有关参数值。

（4）通过测量环形振荡器的周期，计算与非门的平均传输延迟时间 T_{pd}。

（5）在实验 3. 测电路逻辑关系的两个电路中，所示电路的逻辑功能是否相同？试用逻辑代数的公式进行验证哪个电路结构较为合理。

七、设计性实验

1. 设计内容

实现一个监控中心使用的优先报警装置。

2. 设计要求

该监控中心设置三个报警灯（Y_0，Y_1，Y_2）用来指示所监控的四类程度不同的对象（A，B，C，D），即优先权不同，A 最高，其次是 B，C，D（如代表最严重、较严重、严重、一般）。其中任一类对象输入信号时，指示灯 Y_0 都会亮，如果四类对象同时输入信号时，则要求按优先权的高低输出信号，以 Y_0，Y_1，Y_2 灯的不同组合指示报警，见表 6 - 6，监控中心将按类优先处理。

3. 给定条件

与非门（74LS00、74LS20）。

表 6 - 6 报 警 指 示 表

输　　入				输　　出		
A	B	C	D	Y_0	Y_1	Y_2
不报警	不报警	不报警	不报警	灭	灭	灭
不报警	不报警	不报警	报　警	亮	亮	亮
不报警	不报警	报　警	不报警	亮	亮	灭
不报警	报　警	不报警	不报警	亮	灭	亮
报　警	不报警	不报警	不报警	亮	灭	灭

4. 报告要求

（1）写出设计过程，画出原理图。

（2）整理所测实验数据。

实验二　CMOS 门电路参数测试

一、预习要求

（1）预习 CMOS 与非门有关内容，阅读 CMOS 使用规则。

（2）列出各实验内容的测试表格。

（3）比较 CMOS 组件与 TTL 组件有哪些特点？在什么场合下选用 CMOS 组件？

（4）CMOS 组件电源电压变化对其工作性能有何影响？

（5）CMOS 组件对输入信号有什么要求？

（6）CMOS 与非门的闲置输入端应如何处理？

（7）熟悉 EWB5.12 仿真软件的相关内容。

二、实验目的

（1）学习使用 EWB5.12 仿真软件对 COMS 门电路参数的测试。

（2）了解 CMOS 集成门电路的基本性能和使用方法。

（3）学习 CMOS 集成门电路主要参数的测试方法。

三、实验设备及器件

电子技术实验台或实验箱，示波器，直流电压表、毫安表，CMOS 二输入四与非门 CD4011×1。

四、实验原理

CMOS 逻辑门电路是在 MOS 电路基础上发展起来的一种互补对称场效应管集成电路。它是由 N 沟道增强型 MOS 管和 P 沟道增强型 MOS 管，按照互补对称形式连接起来组成。它具有功耗低、电源电压范围广、输出逻辑电平摆幅大、噪声容量高、输入阻抗高、制造工艺简单以及可靠性高等优点。

本实验所用 CMOS 与非门型号为 CD4011，是二输入四与非门。其内部逻辑图及引脚排列如图 6-13（a）和图 6-13（b）所示。它是由两个 CMOS 反相器 P 沟道增强型 MOS 管源极和漏极分别并接，N 沟道增强型 MOS 管串联构成。

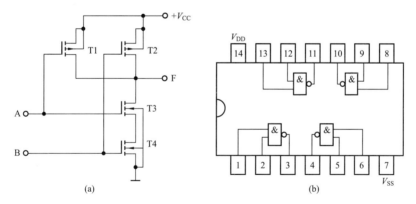

图 6-13 CMOS 与非门 CD4011

（a）内部逻辑图；（b）引脚排列图

（一）CMOS 与非门的逻辑功能

尽管 CMOS 与非门内部电路结构与 TTL 与非门不同，但它们的逻辑功能是完全一样的。其逻辑表达式为 $Y = \overline{AB}$。即当两个输入端全为"1"时，输出端为"0"；当输入端中有一个或全部为"0"时，输出端为"1"。

（二）CMOS 与非门的主要参数

CMOS 与非门主要参数的定义及测试方法与 TTL 的相仿，简述如下。

1. 静态功耗 P_D

导通功耗为 $\qquad\qquad P_{OL} = I_{OL}V_{DD}$ (6-2)

截止功耗为 $\qquad\qquad P_{OH} = I_{OH}V_{DD}$ (6-3)

测试电路如图6-14（a）和图6-14（b）所示。CMOS电路的静态功耗非常低，一般为$0.01\sim0.1\mu$W。

2. 输出高、低电平

输出高、低电平U_{OH}、U_{OL}通常是指在输出端不带任何负载的情况下测量的。当输入端全部接高电平时，测得的输出电平就是$U_{OL}(\approx0V)$；当输入端有一个为低电平时，对应输出端测得的输出电平就是$U_{OH}(\approx V_{DD})$。

3. 拉电流和灌电流负载能力

（1）图6-15（a）所示电路中，输入端接低电平，输出端接拉电流负载R_L，调节R_L，当U_{OH}下降到11.5V时所对应的负载电流即为允许的拉电流I_{OH}。图中$R_0 = 1k\Omega$是采样电阻，只要测出R_0上的电压U_{R0}，即可求得

$$I_{OH} = U_{R0}/R_0 \qquad (6-4)$$

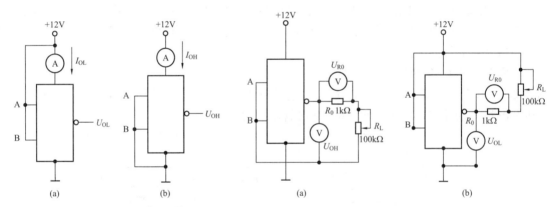

图6-14 静态功耗测试电路　　　　图6-15 电流负载能力测试
　（a）导通功耗；（b）截止功耗　　（a）拉电流测试电路；（b）灌电流测试电路

（2）图6-15（b）所示电路中，输入端接高电平，输出端接灌电流负载R_L，调节R_L，当U_{OL}上升到0.5V时所对应的负载电流即为I_{OL}。此时有

$$I_{OL} = U_{R0}/R_0 \qquad (6-5)$$

4. 扇出系数

由于有很高的输入阻抗，要求驱动电流很小，约为0.1μA，输出电流在+5V电源下约为500μA，远小于TTL电路，如以此电流来驱动同类门电路，其扇出系数N_0将非常大。在一般低频率时，无需考虑扇出系数，但在高频率时，后级门的输入电容将成为主要负载，使其扇出能力下降，所以在较高频率工作时，CMOS电路的扇出系数一般取10~20。

5. 电压传输特性

接近理想的传输特性，输出高电平可达电源电压的99.9%以上，低电平可达电源电压的0.1%以下，因此输出逻辑电平的摆幅很大，噪声容限很高。

　　CMOS门电路电压传输特性类似于 TTL 门电路的测量方法。图 6 - 16 为逐点测量电压传输特性的实验电路。

　　6. 平均传输延迟时间

　　由于 CMOS 电路的平均传输延迟时间远大于 TTL，所以通常可以用示波器直接进行测量。如图 6 - 17（a）所示。测量电路中，输入 $f \geqslant 100\text{kHz}$ 方波信号，通过隔离门 I 和延迟电容 C 加到被测门 II 的输入端，被测门 II 的输入、输出波形同时送到双踪示波器的 Y_A、Y_B 输入端，由示波器可直接读出 t_{pdL}、t_{pdH}［见图 6 - 17（b）］，则

$$t_{\text{pd}} = \frac{t_{\text{pdL}} + t_{\text{pdH}}}{2} \qquad (6 - 6)$$

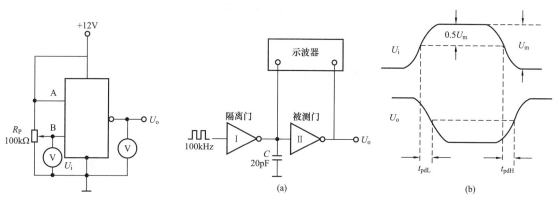

图 6 - 16　电压传输特
性的测量电路

图 6 - 17　平均传输延迟时间的测量
（a）测量电路；（b）输入、输出波形

　　7. CMOS 与非门 CD4011 的主要参数规范（$V_{\text{DD}} = 10\text{V}$）

　　（1）静态电源电流：$\leqslant 5\mu\text{A}$。

　　（2）输出低电平：0. 1V。

　　（3）输出高电平：9. 5V。

　　（4）输出驱动电流：$I_{\text{OL}} > 300\mu\text{A}$，$I_{\text{OH}} > 300\mu\text{A}$。

　　（5）最大允许电压：18V。

　　（6）最小允许电压：3V。

　　（7）输出延迟时间：t_{PH} 300～150ns，t_{PL} 300～150ns。

　　（8）输入电容：5pF。

　　（三）CMOS 电路使用注意事项

　　（1）V_{DD} 接电源正极，V_{SS} 接电源负极（通常接地），电源绝对不容许反接。

　　（2）电源电压使用范围为 +3～+18V，实验中一般要求使用 +12V 或 +5V 电源。工作在不同电源电压下的器件，其输出阻抗、工作速度和功耗也会不同，在设计、使用中应引起注意。

　　（3）器件输入信号 U_i，要求在 $V_{\text{SS}} < U_i < V_{\text{DD}}$ 范围内。

　　（4）由于 CMOS 电路的输入阻抗高，容易感应较高电压，造成绝缘栅损坏，因此 CMOS 电路多余或临时不用的输入端不能悬空。

　　闲置输入端的处理方法：

1）按照逻辑要求，直接接 V_{DD} 或 V_{SS}。

2）工作速度不高的电路中，允许与有用输入端并联使用。

（5）输出端不允许直接与 V_{DD} 或 V_{SS} 连接，否则将导致器件损坏。

（6）除三态器件外，一般不允许几个器件输出端并接使用。为了增加驱动能力，允许把同一芯片上电路并联使用，此时器件的输入端与输出端均对应连接。

（7）CMOS 电路内部一般都有保护电路，为使保护电路起作用，工作时应先开电源再加信号，关闭时应先关断信号源再关电源。

（8）焊接、测试和储存时的注意事项：

1）电路应存放在导电的容器内，有良好的静电屏蔽；

2）焊接时必须切断电源，电烙铁外壳必须良好接地，或拔下烙铁，靠其余热焊接；

3）所有的测试仪器必须良好接地。

五、实验内容

对下述实际操作内容进行仿真。取 $V_{DD}=+12V$，V_{SS} 接地，按 CMOS 集成电路使用规则接线及操作。

（一）验证 CD4011 的逻辑功能

按图 6-18 接线，把测量结果填入表 6-7 中。

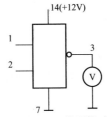

图 6-18　CD4011 的逻辑功能测试

表 6-7　　　　CD4011 的真值表

输入端		输出端	
A	B	电位	逻辑状态
0	0		
0	1		
1	1		

（二）参数测量

1. 静态功耗 P_O

按图 6-14（a）接线，测量 I_{OL}，计算 P_{OL}，记录于表 6-8 中。按图 6-14（b）接线，测量 I_{OH}，计算 P_{OH}，记录于表 6-8 中。

2. 测量输出高电平 U_{OH} 及输出低电平 U_{OL}

输出端不带任何负载时，输入端全部接高电平，测得的输出电平为 $U_{OL}(\approx 0V)$；当输入端有一个为低电平时，对应输出端测得的输出电平为 $U_{OH}(\approx V_{DD})$。记录于表 6-18 中。

3. 测量拉电流负载能力 I_{OH} 及灌电流负载能力 I_{OL}

按图 6-15（a）接线，测量 U_{R0}，计算 I_{OH}，记录于表 6-8 中。按图 6-15（b）接线，测量 U_{R0}，计算 I_{OL}，记录于表 6-8 中。

表 6-8　　　　CD4011 的参数测试表

P_{OL}	P_{OH}	U_{OH}	U_{OL}	I_{OH}	I_{OL}

4. 测量电压传输特性

（1）取 $V_{DD}=12V$。按图 6-16 接线，逐点测量电压传输特性，并从中读出有关参数值，记录于表 6-9 中。

（2）取 $V_{DD}=5V$。重复上面 1）内容，结果记录在表 6-9 中。

表 6 - 9　　　　　　　　　　　　　　**CD4011 的电压传输特性**

U_i		0	0.2	0.4	0.6	0.8	0.9	1.0	1.2	1.6	2.0	3.0	…
U_o	$V_{DD}=12V$												
	$V_{DD}=5V$												

5. 测量平均传输延迟时间 t_{pd}

按图 6 - 17 接线，取方波信号，频率大于 100kHz，测量 t_{pdL} 和 t_{pdH}，计算 t_{pd}。

六、实验报告

（1）整理实验数据，绘出实验曲线和波形。

（2）比较 CMOS 和 TTL 与非门参数，并总结电路的特点。

（3）比较 CMOS 和 TTL 与非门的电压传输特性，分析它们的特点。

实验三　TTL 集电极开路门（OC 门）与三态门（TSL 门）的应用

一、预习要求

（1）复习 TTL 集电极开路门和三态输出门的相关知识。

（2）学习 OC 门和普通 TTL 门的异同点。

（3）计算实验中各 R_L 阻值，并从中确定实验所用 R_L 值（选标称值）。

（4）在使用总线传输时，总线上能不能同时接有 OC 门与 TSL 门？为什么？

（5）画出用 OC 门实现："异或逻辑"、"与或逻辑"的逻辑图。

（6）熟悉 EWB5.12 仿真软件的相关内容。

二、实验目的

（1）学习使用 EWB5.12 仿真软件对 OC 门及 TSL 门应用内容的仿真。

（2）掌握 TTL 集电极开路门电路逻辑功能的测试方法及其应用。

（3）了解 TTL 集电极开路门电路的负载电阻 R_L 参数的测试方法及其对集电极开路门的影响。

（4）掌握 TTL 三态输出门（TSL 门）的逻辑功能及应用。

（5）学习 TTL 集成电路与 CMOS 集成电路的接口转换。

三、实验设备与器件

数字电子技术实验台或实验箱，示波器，直流电压表，74LS03×1、74LS125×1、74LS04×1。

四、实验原理

在数字系统中有时需要把两个或两个以上集成逻辑门的输出端直接并联在一起完成一定的逻辑功能。对于普通的 TTL 门电路，由于输入端采用了推拉式输出电路，无论输出是高电平还是低电平，输出阻抗都很低。因此，通常不允许将它们的输出端并联在一起"线与"使用。

集电极开路门和三态输出门是两种特殊的 TTL 门电路，它们允许将输出端直接并联在一起"线与"使用。由于集电极开路与非门的输出管是悬空的，所以在工作时，在输出端必须通过外接一只集电极负载电阻 R_L 与直流电源相连接，以保证输出电压符合电路的要求，否则不能工作。

（一）TTL 集电极开路门（OC 门）

本实验所用 OC 与非门的芯片为 74LS03（2 输入四与非门），其内部逻辑图及引脚排列如图 6-19（a）和图 6-19（b）所示。OC 与非门的输出管脚 VT3 是悬空的，工作时输出端必须通过一只外接电阻 R_L 和电源 V_{CC} 相连［见图 6-19（a）中虚线部分］，以保证输出电压符合电路要求。

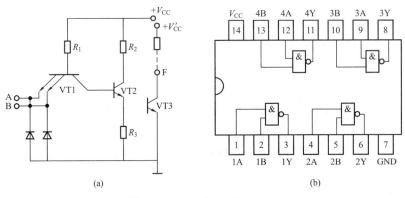

图 6-19　OC 与非门 74LS03

(a) 内部逻辑图；(b) 引脚排列

OC 与非门的应用十分广泛，例如：

（1）利用电路的"线与"特性方便地完成某些特定的逻辑功能。如图 6-20 所示，将两个 OC 与非门输出端直接并联在一起，则它们的输出为

$$F = F_A \cdot F_B = \overline{A_1 A_2} \cdot \overline{B_1 B_2} = \overline{A_1 A_2 + B_1 B_2} \tag{6-7}$$

即把两个（或两个以上）OC 与非门"线与"可完成"与或非"的逻辑功能。

（2）实现多路信息采集，使两路以上的信息共用一个传输通道（总线）。

（3）实现逻辑电平的转换、大电流驱动等，如用 TTL（OC）门驱动 CMOS 电路的电平转换。

OC 与非门输出并联（线与）应用时负载电阻 R_L 的选择。图 6-21 所示电路由 n 个 OC 与非门"线与"驱动有 m 个输入端的 N 个 TTL 与非门，为保证 OC 与非门输出电平符合逻辑要求，负载电阻 R_L 的选择范围为

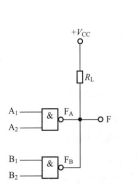

图 6-20　两个 OC 与非门输出并联

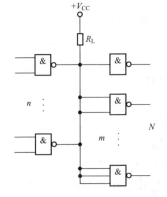

图 6-21　n 个 OC 与非门"线与"驱动 N 个 TTL 与非门

$$R_{Lmax} = \frac{V_{CC} - U_{OH}}{nI_{OH} + mI_{IH}} \tag{6-8}$$

$$R_{Lmin} = \frac{V_{CC} - U_{OL}}{I_{LM} + I_{IL}} \tag{6-9}$$

式中：I_{OH} 为 OC 门输出管截止时（输出高电平 U_{OH}）的漏电流（约 $50\mu A$）；I_{LM} 为 OC 门输出低电平 U_{OL} 时，允许的最大灌入负载电流（约 20mA）；I_{IH} 为负载门高电平输入电流（$<50\mu A$）；I_{IH} 为负载门低电平输入电流（$<1.6mA$）；V_{CC} 为 R_L 外接电源电压；n 为 OC 门个数；N 为负载门个数；m 为接入电路的负载门输入端总个数。

R_L 值须小于 R_{Lmax}，否则 U_{OH} 将下降；R_L 值须大于 R_{Lmin}，否则 U_{OL} 将上升；又因为 R_L 的大小会影响输出波形的边沿时间，在工作速度较高时，R_L 的值应尽量选取接近 R_{Lmin}。

除了 OC 与非门外，还有其他类型的 OC 器件，其 R_L 的选取方法也与此类同。

（二）TTL 三态输出门

TTL 三态输出门（TSL 门）是一种特殊的门电路，它在普通门的基础上增加控制端和控制电路组成的。如图 6-22 所示，当使能控制信号 $E=0$ 时，VT1 导通，VT2，VT4 截止，而导通的 VD1 将 VT2 集电极电位控制在小于 1 或等于 1 的电平上，使 VT3 和 VD2 不能导通。此时，输出端 Y 对电源 V_{CC}、对地都是断开的，呈现高阻抗状态。当使能控制信号 $E=1$ 时，VD1 截止，此时，三态门处于工作状态，实现 $Y=\overline{AB}$ 的逻辑功能。因此，三态门的输出端除了通常的高电平、低电平两种状态外（这两种状态均为低阻状态），还有第三种输出状态——高阻状态。处于高阻状态时，电路与负载之间相当于开路。图 6-23 所示为三态输出四总线缓冲器的逻辑符号。

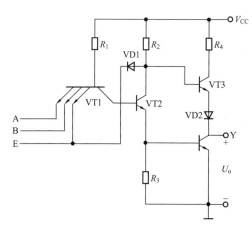

图 6-22　TTL 三态输出门的内部逻辑

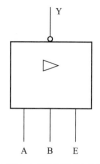

图 6-23　三态输出四总线缓冲器的逻辑符号

三态电路主要用途之一是实现总线传输，即用一个传输通道（称总线），以选通方式传递多路信息。如图 6-24 所示，电路把若干个三态 TTL 电路输出端直接连接在一起构成三态门总线，要求只有需要传输信息的三态控制端处于使能态（$E=1$），其余各门均处于禁止状态（$E=0$）。由于三态门输出电路结构与普通 TTL 电路结构相同，显然，若同时有两个或两个以上三态门的控制端处于使能态，将出现与普通

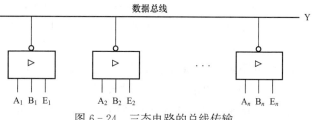

图 6-24　三态电路的总线传输

TTL"线与"运用时同样的问题，因而是绝对不允许的。

在 TTL 电路中，不仅有三态输出的与非门、反相器、缓冲器等，而且，在许多中规模乃至大规模集成电路中也采用了三态输出电路。

三态输出门按逻辑功能及控制方式分为各种不同类型，本实验中所用的三态门型号是74LS125（三态输出四总线缓冲器），其引脚排列如图6-25所示，其功能表见表6-10。

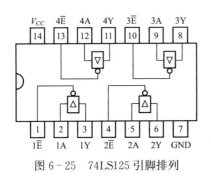

图 6-25　74LS125 引脚排列

表 6-10　74LS125 的逻辑功能表

输　　入		输　　出
$\overline{E}$	A	Y
0	0	0
	1	1
1	0	高阻态

五、实验内容及步骤

对下述实际操作内容进行仿真。

（一）集电极开路门与非门逻辑功能测试

用 74LS03 四二输入 OC 与非门按图6-20接线，$V_{CC}=5\text{V}$，$R_L=3\text{k}\Omega$。按表6-11改变 A_1，A_2，B_1，B_2 的状态并记录输出端电压及逻辑状态。

表 6-11　　　　　　　　　74LS03 的逻辑功能测试

A_1	0	1	0	1	0	1	0	1	0	1	0	1	0	1	0	1
A_2	0	0	1	1	0	0	1	1	0	0	1	1	0	0	1	1
B_1	0	0	0	0	1	1	1	1	0	0	0	0	1	1	1	1
B_2	0	0	0	0	0	0	0	0	1	1	1	1	1	1	1	1
F																

表 6-12　　Z=$\overline{AB}$+CD+$\overline{EF}$的测试值

A	B	C	D	E	F	Z
0	0	0	0	0	0	
0	0	1	1	0	0	
1	0	1	0	1	0	
1	1	1	1	1	1	
1	1	0	0	1	1	

（二）集电极开路门的应用

（1）用 OC 门、非门实现 Z=$\overline{AB}$+CD+$\overline{EF}$。实验时输入变量允许用原变量和反变量，外接负载电阻 R_L 取合适的值。自行设计电路并把数据填入表6-12中。

（2）用 OC 门实现异或逻辑 F=A$\oplus$B。根据图6-26接线，所用非门选取74LS04引脚排列如图6-27所示。测量结果填入表6-13中。

（3）用 OC 电路作 TTL 电路驱动 CMOS 电路的接口电路，实现电平的转换。实验电路如图6-28所示。

1）在电路输入端加不同的逻辑电平值，用数字式电压表测量集电极开路与非门及CMOS 与非门的输出电压值，并设表记录。

2）在电路输入端加1kHz方波信号，用示波器观察 A，B，C 各点电压波形幅值的变化，并描绘之。

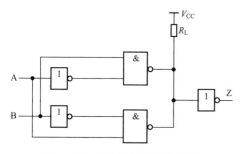

图 6-26 OC 门实现异或逻辑

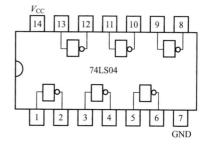

图 6-27 74LS04 引脚排列

表 6-13   **F＝A⊕B 的测试结果**

A	B	Z
0	0	
0	1	
1	0	
1	1	

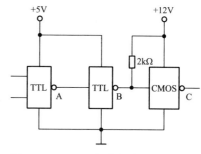

图 6-28 TTL 电路驱动 CMOS 电路

（三）三态输出门

1. 测试 74LS125 三态输出门的逻辑功能

参照图 6-25 引脚排列三态门输入端接数据开关，控制端接逻辑开关，输出端接电平指示器。逐个测试集成电路中四个门的逻辑功能，记入表 6-14 中。

2. 三态输出门的应用

将四个三态输出缓冲器按图 6-29 接线，输入端按图示加输入信号，控制端接逻辑开关，输出端接电平指示器，先使四个三态门的控制端均为高电平"1"，即处于静止状态，方可接通电源，然后轮流使其中一个门的控制端接低电平"0"，观察总线的逻辑状态，记录实验结果。注意：应先使工作的三态门转换为静止状态，再让另一个门开始传递数据。

表 6-14   **74LS125 的逻辑功能表**

输　　入		输　出
$\overline{E}$	A	Y
0	0	
	1	
1	0	
	1	

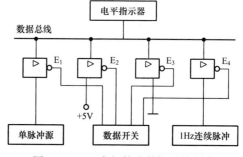

图 6-29 三态门构成数据总线电路

六、实验报告

（1）画出实验电路图，标明外接元器件的值。

（2）整理分析实验结果，总结集电极开路门和三态输出门的优缺点。

实验四* 常用组合逻辑电路的测试

一、预习要求

（1）复习有关加法器的内容。能否用其他逻辑门实现半加器和全加器。

（2）复习编码器、译码器的工作原理及其逻辑功能。

（3）预先设计用两片 8－3 线优先编码器 74LS148 扩展成 16 位输入、4 位二进制的优先编码器。并按照设计性实验的要求，画好电路接线图，并拟定记录数据表格的草表。

（4）74LS153 双四选一数据选择器，74LS151 八选一数据选择器的用途有哪些？

（5）熟悉 EWB5.12 仿真软件的相关内容。

二、实验目的

（1）学习利用仿真软件 EWB5.12 对常用组合逻辑中半加器、全加器、译码器、编码器及数据选择器等内容的仿真。

（2）掌握 TTL 半加器和全加器的逻辑功能的测试方法及其应用。

（3）掌握译码器的逻辑功能和测试方法及应用。

（4）熟悉编码器工作原理和使用方法。

（5）掌握数据选择器逻辑功能测试方法。

三、实验设备及器件

（1）数字电子技术实验台。

（2）数字式万用表。

（3）集成芯片 74LS00，74LS55，74LS86，74LS48，74LS139，74LS148，74LS147，74LS151，74LS153，74LS145。

四、实验原理

（一）加法器

在数字系统中，经常需要进行算术运算，逻辑操作及数字大小比较等操作。实现这些运算功能的电路是加法器。加法器是一种组合逻辑电路，主要功能是实现二进制数的算术加法运算。

1. 半加器

半加器是两个 1 位二进制数算术相加的运算器件，只考虑被加数和加数，而不考虑由低位来的进位。其逻辑表达式为

$$S_n = A_n\overline{B_n} + \overline{A_n}B_n = A_n \oplus B_n \qquad (6-10)$$

$$C_n = A_nB_n \qquad (6-11)$$

逻辑符号如图 6－30 所示，A_n、B_n 为输入端，S_n 为本位和数输出端，C_n 为向高位进位输出端。图 6－31 为用与非门和异或门实现半加器的电路图。

---

* 本实验内容较多可适当增加课时。

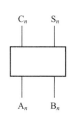
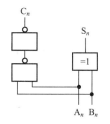

图 6-30　半加器逻辑符号　　　　图 6-31　半加器的电路图

2. 全加器

全加器是带有进位的二进制加法器，其逻辑表达式为

$$S_n = \overline{A}_n \overline{B}_n C_{n-1} + \overline{A}_n B_n \overline{C}_{n-1} + A_n \overline{B}_n \overline{C}_{n-1} + A_n B_n C_{n-1} = A_n \oplus B_n \oplus C_{n-1} \qquad (6-12)$$

$$C_n = \overline{A}_n B_n C_{n-1} + A_n \overline{B}_n C_{n-1} + A_n B_n \overline{C}_{n-1} + \overline{A}_n \overline{B}_n C_{n-1} = A_n B_n + C_{n-1}(A_n \oplus B_n) \qquad (6-13)$$

逻辑符号如图 6-32 所示，它有三个输入端 A_n、B_n、C_{n-1}，C_{n-1} 为低位来的进位输入端，两个输出端为 S_n、C_n。实现全加器逻辑功能的方案有多种，图 6-33 为用与非门、异或门及与或非门构成的全加器。

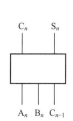
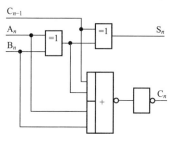

图 6-32　全加器逻辑符号　　　　图 6-33　全加器的电路图

加法器中所用集成芯片与非门 74LS00（引脚排列见图 6-2）；异或门 74LS86（引脚排列见图 6-34）其逻辑表达式为 Y＝A⊕B；与或非门 74LS55（引脚排列见图 6-35）其逻辑表达式为

$$Y = \overline{ABCD + EFGH} \qquad (6-14)$$

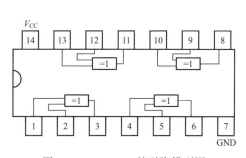
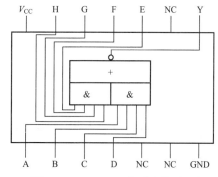

图 6-34　74LS86 的引脚排列图　　　　图 6-35　74LS55 的引脚排列图

（二）编码器

编码器是一种常用的组合逻辑电路，其功能是实现编码操作，即用若干个按逻辑 0 和 1 规律编排的代码（二进制数）来代表某种特定的含义。按照被编码信号的不同特点和要求，

编码器一般可以分为二进制编码器、二—十进制编码器和优先编码器。

1. 二进制编码器

二进制编码器是将某种信号或对象编成二进制代码的电路，例如用门电路构成的 4 - 2 线编码器、8 - 3 线编码器等。

2. 二—十进制编码器

二—十进制编码器是将十进制的十个数码 0，1，…，9 编成二进制代码的电路。输入的是 0～9 十个数码，输出的是对应的二进制代码。这种二进制代码又称二—十进制代码，简称为 BCD 码。例如 10 - 4 线码编码器 74LS147 等。

3. 一般编码器

一般编码器每次只允许一个输入端上有信号，而实际上经常出现多个输入端上同时有信号的情况。这就要求系统能自动识别输入信号的优先级别，即需要优先编码器。例如 10 - 4 线（十进制—BCD 码）优先编码器 74LS147（引脚排列如图 6 - 36 所示，实验原理如图 6 - 37 所示）及 8 - 3 线优先编码器 74LS148（引脚排列如图 6 - 38 所示，实验原理如图 6 - 39 所示）。

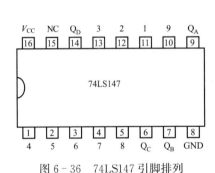

图 6 - 36　74LS147 引脚排列

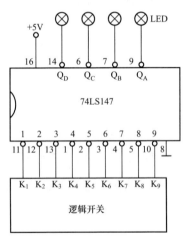

图 6 - 37　74LS147 的实验原理图

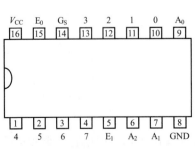

图 6 - 38　74LS148 的引脚排列

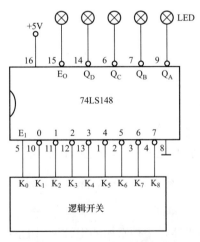

图 6 - 39　74LS148 的原理图

（三）译码器

译码和编码的过程相反，译码是编码的逆过程。译码器是一种常用的组合逻辑电路，其功能是将输入的具有特定意义的二进制代码，按编码的含义"翻译"成对应的信号或二进制数码输出。译码器按其用途一般可分为变量译码器（二进制译码器）、码制转换译码器和显示译码器三类。

1. 二进制译码器

二进制译码器是把输入的一组二进制代码，译成用高电平 1 或低电平 0 表示的输出信号。例如常用的双 2－4 线译码器 74LS139，3－8 线译码器 74LS138 等。74LS139 引脚排列如图 6－40 所示，实验原理如图 6－41 所示。

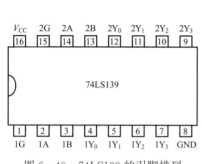

图 6－40　74LS139 的引脚排列

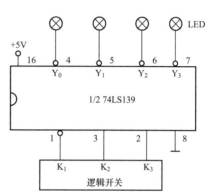

图 6－41　74LS139 的实验原理图

2. 二—十进制译码器

二—十进制译码器是实现各种码制之间相互转换的电路，例如 BCD 码—十进制译码器 74LS145 等。74LS145 引脚排列如图 6－42 所示，实验原理如图 6－43 所示。

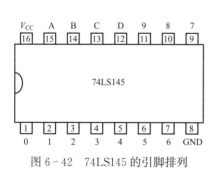

图 6－42　74LS145 的引脚排列

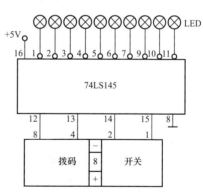

图 6－43　74LS145 的实验原理图

3. 显示译码器

显示译码器的作用是驱动各种数字显示器，它能够把"8421"二—十进制代码译成能够用显示器显示出的十进制数。常用的显示器件有半导体数码管（LED）、液晶数码管和荧光数码管等。其中，半导体数码管又分为共阴极和共阳极两种类型。半导体数码管的基本单元是 PN 结，当外加正向电压时，就能发出清晰的光线；其工作电压为 1.5～3V，工作电流为几毫安到十几毫安，寿命很长，如共阴译码器/驱动器 74LS48（或 74LS248），共阳数码管译码器/驱动器 74LS47（或 74LS247）等。

74LS48 引脚排列如图 6-44 所示。共阴极数码管LC5011-11（547R）引脚排列和内部电路如图 6-45 所示。74LS48 和 LC5011-11（547R）组成的译码显示电路实验原理如图 6-46所示。

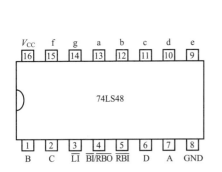

图 6-44　74LS48 的引脚排列

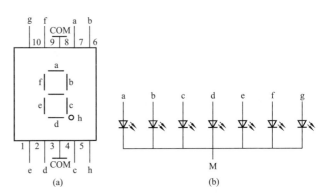

图 6-45　LCS011-11（547R）
(a) 引脚排列；(b) 内部电路图

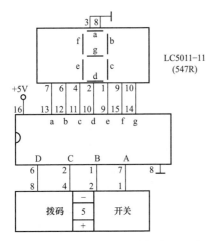

图 6-46　译码显示电路实验原理图

BCD-七段译码器/驱动器 74LS48（74LS248），能将 4 位 8421BCD 码译成七段（a，b，c，d，e，f，g）输出，直接驱动数码显示器 LED。显示输入的十进制数。74LS48 不仅能将 BCD 码译码输出，而且对多余的状态也给出具体的显示。另外，器件本身还可以进行功能的测试，如灭灯和灭零等试验。

$\overline{LT}$是试灯输入端，低电平有效，用来检验数码管的七段是否正常工作。即当$\overline{LT}=0$ 时，输出 a～g 全为 1，七段全亮显示 8 字。平时$\overline{LT}$处于高电平。

$\overline{RBI}$是灭零输入端，低电平有效。即当$\overline{LT}=1$，$\overline{BI}=1$，$\overline{RBI}=0$ 且输入端 DCBA＝0000 时，输出灭零状态而不显示 0 字，平时$\overline{RBI}$处于高电平。

$\overline{BI}/\overline{RBO}$是输入、输出合用的引出端。$\overline{BI}$是灭灯输入端，低电平有效。当$\overline{BI}=0$ 时，无论其他输入端为何信号，输出 a～g 全为 0，七段全灭无显示。$\overline{RBO}$为灭零输出，该器件处于灭零状态时，$\overline{RBO}=0$，否则，$\overline{RBO}=1$。

74LS48/248 的输出均为高电平有效，两者的区别在于显示字形 6 和字形 9 时有不同。

（四）数据选择器

数据选择器是常用的组合逻辑部件之一。它由组合逻辑电路对数字信号进行控制来完成较复杂的逻辑功能。它有若干个数据输入端 D_0，D_1，…，若干个控制输入端 A_0，A_1，…和一个输出端 Y_0。在控制输入端加上适当的信号，即可从多个数据输入源中将所需的数据信号选择出来，送到输出端。使用时也可以在控制输入端加上一组二进制编码的信号，使电路按要求输出一串信号，所以它也是一种可编程序的逻辑部件。数据选择器又称为多路开关，其集成电路有多种类型。

本实验采用的集成芯片 74LS153 为双四选一数据选择器，其引脚排列如图 6-47 所示。其逻辑功能特性见表 6-15。其中 D_0，D_1，D_2，D_3 为四个输入端，Y 为输出端，A_1，A_2 为控制输入端。当 $1\overline{G}(=2\overline{G})=1$ 时电路不工作，此时无论 A_1，A_2 处于什么状态，输出 Y 总为零；当 $1\overline{G}(=2\overline{G})=0$ 时，电路正常工作，被选择的数据送到输出端，如 $A_1A_0=01$，则选中数据 D_1 输出。

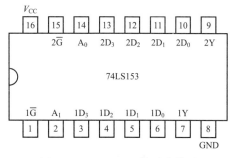

图 6-47 74LS153 的引脚排列

表 6-15 双四选一数据选择器的特性表

输 入			输出
$\overline{G}$	A_1	A_0	Y
1	*	*	0
0	0	0	D_0
0	0	1	D_1
0	1	0	D_2
0	1	1	D_3

当 $\overline{G}=0$ 时，74LS153 的逻辑表达式为

$$Y = \overline{A_1}\,\overline{A_0}D_0 + \overline{A_1}A_0 D_1 + A_1\,\overline{A_0}D_2 + A_0 A_1 D_3 \tag{6-15}$$

另一个集成芯片 74LS151 为八选一数据选择器，其引脚排列如图 6-48 所示。其逻辑功能表如表 6-16 所示。对应的逻辑表达式为

$$
\begin{aligned}
Y =\ & \overline{A_2}\,\overline{A_1}\,\overline{A_0}D_0 + \overline{A_2}\,\overline{A_1}A_0 D_1 + \overline{A_2}A_1\overline{A_0}D_2 \\
& + \overline{A_2}A_0 A_1 D_3 + A_2\overline{A_1}\,\overline{A_0}D_4 + A_2\overline{A_1}A_0 D_5 \\
& + A_2 A_1\overline{A_0}D_6 + A_2 A_1 A_0 D_7
\end{aligned} \tag{6-16}
$$

表 6-16 八选一数据选择器逻辑功能表

输 入				输 出	
$\overline{G}$	A_2	A_1	A_0	Y	$\overline{Y}$
1	*	*	*	0	1
0	0	0	0	D_0	
0	0	0	1	D_1	
0	0	1	0	D_2	
0	0	1	1	D_3	
0	1	0	0	D_4	
0	1	0	1	D_5	
0	1	1	0	D_6	
0	1	1	1	D_7	

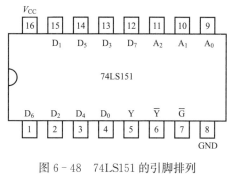

图 6-48 74LS151 的引脚排列

用数据选择器可以产生任意组合的逻辑函数，因而用数据选择器构成函数发生器方法简便，线路简单。对于任何给定的三输入变量逻辑函数均可用四选一数据选择器来实现，同时对于四输入变量逻辑函数可以用八选一数据选择器来实现。应当指出，数据选择器实现逻辑函数时，要求逻辑函数式转换成最小项表达式，因此，对函数化简是没有意义的。

【例 6-1】 用八选一数据选择器实现逻辑函数 $F = AB + BC + CA$。

解 写出 F 的最小项表达式

$$F = ABC + AB\overline{C} + \overline{A}BC + A\overline{B}C$$

先将函数 F 的输入变量 A，B，C 加到八选一的地址端 A_2，A_1，A_0，再将上述最小项表达式与八选一逻辑表达式（6-16）进行比较（或用两者卡诺图进行比较）不难得出

$$D_0 = D_1 = D_2 = D_4 = 0, D_3 = D_5 = D_6 = D_7 = 1$$

图 6-49 为八选一数据选择器实现函数 F＝AB＋BC＋CA 的逻辑图。

如果用四选一数据选择器实现上述逻辑函数如图 6-50 所示。由于选择器只有两个地址端 A_1，A_0，而函数 F 有三个输入变量，此时可把变量 A，B，C 分成两组，任选其中两个变量（如 A、B）作为一组加到选择器的地址端 S_n，余下的一个变量（如 C）作为另一组加到选择器的数据输入端 C_n，并按逻辑函数的要求求出加到每个数据输入端 $D_0 \sim D_7$ 的 C 的值。选择器输出 C_n 便可实现逻辑函数 F。

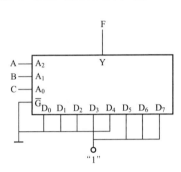

图 6-49　八选一数据选择器实现
F＝AB＋BC＋CA 的电路

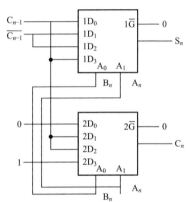

图 6-50　四选一数据选择器实现全加器

当函数 F 的输入变量小于数据选择器的地址端时，应将不同的地址端及不同的数据输入端都接地处理。

五、实验内容及步骤

对下述实际操作内容进行仿真。

（一）加法器

1. 半加器逻辑功能验证

选择异或门 74LS86、与非门 74LS00 集成电路芯片，按图 6-31 接线。输入端分别接数据开关 K1，K2，按表 6-17 输入逻辑电平；输出求和端 S_n，进位端 C_n 分别接发光二极管，观察求和端 S_n 和进位端 C_n 的逻辑电平，记录在表 6-17 中。

2. 全加器逻辑功能验证

选择异或门 74LS86，与非门 74LS00，与或非门 74LS55 集成电路芯片，按图 6-33 接线，输入端 A_n，B_n，C_{n-1} 分别接数据开关 K1，K2，K3，按表 6-18 输入逻辑电平；输出求和端 S_n，进位端 C_n 分别接发光二极管，观察求和端 S_n 和进位端 C_n 的逻辑电平，记录在表 6-18 中。

表 6-17　半加器的逻辑功能测试

输入端	A_n	0	1	0	1
	B_n	0	0	1	1
输出端	S_n				
	C_n				

表 6-18　　　　全加器的逻辑功能测试

输入端	A_n	0	0	0	0	1	1	1	1
	B_n	0	0	1	1	0	0	1	1
	C_{n-1}	0	1	0	1	0	1	0	1
输出端	S_n								
	C_n								

（二）编码器逻辑功能的验证

（1）将 10-4 线（十进制—BCD 码）优先编码器 74LS147 集成电路芯片插入插座中，引脚排列如图 6-36 所示。按图 6-37 接线，其中输入端 1～9 通过数据开关接高、低电平，输出端 Q_A，Q_B，Q_C，Q_D 接 LED 发光二极管；接通电源后，按表 6-19 输入各个逻辑电平，观察输出结果并填入表 6-19 中。

表 6-19　　　　　　　　　　10-4 线优先编码器的逻辑功能

输　入									输　出			
1	2	3	4	5	6	7	8	9	Q_D	Q_C	Q_B	Q_A
1	1	1	1	1	1	1	1	1	1	1	1	1
*	*	*	*	*	*	*	*	0				
*	*	*	*	*	*	*	0	1				
*	*	*	*	*	*	0	1	1				
*	*	*	*	*	0	1	1	1				
*	*	*	*	0	1	1	1	1				
*	*	*	0	1	1	1	1	1				
*	*	0	1	1	1	1	1	1				
*	0	1	1	1	1	1	1	1				

* 表示任意状态，以下类同。

（2）将 8-3 线优先编码器 74LS148 集成芯片插入插座中，按上述方法进行实验论证。其引脚排列如图 6-38 所示。按图 6-39 接线，接通电源后，按表 6-20 输入各个逻辑电平，观察输出结果并填入表中。

表 6-20　　　　　　　　　　8-3 线优先编码器的逻辑功能

输　入									输　出				
E_1	0	1	2	3	4	5	6	7	Q_C	Q_B	Q_A	G_S	E_0
1	*	*	*	*	*	*	*	*	1	1	1	1	1
0	1	1	1	1	1	1	1	1					
0	*	*	*	*	*	*	*	0					
0	*	*	*	*	*	*	0	1					
0	*	*	*	*	*	0	1	1					
0	*	*	*	*	0	1	1	1					
0	*	*	*	0	1	1	1	1					
0	*	*	0	1	1	1	1	1					
0	*	0	1	1	1	1	1	1					
0	0	1	1	1	1	1	1	1					

（三）译码器

将双 2－4 线译码器 74LS139 集成电路芯片插入插座中，其引脚排列如图 6－40 所示。按图 6－41 接线，输入端 G，B，A 接数据开关，输出端 Y_0，Y_1，Y_2，Y_3 接发光二极管。接通电源后，按表 6－21 输入各个逻辑电平，观察输出结果并填入表中。

表 6－21　　　　　2－4 线译码器的逻辑功能

输入端			输出端			
G	B	A	Y_0	Y_1	Y_2	Y_3
1	*	*	1	1	1	1
0	0	0				
0	0	1				
0	1	0				
0	1	1				

（四）数据选择器

1. 测试 74LS153 四选一数据选择器及 74LS151 八选一数据选择器的逻辑功能

将四选一数据选择器 74LS153 集成电路芯片插入插座中，其引脚排列如图 6－47。其中 A_0，A_1 为二位地址码输入端，$\overline{G}$ 为低电平选通输入端，$D_0 \sim D_3$ 为数据输入端，Y 为原码输出端，$\overline{Y}$ 为反码输出端。置选通端 $\overline{G}$ 为低电平时，数据选择器被选中而为工作状态。按表 6－15 进行功能验证。

将八选一数据选择器 74LS151 集成电路芯片插入插座中，其引脚排列如图 6－48 所示。A_0，A_1，A_2 为 3 位地址码输入端，$\overline{G}$ 为低电平选通输入端，$D_0 \sim D_7$ 为数据输入端，Y 为原码输出端，$\overline{Y}$ 为反码输出端。置选通端 $\overline{G}$ 为低电平时，数据选择器被选中而为工作状态。按表 6－16 进行功能验证。

2. 数据选择器构成全加器

（1）按图 6－50 接线测试用数据选择器构成全加器，并仿照表 6－18 记录数据。

（2）在式（6－12）和式（6－13）的基础上，参照图 6－49 用八选一数据开关 74LS151 自行设计全加器，验证表 6－18 的逻辑功能。

六、实验报告

（1）整理半加器、全加器、编码器、译码器及数据选择器的实验结果，分别总结其逻辑功能。

（2）总结用数据选择器构成全加器的优点，并与本实验中加法器内容进行比较。

七、设计性实验

（一）设计内容一：判奇电路

1. 设计要求

设计一个判奇电路，该电路具有以下功能：有 A，B，C 三个输入端，一个输出端 Y。在三个输入信号中只要有奇数个为高电平时，输出为高电平。否则为低电平。

2. 给定条件

异或门 74LS86，实验台。

3. 报告要求

（1）写出设计过程，画出原理图。

（2）列表整理所测实验数据，验证实验功能。

（二）设计内容二：四人表决器

1. 设计要求

设计一个裁判表决电路，该电路具备如下功能：有 A，B，C，D 四名裁判，其中 A 为主裁判，B，C，D 为副裁判，当主裁判和两名或两名以上的副裁判认为运动员动作合格时，输出端 Y 为逻辑"1"，X 为逻辑"0"，此时绿灯亮，红灯灭，否则 Y 为逻辑"0"，X 为逻辑"1"，绿灯灭，红灯亮。

2. 给定条件

八选一数据选择器 74LS151。

3. 报告要求

(1) 写出设计过程，画出原理图。

(2) 列表整理所测实验数据。

实验五　常见触发器的逻辑功能

一、预习要求

(1) 复习有关触发器的有关内容。

(2) JK 触发器和 D 触发器在实现正常逻辑功能时，$\overline{R}_D$、$\overline{S}_D$ 应处于什么状态？

(3) 触发器的时钟脉冲输入为什么不能用逻辑开关作脉冲源，而要用单次脉冲源或连续脉冲源？

(4) 熟悉 EWB5.12 仿真软件的相关内容。

二、实验目的

(1) 学习使用 EWB5.12 仿真软件仿真常见触发器逻辑功能。

(2) 学会如何测试基本的 RS 触发器、JK 触发器、D 触发器、T 触发器、T′触发器的逻辑功能。

(3) 学会各类触发器之间逻辑功能相互转换的方法。

三、实验设备及器件

电子技术实验箱或实验台，示波器，双 JK 触发器 74LS112、双 D 触发器 74LS74、二输入四与非门 74LS00。

四、实验原理

触发器是具有记忆功能的、能存放二进制信息的最基本存储器件，是时序逻辑电路的基本单元之一。触发器按逻辑功能可分为 RS、JK、D、T、T′触发器；按结构可分为主从型触发器和边沿型触发器两大类。触发器可在时钟脉冲的上升沿和下降沿发生状态变化。

（一）基本 RS 触发器

基本 RS 触发器有两个"与非"门交叉连接而成，如图 6‐51 所示。它是无时钟控制低电平直接触发的触发器，有直接置位、复位的功能，是组成各种功能触发器的最基本单元。另外基本 RS 触发器也可以用两个"或非"门组成，它是高电平直接触发的触发器。

（二）JK 触发器

JK 触发器是一种逻辑功能完善，通用性强的集成触发器，在结构上可分为主从型 JK 触发器和边沿型 JK 触发器。在产品中应用较多的是下降边沿触发的边沿型 JK 触发器，其逻辑符号如图 6‐52 所示。它有三种不同功能的输入端，第一种是直接置位、复位输入端，用 R_D 和 S_D 表示；第二种是时钟脉冲输入端，用来控制触发器触发翻转，用 CP 表示；第三种是数据输入端，它是触发器状态更新的依据，用 J、K 表示。JK 触发器的状态方程为

$$Q^{n+1} = J\overline{Q^n} + \overline{K}Q^n \tag{6-17}$$

本实验采用 74LS112 型双 JK 触发器，是下降边沿触发的边沿触发器，引脚排列如图 6-53所示，表 6-22 为其功能表。

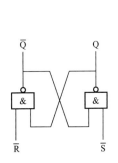

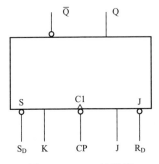

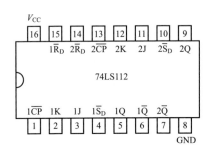

图 6-51　基本 RS　　　图 6-52　JK 触发器　　　图 6-53　74LS112 的引脚排列
触发器电路图　　　　74LS112 的逻辑符号

表 6-22　　　　　　　　　　　JK 触发器 74LS112 的功能表

输　　入					输　　出	
$\overline{S_D}$	$\overline{R_D}$	$\overline{CP}$	J	K	Q^{n+1}	$\overline{Q}^{n+1}$
0	1	*	*	*	1（异步置一）	0
1	0	*	*	*	0（异步置零）	1
0	0	*	*	*	不允许	不允许
1	1	↓	0	0	Q^n（保持）	$\overline{Q}^n$
1	1	↓	1	0	1（置一）	0
1	1	↓	0	1	0（置零）	1
1	1	↓	1	1	$\overline{Q}^n$（翻转）	Q^n
1	1	↑	*	*	Q^n（不变）	$\overline{Q}^n$

（三）D 触发器

D 触发器是另一种使用广泛的触发器，它的基本结构多为维阻型，其逻辑符号如图 6-54 所示。D 触发器是在 CP 脉冲上升沿触发翻转，触发器的状态取决于 CP 脉冲到来之前 D 端的状态，状态方程为

$$Q^{n+1} = D \tag{6-18}$$

本实验采用 74LS74 型双 D 触发器，是上升边沿触发的边沿触发器，其引脚排列如图 6-55 所示，表 6-23 为其功能表。

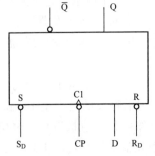

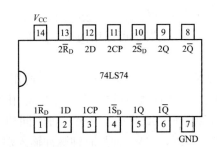

图 6-54　D 触发器 74LS74 的逻辑符号　　　　图 6-55　74LS74 的引脚排列

不同类型的触发器对时钟信号和数据信号的要求各不相同，一般说来，边沿触发器要求数据信号超前于触发边沿一段时间出现（称之为建立时间），并且要求在边沿到来后继续维持一段时间（称之为保持时间）。对于触发器边沿陡度也有一定要求（通常要求小于 100ns）。主从触发器对上述时间参数要求不高，但要求在 CP＝1 期间，外加的数据信号不允许发生变化，否则将导致触发器错误输出。

表 6-23　　　D 触发器 74LS74 的功能表

输	入			输	出
$\overline{S}_D$	$\overline{R}_D$	CP	D	Q^{n+1}	$\overline{Q}^{n+1}$
0	1	＊	＊	1（同步置一）	0
1	0	＊	＊	0（同步置零）	1
1	1	0	＊	Q^n（保持）	$\overline{Q}^n$
0	0	＊	＊	不允许	不允许
1	1	↑	D	D	

（四）触发器之间的转换

在集成触发器的产品中，虽然每一种触发器都有固定的逻辑功能，但是可以利用转换的方法得到其他功能的触发器。如果把 JK 触发器的 J、K 端连在一起（称为 T 端）就构成 T 触发器，状态方程为

$$Q^{n+1} = \overline{T}Q^n + T\overline{Q}^n \tag{6-19}$$

T 触发器是指在 CP 脉冲作用下，当 T＝0 时，$Q^{n+1}＝Q^n$（保持），当 T＝1 时，$Q^{n+1}＝\overline{Q}^n$（翻转）的触发器如图 6-56 所示。而工作在 T＝1 时的 JK 触发器称为 T′触发器，即每来一个 CP 脉冲，触发器便翻转一次。同样，若把 D 触发器的 Q 端与 T 端通过异或门与 D 端相连就构成了 T 触发器，如图 6-57 所示。如把 $\overline{Q}$ 端和 D 端相连，则转换成了 T′触发器，如图 6-58 所示。T 和 T′触发器广泛应用于计算电路中。值得注意的是转换后的触发器其触发方式仍不变。

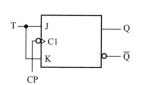

图 6-56　JK 触发器转换为 T 触发器的电路

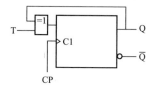

图 6-57　D 触发器转换为 T 触发器的电路

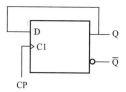

图 6-58　D 触发器转换为 T′触发器的电路

表 6-24　基本 RS 触发器的功能表

$\overline{R}$	$\overline{S}$	Q	$\overline{Q}$
0	1		
1	0		
1	1		

五、实验内容及步骤

对下述实际操作内容进行仿真。

（一）测试基本 RS 触发器的逻辑功能

取一个 74LS00 集成器件，按图 6-51 电路接线，74LS00 的 1 脚接数据电平开关，作为 $\overline{R}$ 端。5 脚接数据电平开关，作为 $\overline{S}$ 端。3 脚接逻辑电平指示灯，作为 Q 的非端。6 脚接逻辑电平指示灯，作为 Q 端。2 脚、6 脚连在一起，3 脚、4 脚接在一起。实验数据记入表 6-24。

（二）测试双 JK 触发器 74LS112 的逻辑功能

（1）测试 $\overline{R}_D$、$\overline{S}_D$ 的复位、置位功能。任取一只 JK 触发器，如图 6-53 所示，$\overline{R}_D$、$\overline{S}_D$ 端接数据开关，Q、$\overline{Q}$ 端接电平指示器；按表 6-25 要求改变 $\overline{R}_D$、$\overline{S}_D$（J，K，CP 处于任意状

表 6 - 25　　JK 触发器 74LS112 的置位复位功能测试

$\overline{S}_D$	$\overline{R}_D$	$\overline{CP}$	J	K	Q^{n+1}	$\overline{Q}^{n+1}$
0	1	*	*	*		
1	0	*	*	*		
1	1	*	*	*		

态），记录在表 6 - 25 中。

（2）测试 JK 触发器的逻辑功能。将 J，K 接数据开关，CP 接单次脉冲。按表 6 - 26 要求改变 J，K，CP 端状态，观察 Q，$\overline{Q}$ 状态变化，观察触发器状态更新是否发生在 CP 脉冲的下降沿（即 CP 为↓），记录在表 6 - 26 中。[注：做每项内容时需清零（$\overline{S}_D=1$，$\overline{R}_D=0$）或置一（$\overline{R}_D=1$，$\overline{S}_D=0$）后再接到保持状态，即 $\overline{R}_D=1$、$\overline{S}_D=1$，再观察 J、K 对 Q 的影响。]

表 6 - 26　　　　　　　　　　　　　　JK 触发器的简单功能表

J	K	CP	Q^{n+1}		J	K	CP	Q^{n+1}	
			$Q^n=0$（清零）	$Q^n=1$（置 1）				$Q^n=0$（清零）	$Q^n=1$（置 1）
0	0	0（初态）	0	1	1	0	0（初态）	0	1
		↑					↑		
		↓					↓		
0	1	0（初态）	0	1	1	1	0（初态）	0	1
		↑					↑		
		↓					↓		

（3）将 JK 触发器的 J、K 端连在一起，构成 T 触发器。

1）按图 6 - 26 接线，T 端接数据开关，Q^{n+1} 端接电平显示。依照表 6 - 27 中 T 端和触发器初始态的相应变化测量 Q^{n+1} 端的逻辑电位，并填入表 6 - 27 中。

2）CP 端输入 1kHz 连续脉冲，用双踪示波器观察 CP，Q，$\overline{Q}$ 的波形，注意相位和时间的关系，并在图 6 - 59 中描绘之。

表 6 - 27　　T 触发器的功能表

T	Q^n	Q^{n+1}
0	0	
0	1	
1	0	
1	1	

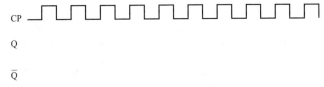

CP

Q

$\overline{Q}$

图 6 - 59　T 触发器的输出波形

（三）测试双 D 触发器 74LS74 的逻辑功能

（1）测试 74LS74 的复位功能和置位功能。测试方法同实验内容（二）中（1）。CP，D 端处于任意状态，将结果记录于表 6 - 28 中。

（2）测试 74LS74 的逻辑功能。将 D 端接数据开关，CP 接单次脉冲，按表 6 - 29 要求进行测试，并观察触发器状态更新时是否发生在 CP 脉冲的上升沿（即 CP 为↑），将实验数据记入表 6 - 29。[注：做每项内容时需清零（$\overline{S}_D=1$，$\overline{R}_D=0$）或置 1（$\overline{R}_D=1$，

表 6 - 28　　双 D 触发器 74LS74 置位复位功能测试表

$\overline{S}_D$	$\overline{R}_D$	CP	D	Q^{n+1}	$\overline{Q}^{n+1}$
0	1	*	*		
1	0	*	*		
1	1	*	*		

注　"*"表示任意状态。

$\overline{S}_D=0$）后再接到保持状态，即 $\overline{R}_D=1$，$\overline{S}_D=1$。]

表 6-29　　　　　　　　　　　**D 触发器 74LS74 的简单功能表**

D	CP	Q^{n+1}		D	CP	Q^{n+1}	
		$Q^n=0$（清零）	$Q^n=1$（置 1）			$Q^n=0$（清零）	$Q^n=1$（置 1）
	0（初态）	0	1		0（初态）	0	1
0	↑			1	↑		
	↓				↓		

（3）将 D 触发器的 $\overline{Q}$ 端与 D 端相连接，构成 T′ 触发器。

1）按图 6-58 接线，将 T′ 触发器置零，观察 CP 脉冲对 Q^{n+1} 的影响；再将 T′ 触发器置 1，观察 CP 脉冲对 Q^{n+1} 的影响。把结果填入表 6-30 中。

2）CP 端输入 1kHz 连续脉冲，用双踪示波器观察 CP，Q，$\overline{Q}$ 的波形，注意相位和时间的关系，并在图 6-60 中绘出波形。

表 6-30　　　**T′ 触发器的功能表**

Q^n	CP	Q^{n+1}
0	↑	
1	↑	

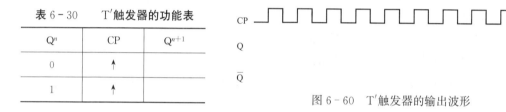

图 6-60　T′ 触发器的输出波形

（四）JK 触发器将时钟脉冲转换成两相时钟脉冲

实验电路如图 6-61 所示。输入端 CP 接 1kHz 连续脉冲，输出端 Q_A，Q_B 接示波器，观察 CP，Q_A，Q_B 波形，描绘之。

（五）设计实验

1. 设计内容

四人抢答电路。

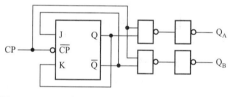

图 6-61　JK 触发器将单相脉冲变为两相脉冲

2. 功能要求

当某人抢答抢先开关动作后，即有相应的灯光显示，蜂鸣器响，并有数码管显示抢先动作的开关编号。此后，其余各开关再动作均无效。当主持人将复位开关 K 复位后，抢答才可重新开始。

3. 给定条件

两片 JK 触发器（74LS112）、两片 D 触发器（74LS74）、译码显示器、指示灯、与非门（74LS00）、异或门（74LS86）、或门（74LS32）。

提示：用四只 JK 触发器构成输出电路来驱动四只灯和编号的译码电路；用四只 D 触发器构成触发脉冲产生电路；用译码显示电路显示与开关序号相同的数字；主持人复位功能通过触发器的置零端置零来实现。

六、实验报告

（1）列表整理各类型触发器的逻辑功能。

（2）总结 JK 触发器 74LS112 和 D 触发器 74LS74 的特点。

（3）画出 JK 触发器作为 T′触发器时 CP、Q、$\overline{\text{Q}}$ 端的波形图，讨论它们之间的相位和时间关系。

实验六　计数器的连接和测试

一、预习要求

（1）复习有关计数器部分内容。

（2）拟出实验中所需测试表格。

（3）画出用双 JK 触发器及双 D 触发器构成 4 位异步二进制减法计数器的电路图。

（4）熟悉 74LS160 的逻辑功能。

（5）画出用 74LS161，74LS00，74LS20 构成九进制加法计数器的电路图，要求分别使用异步清零法和同步置数法进行。

（6）熟悉仿真软件 EWB5.12 的相关内容。

二、实验目的

（1）学习用仿真软件 EWB5.12 对计时器的仿真。

（2）学习用集成触发器构成计数器的方法。

（3）熟悉中规模集成十进制、十六进制计数器的逻辑功能及使用方法。

（4）学习计数器的功能扩展。

（5）了解集成译码器及显示器的应用。

三、实验设备及器件

数字电子技术实验设备，集成芯片 74LS00，74LS20，74LS74，74LS112，74LS160，74LS161。

四、实验原理

计数器是一种重要的时序逻辑电路，它不仅可以计数，而且可以用作时控及进行数字运算等。计数器按计数功能计数器可分为加法、减法和可逆计数器；按计数体制可分为二进制和任意进制计数器，而任意进制计数器中常用的是十进制计数器；按计数脉冲引入的方式不同又可分为同步和异步计数器。

（一）用 JK 触发器（74LS112）和 D 触发器（74LS74）构成异步二进制加法计数器和减法计数器

图 6-62 是使用两只 D 触发器和两只 JK 触发器构成的 4 位异步二进制加法计数器，它

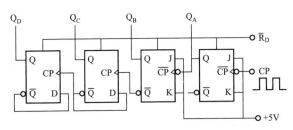

图 6-62　JK 触发器和 D 触发器构成
4 位异步二进制加法计数器电路

的连接特点是将前两只 JK 触发器接成 T′触发器（J 端、K 端接高电位），再由低位触发器的 Q 端和高一位的 CP 端相连接。后两只 D 触发器接成 T′触发器再由低位触发器的 $\overline{\text{Q}}$ 端和高一位的 CP 端相连接，即构成了异步计数形式。注意，由于 JK 触发器是负边沿触发，而 D 触发器是前沿触发，所以把后一只 JK 触发器的 $\overline{\text{Q}}$

和第一只 D 触发器的 CP 端相连。减法计数器构成方式和加法计数器正好相反，请同学们自己尝试。

本实验采用的触发器引脚排列见本章实验（五）。

（二）中规模十进制计数器

中规模集成计数器品种多，功能完善，通常具有预置、保持、计数等多种功能。本实验所用集成芯片为 74LS161，它是集成 TTL 4 位二进制加法计数器，是一个具有异步清零、同步置数、可以保持状态不变的 4 位二进制同步上升沿加法计数器，其符号和引脚分布分别如图 6-63（a）和图 6-63（b）所示。表 6-31 为 74LS161 功能表。

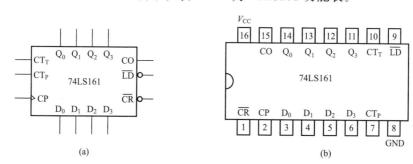

图 6-63 74LS161 逻辑符号及引脚排列

（a）逻辑符号；（b）引脚排列

表 6-31   74LS161 功能表

$\overline{CR}$	$\overline{LD}$	CT_T	CT_P	C_P	D_3	D_2	D_1	D_0	Q_3	Q_2	Q_1	Q_0	CO
0	*	*	*	*	*	*	*	*	0	0	0	0	0
1	0	*	*	↑	d_3	d_2	d_1	d_0	d_3	d_2	d_1	d_0	$CO=CT_T Q_3^n Q_2^n Q_1^n Q_0^n$
1	1	1	1	↑	*	*	*	*	计数				$CO=Q_3^n Q_2^n Q_1^n Q_0^n$
1	1	0	*	*	*	*	*	*	保持				0
1	1	*	0	*	*	*	*	*	保持				$CO=CT_T Q_3^n Q_2^n Q_1^n Q_0^n$

注 *表示任意状态；0 表示低电位；1 表示高电位。

从表 6-31 可以知道 74LS161 在 $\overline{CR}$ 为低电平时实现异步复位（清零 $\overline{CR}$）功能，即复位不需要时钟信号。在复位端 $\overline{CR}$ 高电平条件下，预置端 $\overline{LD}$ 为低电平时实现同步预置功能，即需要有效时钟信号才能使输出状态 $Q_3 Q_2 Q_1 Q_0$ 等于并行输入预置数 $D_3 D_2 D_1 D_0$。在复位和预置端都为无效电平时，两计数使能端输入使能信号，$CT_T CT_P = 1$，74LS161 实现模 16 加法计数功能，$Q_3^{n+1} Q_2^{n+1} Q_1^{n+1} Q_0^{n+1} = Q_3^n Q_2^n Q_1^n Q_0^n + 1$；两计数使能端输入禁止信号，$CT_T CT_P = 0$，集成计数器实现状态保持功能，$Q_3^{n+1} Q_2^{n+1} Q_1^{n+1} Q_0^{n+1} = Q_3^n Q_2^n Q_1^n Q_0^n$。在 $Q_3^n Q_2^n Q_1^n Q_0^n = 1111$ 时，进位输出端 CO=1。

74LS160 是 TTL 集成 BCD 计数器，它与 74LS161 有相同的引脚分布和功能表，但 74LS160 按 BCD 码实现模 10 加法计数，计数情况（见表 6-32）。且 $Q_3^n Q_2^n Q_1^n Q_0^n = 1001$ 时，CO=1。

（三）计数器的级联使用

一只十进制计数器只能表示 0~9 十个数，在实际应用中要计的数往往很大，一位数是不够的，解决的方法是把几个十进制计数器级联使用，即扩大计数范围。图 6-64 所示为两只 74LS160 构成的计数级联电路图，加计数时，低位计数器的 CP_0 端接计数脉冲，进位输出端 $\overline{CO}$ 接高一位计数器的 CP_0 端。在加计数过程中，当低位计数器输出端由 1000 变为 1001 时，进位输出端 $\overline{CO}$ 输出一个上升沿，送到高一位的 CP_0 端，使高一位计数器加 1。也就是说低位计数器每计满个位的十个数，则高位计数器计一个数，即十位数。

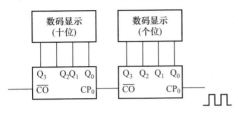

图 6-64　两只 74LS160 计数器构成的计数级联电路图

表 6-32　　　　　　　　　　　　　　　　　　　74LS160 的计数情况

输入脉冲数	输出				输入脉冲数	输出			
	Q_D	Q_C	Q_B	Q_A		Q_D	Q_C	Q_B	Q_A
0	0	0	0	0	5	0	1	0	1
1	0	0	0	1	6	0	1	1	0
2	0	0	1	0	7	0	1	1	1
3	0	0	1	1	8	1	0	0	0
4	0	1	0	0	9	1	0	0	1

（四）实现任意进制计数

利用中规模集成芯片 74LS161 同步置位的功能，通过不同的外电路连接，使该计数器成为任意进制计数器。图 6-65 是利用 74LS161 的置数端 $\overline{LD}$ 的置数功能构成六进制加法计数器的原理图，其状态转换表见表 6-33 所示。它的工作过程是：预先在置数输入端输入所需的数（本例为 $D_3D_2D_1D_0=0101$），假定该计数器从 0000 状态开始编码计数，当输出状态达到 0100 后再来一个计数脉冲，计数器输出端先出现 $D_3D_2D_1D_0=0101$，此时与非门输出立刻变为低电平，于是 4 位并行数据 $D_3D_2D_1D_0=0000$ 被置入计数器中，即 $D_3D_2D_1D_0=0000$，实现六进制计数，紧接着 $\overline{LD}$ 恢复高电平，为第二次循环做好准备。这种方法的缺点是置数时间太短即利用了一个无状态，可能会造成误码，显示部分产生误动作，此时，应采取措施进行消除。

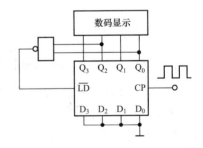

图 6-65　74LS161 同步置数实现六进制计数

表 6-33　　　　　　　　　　　　　　　　　　　六进制加法计数器的状态转换表

计数脉冲	输出				计数脉冲	输出			
CP	Q_3	Q_2	Q_1	Q_0	CP	Q_3	Q_2	Q_1	Q_0
0	0	0	0	0	3	0	0	1	1
1	0	0	0	1	4	0	1	0	0
2	0	0	1	0	5	0	1	0	1

还可以利用 74LS161 异步清零来实现六进制计数，如图 6-66 所示。该计数器从 0000 状态开始编码计数，当输出状态为 0110 时，再来一个计数脉冲，计数器输出端一出现 $D_3D_2D_1D_0=0110$，此时与非门输出立刻变为低电平，被置入计数器清零端，完成清零。紧接着 $\overline{CR}$ 恢复高电平，开始第二次循环。

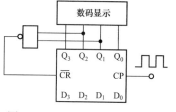

图 6-66 74LS161 异步清零法
实现六进制计数

（五）译码及显示计数器

译码及显示计数器输出端的状态反映了计数脉冲的多少，为了把计数器的输出显示为相应的数，需要接上译码器和显示器。计数器采用的码制不同，译码器电路也不同。

二—十进制译码器用于将二—十进制代码译成十进制数字，去驱动十进制的数字显示器件，显示 0～9 十个数字。由于各种数字显示器件的工作方式不同，因而对译码器的要求也不一样，中规模集成七段译码器 CC4511 用于共阴极显示器，可以与磷砷化 LED 数码管 BS201 或 BS202 配套使用。CC4511 可以把 8421 编码的十进制数译成七段输出 a，b，c，d，e，f，g，用以驱动共阴极 LED。图 6-67 为 LED 七个字段显示示意图。图 6-68 为 CC4511 计数、译码的结构框图。在实验台上已完成了译码器 CC4511 和显示器 BS202 之间的连接，实验时只要将十进制计数器的输出端 Q_1，Q_2，Q_3，Q_4 直接连接到译码器的相应输入端 A，B，C，D 即可显示 0～9 十个数字。

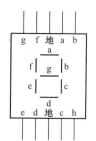

图 6-67 七段译码器示意图

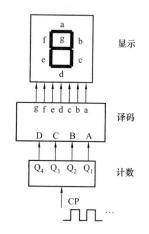

图 6-68 CC4511 计数、译码结构框图

五、实验内容

对下述实际操作内容进行仿真。

（一）74LS112、74LS74 构成 4 位异步二进制加法计数器、减法计数器

（1）用一片 74LS74 和一片 74LS112，把它们按图 6-62 连接。$\overline{R}_D$ 端接数据开关，最低位的 CP 端接单次脉冲源，输出端接 Q_D～Q_A 接电平指示器。注意：为防止干扰各触发器，$\overline{S}_D$ 端应接某固定高电平（可接＋5V 电源处）。

（2）清零（$\overline{R}_D$ 接低电平）后，$\overline{R}_D$ 回接高电平，由最低位触发器的 CP 端逐个送入单次脉冲，观察并列表记录 Q_D～Q_A 状态于表 6-34 中。

（3）将单次脉冲改为频率为 1kHz 的连续脉冲，用双踪示波器观察 CP，Q_D，Q_C，Q_B，Q_A 波形，并描绘在图 6-69 中。

表 6-34　　　　　　　　　**4 位异步二进制加法计数器计数情况表**

CP	Q_D	Q_C	Q_B	Q_A	CP	Q_D	Q_C	Q_B	Q_A

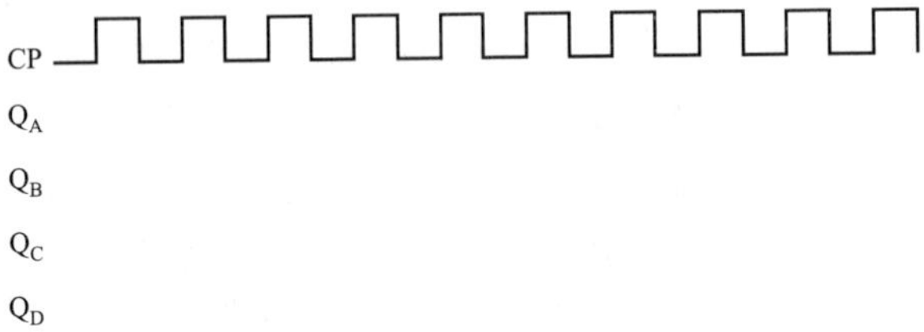

图 6-69　4 位异步二进制加法计数器的输出波形

（4）将图 6-62 适当改动，构成减法计数器。请读者自行设计电路，并按实验内容（一）中（2）、（3）项要求进行实验，观察并列表记录 $Q_D \sim Q_A$ 状态。

（二）测试 74LS161 的逻辑功能

计数脉冲由单次脉冲源提供，清零端 $\overline{CR}$，置数端 $\overline{LD}$，数据输入端 D_0，D_1，D_2，D_3 分别接数据开关，输出端 Q_0，Q_1，Q_2，Q_3 分别接实验台上译码相应输入端 A，B，C，D 及电平指示器，CO 接电平指示器。

按表 6-35 逐项测试 74LS161 逻辑功能，判断此集成电路功能是否正常。

1. 清除

令 $\overline{CR}=0$，其他输入为任意状态，这时 $Q_3 Q_2 Q_1 Q_0 = 0000$，译码显示为 0 字。清除功能完成后，置 $\overline{CR}=1$。

2. 置数

令 $\overline{CR}=1$，CT_P，CT_T 任意，数据输入端输入任意一组二进制数 $D_3 D_2 D_1 D_0 = d_3 d_2 d_1 d_0$，然后令 $\overline{LD}=0$，观察计数器输出 $d_3 d_2 d_1 d_0$ 是否已被置入。预置完成后，置 $\overline{LD}=1$。

3. 加法计数

令 $\overline{CR}=1$，$\overline{LD}=CT_P=CT_T=1$，$CP_0$ 接单次脉冲。清零后由 CP_0 逐个送入 15 个单次脉冲，观察 $Q_3 Q_2 Q_1 Q_0$ 及 CO 状态变化情况，把结果填入表 6-35 中，观察输出状态变化是否发生在 CP_0 的上升沿，并用示波器观察 CP_0，Q_0，Q_1，Q_2，Q_3 的波形，仿照图 6-69 绘出图形。

表 6-35　　　　　　　　　**74LS161 的计数情况表**

CP	Q_D	Q_C	Q_B	Q_A	CO	CP	Q_D	Q_C	Q_B	Q_A	CO

（三）用两片 74LS160 组成 2 位十进制加法器

按图 6-64 连接实验电路。输入 1Hz 连续脉冲，进行由 00～99 累加计数，将输出端接数码显示器（接线方式可参照图 6-67），记录输数码显示器的结果。

（四）用 74LS161、74LS00 或 74LS20 构成九进制加法计数器

可参考图 6-65 及图 6-66，设计电路图。按自拟电路连接实验电路，输出端接数码显示器。

（1）逐个送入单脉冲，观察并记录于表 6-36 中。

表 6-36　　　　　　　　　　九 进 制 数 码 显 示 表

CP	0	1	2	3	4	5	6	7	8	9
	0	↑ ↓	↑ ↓	↑ ↓	↑ ↓	↑ ↓	↑ ↓	↑ ↓	↑ ↓	↑ ↓
数码显示值										

（2）观察数码显示有否异常显示，如有异常，分析产生误动作原因，并提出解决办法。

六、实验报告

（1）整理实验结果、绘制数据表格。

（2）总结用中规模集成计数器构成任意进制计数器的方法。

（3）对实验中异常现象进行分析。

（4）将仿真结果与实际操作数值进行比较，是否相同，分析产生的原因。

七、设计性实验

（一）设计内容一：可控同步加法计数器

1. 设计要求

该计数器要求当 M＝0 时为六进制，M＝1 时为三进制。

2. 给定条件

两片 JK 触发器，与非门 74LS00，实验台。

3. 报告要求

（1）写出设计过程，画出原理图。

（2）写出实验步骤，整理所测实验数据。

（二）设计内容二：指示灯驱动电路

1. 设计要求

该电路能驱动八只指示灯使其七暗一亮，且这一亮按每秒右移一位的节拍循环。

2. 给定条件

一片 4 位二进制计数器 74LS161，与非门 74LS00，3-8 线译码器 74LS138，实验台。

3. 报告要求

（1）写出设计过程，画出原理图。

（2）写出实验步骤，整理所测实验数据。

实验七　移 位 寄 存 器

一、预习要求

（1）复习有关寄存器内容。

（2）在对 74LS194 进行送数后，若要使输出端改成另外的数码，是否一定要使寄存器清零？

（3）使寄存器清零，除采用$\overline{CR}$输入低电平外，可否采用右移或左移的方法？可否使用并行送数法？若可行，如何进行操作？

（4）若进行循环左移，图 6-75 接线应如何改接？

（5）熟悉 EWB5.12 仿真软件的相关内容。

二、实验目的

（1）学会用 EWB5.12 仿真软件对移位寄存器逻辑功能及其应用的仿真。

（2）学会中规模的 4 位双向移位寄存器的逻辑功能的测试方法。

（3）研究由移位寄存器构成的环形计数器和串行累加器的工作原理。

三、实验设备及器件

ETL 系列电子技术实验台或 EEL 系列数字电子技术实验箱，4 位双向移位寄存器 74LS194×2，双 D 触发器 74LS74×2，双全加器 74LS183×1。

四、实验原理

移位寄存器不仅能够存放数据或代码，而且还具有移位的功能。所谓移位功能是指，将寄存器中所存放的数据或者代码，在触发器时钟脉冲的作用下，依次逐位向左或者向右移动。具有移位功能的寄存器称为移位寄存器。根据寄存器存储数码和取出数码的方式，有串行和并行两种。并行存放方式就是各位数码从各自的输入端同时输入到寄存器中；串行存放方式就是数码从一个输入端逐位输入到寄存器中。并行取出方式就是被取出的各位数码在各自的输出端上同时出现；串行取出方式就是被取出的数码在一个输出端逐位出现。可见，存取数码共有串入串出、串入并出、并入串出和并入并出四种形式。移位寄存器按移位方向有左移、右移、双向移动三种。

（一）D 触发器构成的移位寄存器

1. 右移寄存器

图 6-70 所示为用 D 触发器组成的单向右移寄存器。其中每个触发器的输出端 Q 依次接到下一个触发器的 D 端，只有第一个触发器的 D 端接收数据，D_1 又称为串行输入端。每当时钟脉冲的上升沿到来时，输入数码从 D_1 移入 F_1，同时每个触发器的状态也移给下一个触发器。假设输入数码为 1011，那么，在移位脉冲作用下，移位寄存器中数码的移动情况见表 6-37 的前 5 行。从表 6-37 中可以看到，当来过四个 CP 脉冲以后，1011 这 4 位数码恰好全部移入寄存器中，这时，可以从四个触发器的 Q 端得到并行的数码输出。最后一个触发器的 Q 端即 Q_4 端，可以作为串行输出端。如果需要得到串行的输出信号，则只要再输入四个时钟脉冲，4 位数码便可以依次从串行输出端送出去，这就是串行输出方式。因此，图 6-70 是一个串行输入、串行输出和并行输出的右移移位寄存器。

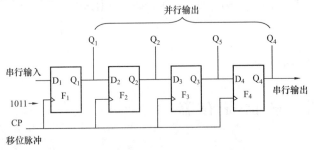

图 6-70　D 触发器构成的右移位寄存器

表 6-37　　　　　　　　　　　　　右移寄存器功能表

CP	D_1	Q_1	Q_2	Q_3	Q_4	CP	D_1	Q_1	Q_2	Q_3	Q_4
0	0	0	0	0	0	5	0	0	1	0	1
1	1	1	0	0	0	6	0	0	0	1	0
2	1	1	1	0	0	7	0	0	0	0	1
3	0	0	1	1	0	8	0	0	0	0	0
4	1	1	0	1	1						

2. 左移寄存器

左移寄存器和右移寄存器的工作原理相同，只是数据移动方向改为由右向左移动。图 6-71是一个串行输入、串行输出和并行输出的左移移位寄存器。如果输入数码为 1011，则数码的移动情况见表 6-38，其中，D_4 为串行输入端，Q_1 为串行输出端，$Q_1 Q_2 Q_3 Q_4$ 为并行输出端。

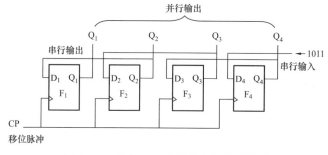

图 6-71　D 触发器构成的左移位寄存器

表 6-38　左移位寄存器功能表

CP	Q_1	Q_2	Q_3	Q_4	D_4
0	0	0	0	0	1
1	0	0	0	1	0
2	0	0	1	0	1
3	0	1	0	1	1
4	1	0	1	1	0

（二）双向移位寄存器

在移位寄存器的基础上，增加了一些辅助功能（如清零、置数、保持等），便构成了集成移位寄存器。

本实验采用 4 位双向通用移位寄存器（并行存取）74LS194，其引脚排列如图 6-72 所示。D_A，D_B，D_C，D_D 为并行输入端；Q_A，Q_B，Q_C，Q_D 为并行输出端；D_{SR} 为右移串行输入端；D_{SL} 为左移串行输入端；S_1，S_0 为操作模式控制端；$\overline{CR}$ 为直接无条件清零端；CP 为时钟输入端。

寄存器有四种不同操作模式：①并行寄存；②右移（方向由 $Q_A \sim Q_D$）；③左移（方向由 $Q_D \sim Q_A$）；④保持。S_1、S_0、$\overline{CR}$ 的作用见表 6-39。

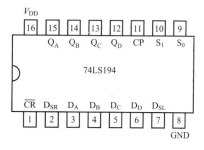

图 6-72　74LS194 的引脚排列

表 6-39　　　　　　　　　　　　74LS194 的功能表

CP	$\overline{CR}$	S_1	S_0	功能	$Q_A Q_B Q_C Q_D$
*	0	*	*	清零	$Q_A Q_B Q_C Q_D = 0000$，双向移位寄存器异步清零
↑	1	1	1	送数	CP 上升沿作用后，并行输入数据送入寄存器 $Q_A Q_B Q_C Q_D = D_A D_B D_C D_D$ 此时串行数据（D_{SR}，D_{SL}）被禁止
↑	1	0	1	右移	串行数据送至右移输入端 D_{SR}，CP 上升沿进行右移，$Q_A Q_B Q_C Q_D = $ $D_{SR} D_A D_B D_C$，按动四次单次脉冲，一次移位循环结束

续表

CP	$\overline{CR}$	S_1	S_0	功能	$Q_A Q_B Q_C Q_D$
↑	1	1	0	左移	串行数据送至左移输入端 D_{SL}，CP 上升沿进行左移，$Q_A Q_B Q_C Q_D = D_B D_C D_D D_{SL}$，输入四次脉冲，数据左移
*	1	0	0	保持	CP 作用后寄存器内容保持不变 $Q_A^n Q_B^n Q_C^n Q_D^n = Q_A Q_B Q_C Q_D$
0	1	*	*	保持	$Q_A Q_B Q_C Q_D = Q_A^n Q_B^n Q_C^n Q_D^n$

注　* 为任意状态；↑ 为脉冲的上升沿。

（三）移位寄存器的应用

移位寄存器的应用范围很广，可构成移位寄存型计数器；顺序脉冲发生器和串行累加器，也可用作数据转换，即把串行数据转换为并行数据，或把并行数据转换为串行数据等。本实验研究移位寄存器用作环形计数器和串行累加器的情况。

1. 循环移位

把移位寄存器的输出端反馈到它的串行输入端，就可以进行循环移位，图 6-73（a）的 4 位寄存器中，把输出 Q_D 和右移串行输入端 D_{SR} 相连接，设初始状态 $Q_A Q_B Q_C Q_D = 1000$，则在时钟脉冲作用下 $Q_A Q_B Q_C Q_D$ 将依次变为 0100→0010→0001→1000→…，其波形如图 6-73（b）所示。可见它是一个具有四个有效状态的计数器。图 6-73（a）电路可以由各个输出端输出在时间上有先后顺序的脉冲，因此也可作为顺序脉冲发生器。

2. 累加器

累加器是由移位寄存器和全加器组成的一种求和电路，其功能是将本身积存的数和另一个输入的数相加，并存放在累加器中。图 6-74 所示为累加器原理图。设开始时，被加数 $A = A_{n-1} \cdots A_0$ 和加数 $B = B_{n-1} \cdots B_0$ 已分别存入 $n+1$ 位累加移位寄存器及加数移位寄存器中。进位触发器已被清零。当第一个时钟脉冲到来之前，全加器各输入、输出情况为 $A_n = A_0$、$B_n = B_0$、$C_{n-1} = 0$、$S_n = A_0 + B_0 + 0 = S_0$、$C_n = C_0$。当第一个时钟脉冲到来之后，$S_n$ 存入累加移位寄存器最高位，C_0 存入进位触发器 D 端，且两个移位寄存器中的内容都向右移动一位，此时全加器输出为 $S_n = A_1 + B_1 + 0 = S_1$、$C_n = C_1$。在第二个 CP 脉冲到来之后，两个移位寄存器的内容又右移一位，此时全加器输出为 $S_n = A_2 + B_2 + 0 = S_2$、$C_n = C_2$。如此顺序进行，到第 $n+1$ 个时钟脉冲后，不仅原先存入两个寄存器中的数已全部移出，且 A、B 两个数相加的和及最后的进位 C_{n-1} 也被全部存入累加移位寄存器。若需继续累加，则加数移位寄存器中需存入新的数。

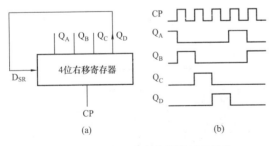

图 6-73　4 位右移寄存器的循环移位

（a）原理图；（b）输出波形

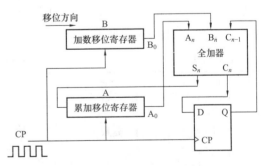

图 6-74　累加器原理图

中规模集成移位寄存器，其位数往往以 4 位居多，当需要的位数多于 4 位，可把几只移位寄存器用级联的方法来扩展位数。

五、实验内容及步骤

对下述实际操作内容进行仿真。

（一）寄存器

1. 右移寄存器

将集成芯片插入插座中，按图 6-70 接线，将 D_1 接逻辑电平开关，CP 接单脉冲发生器，$Q_1 \sim Q_4$ 接电平指示器。输入单脉冲，按周脉冲频率用手控制预置数码。将数码 0 或 1 从 D_1 端输入，观察寄存器的移位情况。设输入码为 0101 将寄存器移位情况填入表 6-40 中。

2. 左移寄存器

按图 6-71 接线，将串行输入端 D_4 接逻辑电平开关，CP 接单脉冲 $Q_1 \sim Q_4$ 接电平指示器。设串行输入码为 0101，观察寄存器移位情况并填入表 6-40 中。

表 6-40　　　寄存器特性表

CP	右移					左移				
	D_1	Q_1	Q_2	Q_3	Q_4	Q_1	Q_2	Q_3	Q_4	D_4
0	×									×
1	1									0
2	0									1
3	1									0
4	0									1
5	0									0
6	0									0
7	0									0
8	0									0

（二）测试 4 位双向移位寄存器（74LS194）的逻辑功能

取一片 74LS194，$\overline{CR}$，S_1，S_0，S_L，S_R，D_A，D_B，D_C，D_D 分别接数据开关，Q_A，Q_B，Q_C，Q_D 接电平指示器，CP 接单次脉冲，按表 6-41 所规定的输入状态逐项进行测试。

表 6-41　　　　　　　74LS194 的逻辑功能表

清除	模式		时钟	串行		输入	输出	功能总结
$\overline{CR}$	S_1	S_0	CP	S_L	S_R	$D_A D_B D_C D_D$	$Q_A Q_B Q_C Q_D$	
0	*	*	*	*	*	* * * *		
1	1	1	↑	*	*	abcd		
1	0	1	↑	*	0	* * * *		
1	1	0	↑	*	1	* * * *		
1	1	0	↑	*	1	* * * *		
1	0	1	↑	*	0	* * * *		
1	1	0	↑	1	*	* * * *		
1	1	0	↑	1	*	* * * *		
1	1	0	↑	1	*	* * * *		
1	1	0	↑	1	*	* * * *		
1	0	0	↑	*	*	abcd		

1. 清除

令 $\overline{CR}=0$，其他输入均为任意状态，这时移位寄存器输出 Q_A，Q_B，Q_C，Q_D 均为零。清除功能完成后，置 $\overline{CR}=1$。

2. 送数

令 $\overline{\mathrm{CR}}=S_1=S_0=1$，送入任意 4 位二进制数，如 $D_AD_BD_CD_D=abcd$，加 CP 脉冲，观察 CP＝0，CP 上升沿，CP 下降沿三种情况下寄存器输出状态的变化，分析寄存器输出状态变化是否发生在 CP 脉冲的上升沿，并记录。

3. 右移

令 $\overline{\mathrm{CR}}=1$，$S_1=0$，$S_0=1$，清零，或用并行送数预置寄存器输出，由右移输入端 S_R 送入二进制数码如 0100，由 CP 端连续加四个脉冲，观察输出端情况并记录。

4. 左移

令 $\overline{\mathrm{CR}}=1$，$S_1=1$，$S_0=0$，清零，或用并行送数预置寄存器输出，由左移输入端 S_L 送入二进制数码如 1111，由 CP 端连续加四个脉冲，观察输出端情况并记录。

5. 保持

寄存器预置任意 4 位二进制数码 abcd。

令 $\overline{\mathrm{CR}}=1$，$S_1=S_0=0$，加 CP 脉冲，观察寄存器输出状态并记录。

（三）寄存器的循环移位

将 74LS194 的 12 脚和 2 脚连接在一起。用并行置数法，置入一个二进制数，如 0100；然后进行右移循环，分四次输入单脉冲，观察寄存器的输出端的变化，记入表 6-42 中。

表 6-42　74LS194 的右移循环

CP	Q_A	Q_B	Q_C	Q_D
0	0	1	0	0
1				
2				
3				
4				

（四）累加运算

按图 6-75 连接实验电路，$\overline{\mathrm{CR}}$、S_1、S_0 接逻辑开关，CP 接单次脉冲，由于数据开关数量有限，两寄存器并行输入端 $D_A\sim D_D$ 高电平时接数据开关（掷向"1"），低电平时接地，两寄存器输出接电平指示器。

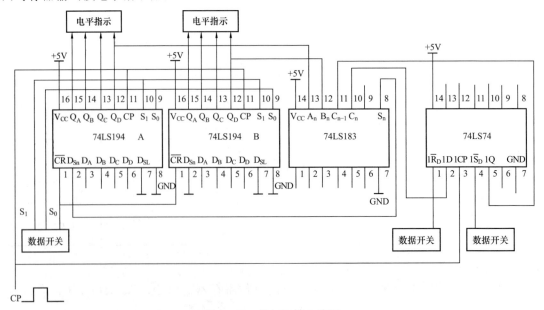

图 6-75　累加运算电路图

1. D 触发器置零

使 74LS74 的 $\overline{R_D}$ 端为低电平，再变为高电平。

2. 送数

令 $\overline{CR}=S_1=S_0=1$，用并行送数方式把 3 位加数 $(A_2A_1A_0)$ 和被加数 $(B_2B_1B_0)$ 分别送入累加和移位寄存器 A 和加数移位寄存器 B 中，然后进行右移，实现加法运算。连续输入四个 CP 脉冲，观察两只寄存器输出状态的变化，记入表 6-43 中。

表 6-43 图 6-75 的测试结果

CP	B 寄存器 $Q_AQ_BQ_CQ_D$	A 寄存器 $Q_AQ_BQ_CQ_D$
0		
1		
2		
3		
4		

六、实验报告

(1) 分析表 6-41 的实验结果，总结移位寄存器 74LS194 的逻辑功能，记入表格。

(2) 根据实验内容（三）的结果，画出 4 位环形计数器的状态转换图及波形图。

(3) 分析累加器运算所得结果的正确性。

七、设计性实验

设计内容：四路彩灯循环系统。

1. 设计要求

彩灯显示程序由三个节拍组成，第一节拍 $Q_0 \sim Q_3$ 四路输出依次为"1"，即第 1 路彩灯先亮，接着第 2、第 3、第 4 路彩灯亮；第二节拍 $Q_0 \sim Q_3$ 四路输出依次为"0"，即第 4 路彩灯先暗，接着第 3、第 2、第 1 路彩灯变暗；第三节拍 $Q_0 \sim Q_3$ 四路输出同时为"1"，即 4 路灯同时亮 1s，然后同时为"0"，即 4 路灯同时暗 1s，共进行 4 次。第一、二、三节拍用时皆为 4s，执行一次程序费时共 12s。

2. 给定条件

与非门 (74LS00)、异或门 (74LS86)、D 触发器 (74LS74)、JK 触发器 (74LS112)、计数器 (74LS161)、双向可逆移位寄存器 (74LS194)。

3. 报告要求

(1) 写出设计过程，画出原理图。

(2) 写出实验步骤，整理所测实验数据验证其功能。

提示：用 D 触发器或 JK 触发器实现二分频及四分频；用计数器实现 01→10→11→01 的循环用以驱动移位寄存器 74LS194 的使能端；输入信号接秒脉冲。

实验八 定 时 器

一、预习要求

(1) 复习关于 555 集成定时器内部电路结构等内容，列出实验中要求的数据表格。

(2) 单稳态电路的输出脉冲宽度 t_W 大于触发信号的周期将会出现什么现象？

(3) 根据本章实验二所给的电路参数，计算多谐振荡器的 t_1，t_2，T。

(4) 施密特触发器实验中，为使输出电压 U_o 为方波，U_s 峰—峰值至少为多少？

(5) 如何用示波器观察施密特触发器的电压传输特性？

(6) 熟悉 EWB5.12 仿真软件的相关内容。

二、实验目的

(1) 学习利用 EWB5.12 仿真软件对集成定时器实际操作内容的仿真。

(2) 学会 555 集成定时器的逻辑功能的测试方法。

(3) 熟悉 555 集成定时器的应用：单稳态触发器、多谐振荡器、施密特触发器。

三、实验设备与器件

ETL 系列电子技术实验台或 EEL 系列数字电子技术实验箱，示波器，信号源及频率计，555 集成定时器×2。

四、实验原理

集成定时器是一种多用途的单片集成电路，只要外接适当的电阻、电容等元件，就可方便地构成单稳态触发器、多谐振荡器和施密特触发器等脉冲产生或波形转换电路。定时器有双极型定时器和 CMOS 定时器两大类，其结构和工作原理基本相似。通常双极型定时器具有较大的驱动能力，而 CMOS 定时器则具有功耗低，输入阻抗高等优点。国产定时器 5G1555 和国外 555 类同，可互换使用。图 6-76 (a) 和图 6-76 (b) 为 555 集成定时器内部逻辑图及引脚排列。表 6-44 为 555 集成定时器的引脚注释。

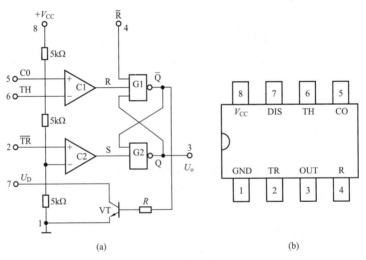

图 6-76 555 集成定时器

(a) 内部逻辑图；(b) 引脚排列

表 6-44　　　　　　　　　　　555 集成定时器的引脚注释

引脚号	1	2	3	4	5	6	7	8
引脚名称	GND	$\overline{TR}$	OUT	$\overline{R}$	CO	TH	DIS	V_{CC}
	接地	触发端	输出端	复位端	外接电压控端制	阈值端	放电端	电源端

555 集成定时器含有两个高准确度比较器 C1，C2，一个基本 RS 触发器及放电晶体管 VT。比较器的参考电压由三只 $5k\Omega$ 的电阻组成的分压提供，它们分别使比较器 C1 的同相输入端和 C2 的反相输入端的电位为 $2/3V_{CC}$ 和 $1/3V_{CC}$，如果在外接控制电压端 CO 处外加控制电压，就可以方便地改变两个比较器的比较水平，若控制电压端不用时需在该端与地之间接入约 $0.01\mu F$ 的电容以清除外接干扰，保证参考电压稳定值。比较器 C1 的反相输入端接

TH，比较器 C2 的同相输入端接 $\overline{\text{TR}}$，TH 和 $\overline{\text{TR}}$ 控制两个比较器工作，而比较器的状态决定了基本 RS 触发器的输出。基本 RS 触发器的输出一路作为整个电路的输出，另一路接晶体管 VT 的基极控制它的导通与截止，当 VT 导通时，给接于晶体管集电极的电容提供低阻放电通路。集成定时器的典型应用分析如下。

1. 单稳态触发器

单稳态触发器的特点：①有一个稳定状态和暂稳状态；②在外来脉冲作用下，能够输出一定幅度与宽度的脉冲，输出脉冲的宽度就是暂稳态的持续时间 t_W，t_W 的大小与触发脉冲无关，仅取决于电路本身参数；③暂稳状态持续一段时间后，将自动返回稳定状态。

图 6-77 为由 555 集成定时器和外接定时元件 R_T，C_T 构成的单稳态触发器。触发信号加于低触发端（2 脚），输出信号 U_o 由第 3 脚输出。

在 U_i 端没有加触发信号时，电路处于初始稳态，单稳态触发器的输出 U_o 为低电平。若在 U_i 端加一个具有一定幅值的负脉冲（见图 6-78），于是在 2 端出现一个尖脉冲，使该端电位小于 $1/3V_{CC}$ 从而使比较器 C1 触发翻转，触发器的输出 U_o 从低电平跳变为高电平，暂稳态开始。电容 C_T 开始充电，U_{CT} 按指数规律增加，当 U_{CT} 上升到 $2/3V_{CC}$ 时比较器 C1 触发翻转，触发器的输出 U_o 从高电平跳变为低电平，暂稳态终止。同时内部电路使电容 C_T 放电，U_{CT} 迅速下降到零，电路回到初始稳态，为下一个触发脉冲的到来做好准备。

暂稳态的持续时间 t_W 决定于外接元件 R_T、C_T 的大小，即

$$t_W = 1.1 R_T C_T \tag{6-20}$$

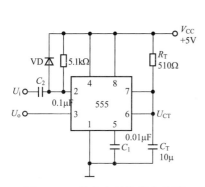

图 6-77　单稳态触发器电路图

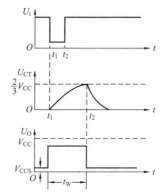

图 6-78　单稳态触发器的波形图

改变 R_T、C_T 可使 t_W 在几微秒到几十分钟之间变化。C_T 尽可能选得小些，以保证通过 C_T 快速放电。

2. 多谐振荡器

与单稳态触发器相比，多谐振荡器没有稳定状态，只有两个暂稳态，而且无需用外来触发脉冲触发，电路能自动交替翻转，使两个暂稳态轮流出现，输出矩形脉冲。

图 6-79 所示为 555 集成定时器和外接元件 R_A，R_B，C 构成的多谐振荡器。图中 2，6 脚直接相连，它将自激发，成为多谐振荡器。

外接电容 C 通过 $R_A + R_B$ 充电，再通过 R_B 放电。在这种工作模式中，电容 C 在 $1/3V_{CC}$ 和 $2/3V_{CC}$ 之间充电和放电，其波形如图 6-80 所示。

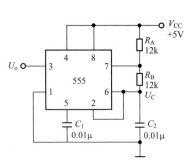

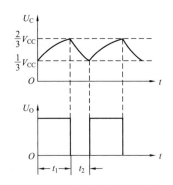

图 6-79 多谐振荡器电路图

图 6-80 多谐振荡器的波形

充电时间（输出为高态）：　　　$t_1 = 0.693(R_A + R_B)C$ 　　　　　　　　　（6-21）

放电时间（输出为低态）：　　　　$t_2 = 0.693 R_B C$ 　　　　　　　　　　　（6-22）

周期：　　　　　　　　$T = t_1 + t_2 = 0.693(R_A + 2R_B)C$ 　　　　　　　（6-23）

振荡频率：　　　　　　$f = \dfrac{1}{T} = \dfrac{1.43}{(R_A + 2R_B)C}$ 　　　　　　　　（6-24）

3. 施密特触发器

图 6-81 所示为由 555 集成定时器及外接阻容元件构成的施密特触发器。

设被变换的电压 U_s 为正弦波，其正半周通过二极管 VD 同时加到 555 集成定时器的 2，6 脚，U_i 为半波整流波型。当 U_i 上升到 $2/3V_{CC}$ 时，U_o 从高电平变为低电平；当 U_i 下降到 $1/3V_{CC}$ 时，U_o 又从低电平变为高电平，图 6-82 给出了 U_s，U_i，U_o 的波形图。

可见施密特触发器的接通电位 $U_{T+} = 2/3V_{CC}$，断开电位 $U_{T-} = 1/3V_{CC}$，电压传输特性如图 6-83 所示。

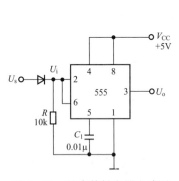

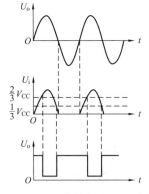

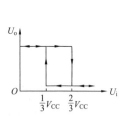

图 6-81 施密特触发器电路图

图 6-82 施密特触发器的波形

图 6-83 施密特触发器的电压传输特性

五、实验内容及步骤

对下述实际操作内容进行仿真。

（一）单稳态触发器

（1）按图 6-77 电路接线，2 脚输入 130 Hz，5 V 的连续脉冲，用示波器观测 3 脚和 6 脚的输出波形。记录输入、输出、电容两端的波形，比较这三个波形，并测出单稳态的持续时间 t_w，输出电压 U_o，定时电容 C_T 的充电电压 U_{CT}。

（2）将 555 集成定时器的 2 脚输入一个 1 kHz 的连续脉冲，观察示波器上的波形，发现有何变化，并描述之。

（二）多谐振荡器

按图 6-79 电路接线，555 集成定时器的定时电容为 $0.01\mu F$，两个电阻各为 $12k\Omega$，用示波器观察 3 脚的波形，记录波形的形状；测量输出电压幅度 U_o，电容的充放电时间及充放电电压。

（三）施密特触发器

按图 6-81 电路接线，5 脚接 $0.01\mu F$ 的电容，从二极管的正端输入 5V，1kHz 的正弦波（注意幅度的大小），示波器接在 3 脚，观察输出的波形，当有波形输出时，请记录 2 脚、3 脚、6 脚的波形。测量施密特触发器的正向阈值电压、反向阈值电压、回差电压。

（四）模拟声响电路

按图 6-84 电路接线，定时器的电容一个为 $5\mu F$，一个为 $0.02\mu F$。试听声响的效果如何。用示波器同时观察两个 555 集成定时器的 3 脚的波形，有什么区别，画出两个定时器的输出波形。

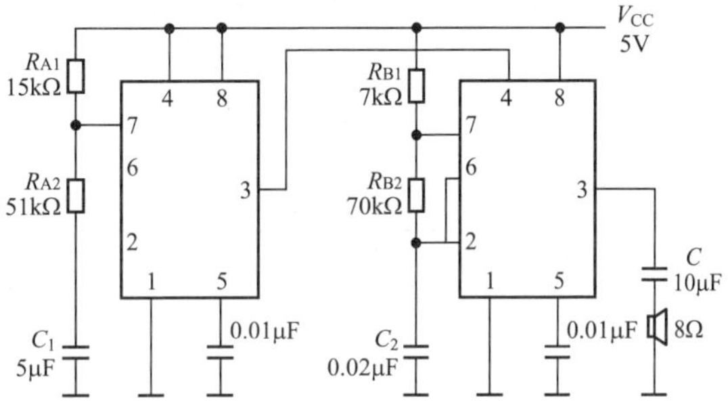

图 6-84　模拟声响电路

六、实验报告

（1）画出单稳态触发器、多谐振荡器、施密特触发器的输入输出特性图。比较三种触发器的工作特点，说明它们的用途。

（2）分析实验数据和理论数据相比较是否相一致。

（3）试说明产生脉冲信号有几种方法？

七、设计实验

设计内容：用定时器 555 设计一个压控振荡器。

1. 设计要求

主振频率为 1kHz，控制信号为 $10\sim100Hz$ 的连续可调的方波信号。

2. 给定条件

555 定时器，示波器，电阻、电容若干。

3. 报告要求

（1）写出设计过程，画出原理图。

（2）写出实验步骤，整理所测实验数据。

实验九　D/A、A/D 转换器

一、预习要求

（1）复习 A/D、D/A 转换器部分内容。

（2）图 6-86 电路中，为什么 8，19，20 脚接 +5V 电源处？为什么 1，2，3，10，17，18 脚都接地？

（3）图 6-89 电路中，若 IN_0 改为 IN_1 通道输入模拟电压，问电路应如何改接？

（4）熟悉 EWB5.12 仿真软件中的相关内容。

二、实验目的

（1）学会使用仿真软件对 A/D 及 D/A 转换的仿真。

（2）学会中规模的 D/A 和 A/D 转换器的逻辑功能的测试方法。

（3）熟悉 D/A 和 A/D 转换器的典型应用。

三、实验设备及器件

ETL 系列电子技术实验台或 EEL 系列数字电子技术实验箱，直流电压表，DAC0832×1、ADC0809×1、μA741×1。

四、实验原理

在数字电子技术很多应用场合往往需要把模拟量转换成数字量（A/D），或把数字量转换成模拟量（D/A），完成这一转换功能的转换器有多种型号，使用者借助于手册提供的器件性能指标及典型应用电路，可正确使用这些器件。本实验采用大规模集成电路 DAC0832 实现 D/A 转换，ADC0809 实现 A/D 转换。

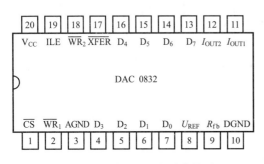

图 6-85 DAC0832 的引脚排列

（一）D/A 转换

D/A 转换电路是把输入的数字量转换为对应的模拟电流量，再把模拟电流量转换为模拟电压量的电路。

DAC0832 是采用 CMOS 工艺制成的电流输出型 8 位 D/A 转换器，引脚排列如图 6-85 所示。图中各引脚含义如下：

$D_0 \sim D_7$：数字信号输入端，D_7—MSB，D_0—LSR。

ILE：数据锁存允许端，高电平有效。

$\overline{CS}$：输入寄存器选择信号，低电平有效，与 ILE 信号合起来共同控制 $\overline{WR_1}$ 是否起作用。

$\overline{WR_1}$：输入寄存器写选通信号，低电平有效，当 $\overline{WR_1}$、$\overline{CS}$ 和 ILE 同时有效时，用来将数据总线的数据输入锁存于 8 位输入寄存器中。

$\overline{XFFR}$：数据传送控制信号输入线，低电平有效，用来控制 $\overline{WR_2}$ 是否起作用。

$\overline{WR_2}$：为 DAC 寄存器写选通信号 2，低电平有效，用来将锁存于 8 位输入寄存器中的数字传送到 8 位 DAC 寄存器锁存起来，此时 $\overline{XFER}$ 应有效。

I_{OUT1}：DAC 输出电流 1，当输入数字量全为 1 时，电流值最大。

I_{OUT1}：DAC 输出电流 2。

R_{fb}：反馈电阻。DAC0832 为电流输出型芯片，可外接运算放大器，将电流输出转换成电压输出。电阻 R_{fb} 是集成在 ADC0832 内的运算放大器的反馈电阻，并将其一端引出片外，为在片外连接运算放大器提供方便。当 R_{fb} 的引出端（9 脚）直接与运放的输出端相连接（见图 6-86），而不另外串接电阻时，输出电压为

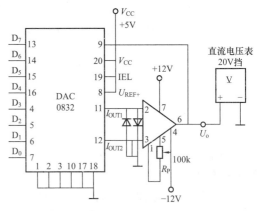

图 6-86 D/A 转换电路图

$$U_{o} = (U_{REF}/2^{n}) \sum_{i=0}^{n-1} d_{i}2^{i} \qquad (6-25)$$

式中：d_i 表示输入二进制数。

U_{REF}：基准电压，通过它将外接高准确度的电压源接至 T 形电压网络，电压范围为 $-10V \sim 10V$，也可以接向其他 D/A 转换器的电压输出端。

V_{CC}：电源、电压范围为 $+5 \sim +15$。

AGND：模拟地。DGND：数字地。模拟地和数字地可接在一起使用。

在实验测试时必须要进行零点调节，即在图 6 - 86 中，当输入 8 位数码全为"0"时，调节运算放大器的调零电位器 R_P 使 $U_o = 0.000V$。

图 6 - 87 所示为集成运算放大器 CA3140 或（μA741）的接线图。图中，2 脚（U_-）表示反相输入端。3 脚（U_+）表示同相输入端。7 脚（V_{CC}）接正电源，4 脚（$-V_{EE}$）接负电源。6 脚为输出端。1 脚与 5 脚之间接一个 $100k\Omega$ 的电位器调零。

（二）A/D 转换

A/D 转换电路是将连续变换的模拟信号转换为数字信号，按 A/D 转换原理可分为并行方式、双积分式及逐次逼近式等。

DAC0809 是采用 CMOS 工艺制成的 8 位逐次渐进型 A/D 转换器。其引脚排列如图 6 - 88 所示，各引脚含义如下：

$IN_0 \sim IN_7$：8 路模拟量输入端。

A_2、A_1、A_0：地址输入端。

ALE：地址锁存允许输入信号，应在此脚加正脉冲，上升沿有效，此时锁存地址码，从而选通相应的模拟信号通道，以便进行 A/D 转换。

START：启动信号输入端，应在此脚加正脉冲，当上升沿到达时，内部逐次逼近寄存器 SAR 复位，在下降沿到达后，开始 A/D 转换过程。

EOC：转换结束输出信号（转换结束标志），高电平有效，转换在进行中 EOC 为低电平，转换结束 EOC 自动变为高电平，标志 A/D 转换结束。

OUTEN（OE）：输入允许信号，高电平有效，即 OE=1 时，将输出寄存器中的数据放到数据总线中。

CP：时钟信号输入端。外接时钟脉冲，时钟频率一般为 640kHz。

$U_{REF(+)}$、$U_{REF(-)}$：基准电压的正极和负极。一般 $U_{REF(+)}$ 接 +5V 电源，$U_{REF(-)}$ 接地。

$D_0 \sim D_7$：数字信号输出端，D_7—MSB，D_0—LSB。

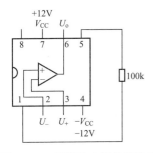

图 6 - 87　运算放大器的接线图

图 6 - 88　ADC0809 的引脚排列

表 6-45　A/D 中地址译码与输入选通的关系表

被选模拟通道	地　址		
	A_2	A_1	A_0
IN_0	0	0	0
IN_1	0	0	1
IN_2	0	1	0
IN_3	0	1	1
IN_4	1	0	0
IN_5	1	0	0
IN_6	1	1	0
IN_7	1	1	1

ADC0809 通过引脚 $IN_0 \sim IN_7$ 输入 8 路单边模拟输入电压，ALE 将 3 位地址线 A_2，A_1，A_0 进行锁存，然后由译码电路选通 8 路中某一路进行 A/D 转换。地址译码与输入选通关系见表 6-45。

五、实验内容及步骤

对下述内容进行仿真。

（一）D/A 转换电路

按图 6-86 连接实验电路，输入数字量由逻辑开关提供，输出模拟量用数字式电压表测量。片选信号 $\overline{CS}$（1 脚）、写信号 $\overline{WR_1}$（2 脚）、写信号 $\overline{WR_2}$（18 脚）、传送控制信号 $\overline{XFER}$（17 脚）接地；基准电压 U_{REF}（8 脚）及输入寄存器允许 ILE（19 脚）接 +5V 电源，用数字式万用表测量 U_{REF} 的精确度；I_{OUT1}（11 脚）、I_{OUT2}（12 脚）接运算放大器 μA741 的反相输入端 2 及同相输入端 3；R_{fb}（9 脚）通过电阻（或不通过）接运算放大器输出端 6。

（1）调零。令 $D_0 \sim D_7$ 全为 "0"，调节电位器 R_P 使 μA741 输出为零。

（2）调满度。令 $D_7 \sim D_0$ 全为 "1"，测量 U_o 时，它应为基本电压 U_{REF} 减去一个台阶电压的值。DAC0832 的内部反馈电阻 $=3R=R_{fb}$。当 $U_{REF}=5V$ 时，一个台阶电压 $=U_{REF}/2^8=5000mV/256=19.5mV$。

当 $D_7 \sim D_0$ 全为 1，即满度时最大输出电压 U_o 为标准电压 5V 少一个台阶电压。如果满度达不到，则应在 DAC0832 的 9 脚与运放的输出端 6 脚之间串一只 $100 \sim 200\Omega$ 的小电位器进行调节，使其达到 $-4.980V$，这时相当于增大了内部反馈电阻的值。

（3）按表 6-46 输入数字量，测量相应的输出模拟量 U_o，记入表中右方输出模拟量电压处。

表 6-46　　　　　　　　　　　　　A/D 及 D/A 数据测试表

A/D 转换								D/A 转换	
输入模拟量 U_i（V）	输入数字量								输出模拟量 U_o（V）
	输出数字量								
	D_7	D_6	D_5	D_4	D_3	D_2	D_1	D_0	
	0	0	0	0	0	0	0	0	
	0	0	0	0	0	0	0	1	
	0	0	0	0	0	0	1	0	
	0	0	0	0	0	1	0	0	
	0	0	0	0	1	0	0	0	
	0	0	0	1	0	0	0	0	
	0	0	1	0	0	0	0	0	
	0	1	0	0	0	0	0	0	
	1	0	0	0	0	0	0	0	
	1	1	1	1	1	1	1	1	

（二）A/D 转换器

按图 6‑89 连接电路，输入模拟量接 0～+5V 直流可调电源（自己设计），输出数字量接 0～1 指示器。

将 3 位地址线（23、24、25 脚）同时接地，相当于 $A_0A_1A_2=000$，查表 6‑45 可知，这时输入选通了模拟输入引脚 IN_0（26 脚）通道进行 A/D 转换；时钟信号 CLOCK（10 脚）用 $f=1kHz$ 连续脉冲源；启动信号 START（6 脚）和地址锁存信号 ALE（22 脚）相连于 P 点，接单次脉冲源；参考电压 $U_{REF(+)}$（12 脚）接 +5V 电源，$U_{REF(-)}$（15 脚）接地；输出允许信号 OE 接高电平。

（1）单次转换。将 6 脚（START）、22 脚（ALE）连接于 P 点，接单次脉冲源，调节输入模拟电压 U_i 为某值，按一下 P 端单脉冲源按钮，相应的输出数字量便由 0～1 指示器显示出来，就完成一次 A/D 转换。

（2）自动转换。将 ALE（22 脚）、START（6 脚）与 EOC（7 脚）连接在一起，并与 0～1 指示器相连，如图 6‑89 中虚线所示。断开 P 点与单脉冲源间连线，则电路处于自动状态。调节 U_i，这时随着输入模拟电压 U_i 的改变，输出数字量马上改变。电路正常工作后，调节 U_i 使输出数字量按表 6‑46 变化，每调出一个数字量，就用数字式电压表测量此时的 U_i 值，记入表 6‑46 的输入模拟电压处。

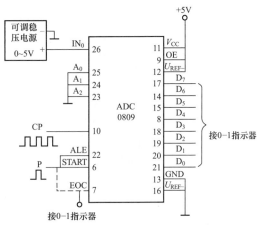

图 6‑89　A/D 转换的电路图

（3）用数字式万用表测量基准电压 $U_{REF(+)}$ 的值，记录下来。

（4）将输入模拟量接地时，观察输出是否全为"0"，记录下来。如果不全为"0"，也应记录下误差值。

（5）调节 U_i，使输出数字量为 00000001，这时 U_i 为一个台阶的电压。测量 U_i 并与理论值比较。一个台阶电压的计算式为

$$\text{一个台阶的电压}=U_{REF(+)}/2^8=U_{REF(+)}/256 \tag{6-26}$$

（6）调节 U_i，当 $U_i=U_{REF(+)}/2$ 时，$D_7～D_0$ 应为 10000000。

（7）输入满度电压值时，输出应保证 $D_7～D_0$ 全为"1"（D_0 位可能是"1"，也可能是"0"）。

满度电压值的计算式为

$$\text{满度电压值}=U_{REF(+)}/2^8×255 \tag{6-27}$$

满度电压值应比基准电压值少一个台阶，即

$$\text{满度电压值}=\text{基准电压值}-\text{一个台阶的电压}=U_{REF(+)}-\text{一个台阶的电压}$$

六、实验报告

（1）总结 A/D 单次转换、自动转换的方法。

（2）整理实验数据，分析实验结果。

附录 A　ETL‐VC 型电子技术实验台说明

一、产品特点

ETL‐VC 型现代电子技术实验台是依据"模拟电子技术"、"数字电子技术"实验教学、并结合计算机网络、虚拟仪器的发展设计而成的新一代实验设备。ETL‐VC 型现代电子技术实验台如附图 A‐1 所示。

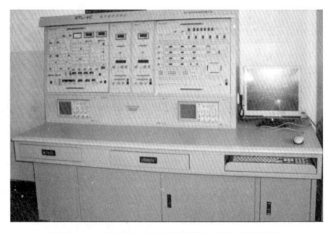

附图 A‐1　ETL‐VC 型现代电子技术实验台

ETL‐AC 型电子技术实验台有如下特点:

(1) 模拟电子实验部分既可以采用分离元件实际接线来完成实验,还可提供六种常规的固定实验板来完成实验。

(2) 模拟电子部分提供了数字式毫安表、电压表和交流毫伏表、各种晶闸管和三极管、电位器、变压器等实验器件供实验时用,为完成设计性实验提供了硬件上的保证。

(3) 提供的信号源、交流数字毫伏表、直流数字电压和电流表等。

(4) 实验台可同时进行模拟电子技术和数字电子技术实验,提高了设备的使用率。

(5) 提供了±5V/1A,±12V/1A 模拟电源和 0～±24V/1A 数字电源。另外,为了完成模拟电子实验还提供 0～±5V 直流信号源。

(6) 数字实验提供了动态和静态 6 位数码管,为完成设计性实验内容提供了条件。

(7) 提供足够的电平指示、逻辑开关、数据开关及数字电路的信号源。

(8) 选用 EDA 实验板可完成 EDA 实验内容。

(9) 实验台配置计算机还可实现虚拟交流毫伏表、逻辑分析仪等功能,加深了学生对数字电路中时序的概念,为学习单片机打好基础。

(10) 若学校需要可完成虚拟仪器的实验功能。

二、可完成的实验项目

1. 模拟电路实验

(1) 常用电子仪器的使用。

(2) 晶体管共射极单管放大器。

（3）场效应管放大器。

（4）负反馈放大器。

（5）射极跟随器。

（6）差动放大器。

（7）集成运算放大器指标测试。

（8）集成运算放大器的基本应用一——模拟运算电路。

（9）集成运算放大器的基本应用二——信号处理（有源滤波器）。

（10）集成运算放大器的基本应用三——信号处理（电压比较器）。

（11）集成运算放大器的基本应用四——信号处理（波形发生器）。

（12）RC 正弦波振荡器。

（13）LC 正弦波振荡器。

（14）函数信号发生器的组装与调试。

（15）压控振荡器。

（16）低频功率放大器一——OTL 功率放大器。

（17）低频功率放大器二——集成功率放大器。

（18）直流稳压电源一——串联型晶体管稳压电源。

（19）直流稳压电源二——集成稳压器。

（20）晶闸管可控整流电路。

（21）应用实验。

（22）综合实验。

2. 数字电路实验

（1）TTL 与非门静态参数的测试。

（2）TTL 与非门的动态参数的测试。

（3）CMOS 集成门电路的测试。

（4）集成逻辑电路的设计与测试。

（5）组合逻辑电路的设计与测试。

（6）译码器及其应用。

（7）数据选择器及其应用。

（8）触发器及其应用。

（9）计数器及其应用。

（10）移位寄存器及其应用。

（11）单稳态触发器与施密特触发器——脉冲延时与波形整形电路。

（12）555 时基电路及其应用。

（13）D/A、A/D 转换器。

（14）综合实验。

（15）应用实验。

（16）逻辑可编程器件（CPLD）的实验。

三、技术条件

整机容量：$\leqslant 200 \text{V} \cdot \text{A}$。

工作电源：1A/220V/50Hz。

质量：150kg。

尺寸：132cm×75cm×135cm。

四、设备的具体配置及技术说明

1. 模拟电子部分硬件配置及技术说明

模拟电子实验板如附图 A‑2 所示。模拟电子部分硬件配置及技术说明见附表 A‑1。附图 A‑2 实验台配置的模拟电子常用仪器见附表 A‑2。

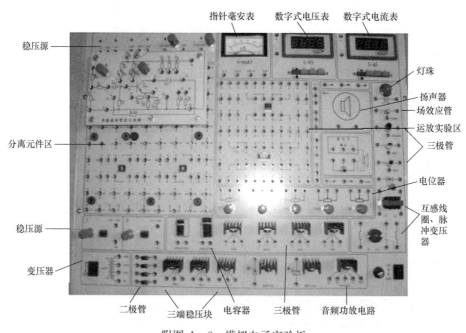

附图 A‑2　模拟电子实验板

附表 A‑1		模拟电子实验板的硬件配置及技术说明
序　号	功能模块	ETL‑VC 型
1	模拟电子实验板	2mm 厚的平面敷铜板制成，正面有元件图形符号、字符、连线 反面焊有元器件
2	稳压电源	±5V/1A，±12V/1A，0～±24V/1A 直流稳压电源，2 路−5V～+5V 直流信号源，设有短路保护功能
3	直流仪表（包括指针毫安表和数字电流表）	提供 2、20、200V 直流电压表 1 只和 20mA、200mA、2A 直流电流表 1 只；精度为 0.5 级
4	电位器	提供 1kΩ、10kΩ、47kΩ、100kΩ、1MΩ 电位器 5 种
5	变压器	提供～220V/0V、9V、14V、18V 变压器 1 只
6	互感线圈、脉冲变压器	提供脉冲变压器和互感线圈各 1 只
7	大功率三极管	NPN 型 2 只、PNP 型 2 只、达林顿三极管 1 只、晶闸管 1 只
8	三极管、场效应管	提供 3DG130B、9013、9015 三极管各 2 只，场效应管 3DJ6F 1 只
9	三端稳压块	提供 7805、7815、LM317 三种稳压块
10	整流桥	提供 4 只二极管可组成单相全桥整流电路
11	扬声器	1 只

续表

序 号	功 能 模 块	ETL-VC型
12	电容器	$470\mu F/50V$、$1000\mu F/50V$
13	灯珠	12V、0.1A 灯珠 1 只
14	运算放大器实验区	提供 8P 1 只，14P 1 只圆脚集成块插座及插阻电容的镀银管 100 多个，接线柱 70 多个
15	分离元件区	提供 8P 2 只圆脚集成块插座及 100 多个接线柱供学生连线，采用梅花阵设计思想，便于查线和实验

附表 A-2   **实验台配置的模拟电子常用仪器**

序 号	仪 器	功 能
1	1MHz 信号源及频率计	提供 0～1MHz 信号源，可输出三角波、正弦波、方波、二脉、四脉、八脉、单次脉冲；输出有 20dB、40dB 衰减功能；输出波形分六档为：10Hz、100Hz、1kHz、10kHz、100kHz、1MHz，频率有粗调和细调，幅值为 0～15V 连续可调，带有屏蔽线输出，提供 6 位数字频率计
2	交流数字毫伏表	频率范围为 5Hz～1MHz，量程为 20mV、200mV、2V、20V 四挡旋转开关切换，3 位半数字显示，测量精度较高，显示稳定

2. 数字电子部分硬件配置及技术说明

数字电子实验板如附图 A-3 所示。数字电子部分硬件配置及技术说明见附表 A-3。

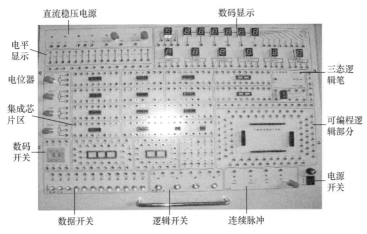

附图 A-3   数字电子实验板

附表 A-3   **数字电子部分硬件配置及技术说明**

序 号	功 能	ETL-VC型
1	数码显示	静态电路 6 位，含译码电路。动态显示 6 位
2	电平显示	16 位
3	数据开关	12 位
4	逻辑开关	4 位
5	直流稳压电源	提供±5V/0.5A，±12V/0.5A，0～±24V/0.5A 直流稳压电源，设由短路保护功能
6	电位器	提供 1、10、100kΩ 电位器

续表

序　号	功　　能	ETL - VC 型
7	集成芯片区	圆脚集成插座：14P/4 只、8P/2 只、16P/7 只、20P/2 只、40P/1 只
8	数码开关	2 位
9	连续脉冲	1MHz、1kHz、1Hz、1～10kHz 方波信号
10	可编程逻辑部分	可任选 LATTICE、ALTERA、XILINX 公司芯片

3. 虚拟仪器软件功能

虚拟仪器软件功能见附表 A - 4。

附表 A - 4 **虚拟仪器软件功能**

序　号	功　　能	ETL - VC 型
1	数码显示	测量 100kHz、20V 以内的交流信号，可满足电子学实验要求
2	电平显示	数据采集卡具有八路开关量输入，可作为数字电路电平指示，也可作为逻辑分析仪的信号输入
3	数据开关	可输出 10kHz 频率以内的各种实验波形，完成虚拟仪器设计实验
4	逻辑开关	可测量 1MHz 以内的实验波形

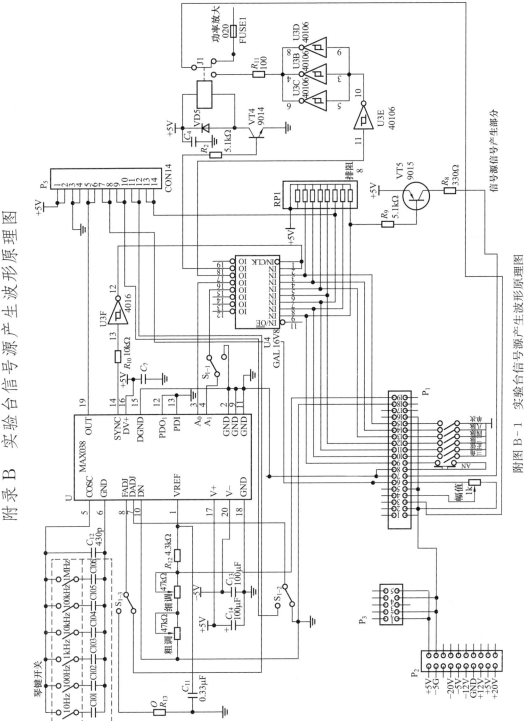

附图 B-1 实验台信号源产生波形原理图

附录 C　集　成　电　路

一、集成三端稳压器

集成三端稳压器是一种串联型稳压器。它只有输入、输出和公共端三个引出端，即使输入端接入很不稳定的脉动直流，在输出端也可得到相应的稳定直流电压。集成三端稳压器根据稳定电压的正、负极性分为 78××，79×× 两大系列。其引脚图和接线图如附图 C-1（a）和附图 C-1（b）所示。输出电压数值表示在"××"位置，如 7805 表示输出电压为 +5V，而 7905 的输出电压则为 −5V。附图 C-1 中，C_i 用以抵消输入端较长接线的电感效应，防止产生自激振荡，接线不长时也可不用，一般在 $0.1\sim1\mu F$ 之间，如 $0.33\mu F$；C_o 是为了瞬时增减负载电流时不致引起输出电压有较大的波动，可用 $1\mu F$。

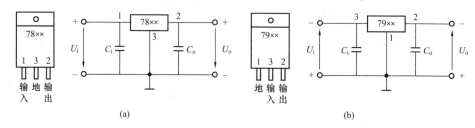

附图 C-1　集成三端稳压器

(a) 78×× 系列；(b) 79×× 系列

为了保证稳压器的稳定性能，其自身的压降和功耗输出电压额定值的关系为

$$U_i = U_o + (3 \sim 15V) \qquad\qquad （附 C-1）$$

78××、79×× 各型号输入电压值见附表 C-1。

附表 C-1　　　　　　　　　　　　稳 压 器 输 入 电 压 值

型号 输入电压值	7805	7815	7824	7905	7915	7924
U_{imax}（V）	35	35	40	−35	−35	−40
U_{imin}（V）	7.3	17.3	27.1	−7	−17.5	−27
推荐使用值	10	24	32	−10	−24	−32

二、线性集成运算放大器

1. 通用型集成单运放 F741

通用型集成单运放 F741 外形、引脚及典型电路如附图 C-2 所示。

2. 通用低功耗集成四运放 LM324

为内含四组独立的高增益、频率补偿的运算放大器，既可单电源使用（3～30V），也可双电源使用（±1.5～±15V)，驱动功耗低，可与 TFL 逻辑电路相容。其引脚图如附图 C-3 所示。

3. 功放集成电路 BH4102

功放集成电路的内部电路通常包括前置放大级、推动放大级和 OTL 功放级等部分。其电压增益较高。BH4102 的引脚和典型应用电路如附图 C-4 所示。BH102 和 D4202 可以互换。但是生产厂家不同，引脚排列可以变化，应用时需查有关手册。

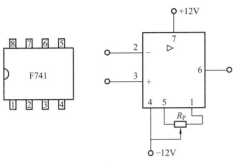

附图 C-2 集成单运放 F741 的外形、引脚及典型电路

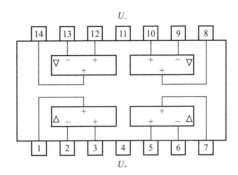

附图 C-3 集成四运放 LM324 引脚图

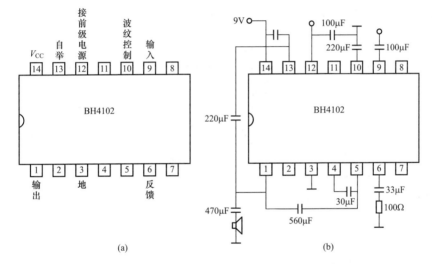

(a)   (b)

附图 C-4 功放 BH4102 的引脚及典型应用电路图

(a) 引脚图；(b) 典型应用电路图

附录 D　常用数字集成电路引脚排列

常用数字集成电路引脚排列如附图 D-1～附图 D-21 所示。

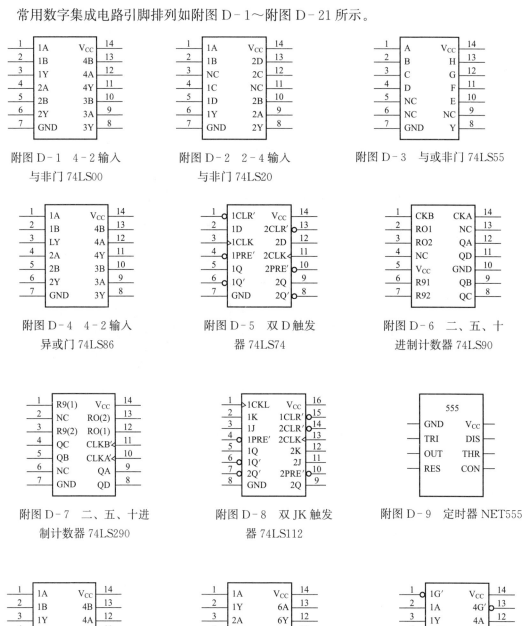

附图 D-1　4-2 输入
与非门 74LS00

附图 D-2　2-4 输入
与非门 74LS20

附图 D-3　与或非门 74LS55

附图 D-4　4-2 输入
异或门 74LS86

附图 D-5　双 D 触发
器 74LS74

附图 D-6　二、五、十
进制计数器 74LS90

附图 D-7　二、五、十进
制计数器 74LS290

附图 D-8　双 JK 触发
器 74LS112

附图 D-9　定时器 NET555

附图 D-10　4-2 输入
OC 门 74LS03

附图 D-11　4-2 输入
非门 74LS04

附图 D-12　三态门 74LS125

附图 D‑13　10‑4 线优先编码器 74LS147

附图 D‑14　8‑3 线优先编码器 74LS148

附图 D‑15　2‑4 线译码器 74LS139

附图 D‑16　二‑十进制译码器 74LS145

附图 D‑17　七段译码器 74LS48

附图 D‑18　八选一数据选择器 74LS151

附图 D‑19　双四选一数据选择器 74LS153

附图 D‑20　十进制计数器 74LS160

附图 D‑21　十六进制计数器 74LS161

参 考 文 献

［1］刘法治. 常用电子元器件及典型芯片应用技术［M］. 北京：机械工业出版社，2007.

［2］孙建京. 常用电子仪器原理、使用、维修［M］. 北京：广播电视出版社，1997.

［3］高吉祥. 电子技术基础实验与课程设计［M］. 北京：电子工业出版社，2002.

［4］谢自美. 电子线路设计、实验、测试［M］. 武汉：华中科技大学出版社，2000.

［5］电子基础教学实验中心. 电子技术基础实验［M］. 成都：四川大学出版社，2005.

［6］童诗白. 模拟电子技术基础［M］. 北京：高等教育出版社，2003.

［7］王小海，蔡忠法. 电子技术基础实验教程［M］. 北京：高等教育出版社，2005.

［8］黄智伟. 全国大学生电子设计竞赛技能训练［M］. 北京：北京航空航天大学出版社，2007.

［9］黄永定，朱伟华. 电子线路实验与课程设计［M］. 北京：机械工业出版社，2005.

［10］李雅轩. 电工电子实验与实训［M］. 北京：中国电力出版社，2007.

［11］卓郑安，吴祖国，张鉴忞. 电路电子实验基础［M］. 上海：同济大学出版社，2005.

［12］胡国庆，陈新龙. 电工电子实践教程［M］. 北京：清华大学出版社，2007.

［13］孙小燕，常华，魏章怀，等. 电工学实验及仿真教程［M］. 北京：中国电力出版社，2005.

［14］周美珍，陈昌彦，蔡在秋，等. 电子技术基础试验与实习［M］. 北京：中国水利水电出版社，2001.

［15］渠云田，陈慧英. 电工电子技术. 第四分册实践教程［M］. 2 版. 北京：高等教育出版社，2008.